SHUDIAN XIANLU BAOHU YU GUOFUHE

输电线路保护与过负荷

周泽昕　柳焕章　王兴国　等　编著

中国电力出版社
CHINA ELECTRIC POWER PRESS

内 容 提 要

本书针对近年来我国电网中交流输电线路结构变化、线路过负荷引发连锁故障、超远距离交流输电等导致线路保护可靠性、灵敏性等性能下降的问题，在电流复平面及电压平面上分析并揭示了交流线路主保护与后备保护不正确动作的机理，提出了一系列交流线路保护新原理及新算法，包括故障快速启动算法、故障精准选相算法、自适应高灵敏线路保护判据、克服串补线路电流反向的保护新原理、GIL—架空混合线路保护方案、基于电压平面的线路过负荷与故障识别原理、防止同塔线路保护误动的新判据、一整套超远距离交流线路保护方案等，理论成果通过了仿真验证，研究成果已经在我国电网进行大面积推广应用，动作性能良好。

本书是针对复杂结构交流线路保护新原理及新技术的专业书籍，可供广大电力科研工作者和高等院校相关专业高年级学生、研究生和教师阅读参考。

图书在版编目（CIP）数据

输电线路保护与过负荷/周泽昕等编著. —北京：中国电力出版社，2022.11
ISBN 978-7-5198-6562-7

Ⅰ.①输⋯　Ⅱ.①周⋯　Ⅲ.①输配电线路－距离保护－电力负荷－研究　Ⅳ.①TM773
②TM714

中国版本图书馆 CIP 数据核字（2022）第 035343 号

出版发行：中国电力出版社
地　　址：北京市东城区北京站西街 19 号（邮政编码 100005）
网　　址：http://www.cepp.sgcc.com.cn
责任编辑：匡　野
责任校对：黄　蓓　常燕昆
装帧设计：郝晓燕
责任印制：石　雷

印　　刷：三河市百盛印装有限公司
版　　次：2022 年 11 月第一版
印　　次：2022 年 11 月北京第一次印刷
开　　本：710 毫米×1000 毫米　16 开本
印　　张：16
字　　数：256 千字
印　　数：0001—1000 册
定　　价：88.00 元

编　委　会

序

交流输电线路保护对保障大电网安全至关重要，多年来一直采用距离、电流差动和零序方向等保护原理，核心原理变化不大。线路距离保护原理上无法区分线路过负荷和故障。包括美加"8·14"、印度"7·30"在内的多起大面积停电事故均与过负荷导致的线路保护不正确动作有关。准确区分线路过负荷与故障对电网安全意义重大，这个世界性技术难题一直未被攻克。

随着我国电网规模的不断扩大，以及远距离输电、同塔输电、串联补偿等技术的应用，输电线路结构的复杂程度显著增加，线路故障后的电气特征发生变化，对传统输电线路保护的选择性、可靠性、快速性和灵敏性带来了新的挑战，包括串补线路故障后出现"电压反向"和"电流反向"特征、同塔线路之间的互感耦合导致非故障线路感应到故障特征、线路高阻故障情况下零序电流差动保护的选相元件灵敏性不足、远距离交流输电线路故障后保护安装处的测量阻抗与故障距离之间呈非线性分布等，这些问题都亟待解决。

中国电科院继电保护研究所联合国网华中分部柳焕章劳模工作室，多年来在输电线路故障分析及继电保护原理方面开展了大量的研究，取得了一系列重要的原创性成果。本书是项目团队多年研究成果的归纳总结，针对复杂结构输电线路故障特征及保护适应性进行了详细分析，并提出了多项新的保护算法。例如：①在电压平面上构造线路过负荷与故障识别判据，实现了二者的准确区分，有效阻止线路过负荷导致距离保护误动引发的连锁故障，解决了困扰继电保护界多年的技术难题。②利用三相电流采样值构造启动判据提高了故障检测的灵敏性及快速性，利用电流采样值变化轨迹动态识别区外故障导致的电流互感器饱和。③利用三序差流幅值与相位特征构造选相元件，准确识别线路经高阻单相接地的故障相，避免了选相元件灵敏性不足导致高阻故障时零序电流差动保护误切除非故障线路。④首次揭示了同塔线路纵向故障导致非故障线路继电保护方向元件误动的机理。⑤针对现有保护原理无法适应远距离交流输电线路的问题，提出了一套完整的保护方案及多项保护新原理。研究成果已在我国电网中得到应用推广，为继电保护技术进步做出了突出贡献。

　　本书内容新颖，分析深入，理论性及实用性俱佳，为交流输电线路继电保护方案提供了新的分析视角和解决思路，为继电保护方向的研究生、科研开发人员和工程技术人员开展相关研究工作开拓了思路。我很乐意向读者推荐这本书，相信该书将对继电保护方面的学术研究、工程应用和人才培养起到有力的推动作用。

中国工程院院士

2022 年 10 月

前　言

　　输电线路继电保护装置负责快速识别并切除线路故障。近年来，随着串联补偿设备、GIL 输电、同塔输电技术的广泛应用，输电线路的结构及故障特征发生显著变化，严重影响了传统线路保护原理的选择性、可靠性、快速性和灵敏性，保护装置存在拒动或误动风险。此外，高压线路上广泛应用的距离保护在原理上无法区分线路过负荷和故障，本世纪世界范围内发生的 29 起大停电事故中 22 起是直接由于过负荷引起非故障的线路距离保护动作，导致事故范围扩大，造成巨大的经济损失，严重影响社会稳定。

　　中国电力科学研究院有限公司依托国家 973 课题及多项国家电网公司科技项目，历经 10 年持续攻关，针对输电线路结构变化及运行工况变化带来的不正确动作风险，提出了全新的保护原理、算法及判据，解决了一系列线路保护面临的技术难题，有效提升了保护的灵敏性、选择性与可靠性。

　　本书介绍的保护新技术采用全新视角审视线路保护的动作行为并提出解决方法，为提升线路保护的动作性能提供了解决思路，研究成果已经广泛应用于国内继电保护设备并在国内外推广应用。全书分为四章，第 1 章介绍了输电线路距离保护应对过负荷技术，采用全新视角，创建了在电压平面上识别过负荷与故障的理论，揭示了在电压平面上可反映过负荷与故障本质差异的规律，填补了线路过负荷与故障识别的理论空白；针对电网接地故障和相间故障，分别提出了基于电压平面的相—正序补偿电压相位关系和相间电压余弦分量的识别技术。第 2 章介绍了新型电流差动保护技术，内容包括线路故障高灵敏启动元件、识别线路高阻接地故障相的选相算法、自适应电流差动保护判据、串补线路差动保护技术、GIL—架空混合线路保护方案及利用采样值突变量的电流互感器识别方法，以上新技术提升了线路保护识别故障的灵敏性及可靠性。第 3 章介绍了同塔输电线路保护技术，分析了同塔同压多回输电线路、同塔混压多回输电线路横向故障、纵向故障导致非故障线路继电保护方向元件误动机

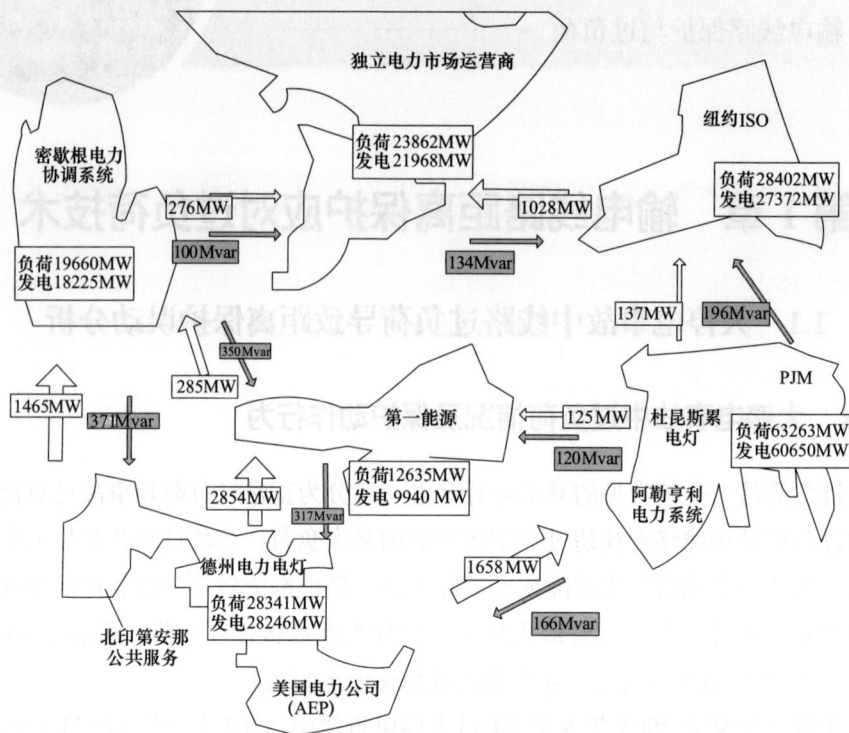

图 1-1　"8·14"事故发电、负荷及功率交换

2）15:05 至 15:41，风速减小，线路散热减慢，输电走廊的植物生长超过预计，线路重载导致下垂加剧。线路潮流虽然在长期极限内，但一系列线路接地故障仍然发生，造成 3 条输电给俄亥俄北部的 345kV 重要线路过载并跳闸。

3）15:39 至 16:08，在克利夫兰地区的 345kV 主干线路跳闸后，供电给克利夫兰和亚冈的 138kV 系统立即过载并且电压降低，16 条 138kV 线路先后相继跳闸，由于电压严重降低，导致亚冈地区大批工业负荷的电压敏感设备跳开，损失 600MW 负荷。

15:45:33，Canton Central-TIdd 345kV 线路跳闸，16:05:57，Sammis-Star 345kV 线路跳闸，与以前几条线路的树闪接地不同，本线路是由于距离三段感受低阻抗而跳闸，这些线路跳开后，从俄亥俄东南至俄亥俄北部的 345kV 完全断开，只留下三条路径输电至俄亥俄西部：①由宾夕法尼亚西北沿伊利湖南岸至俄亥俄北部；②有俄亥俄西南至俄亥俄东北；③由密歇根东部和安大略。

4）16:08 至 16:10，在 16:08:59，Galion-Ohio Central-Muskingum345kV 线路接地故障跳闸，随后，在 16:09:06，East Lima-Fostoria 345kV 线路由于大电流和极低电压引起距离保护三段跳闸，导致从宾夕法尼亚和纽约通过安大略至密歇根的系统振荡。从 16:09:08 至 16:10:27，一些机组跳闸，总共损失容量937MW。

5）16:10:36，横跨密歇根与俄亥俄北部的 345kV 线路 Argenta-Battle reek、Argenta-Tompkins、Battle Creak-OneIda 跳闸，导致从密歇根中南部至底特律地区的西至东输电路径中断。16:10:38，Hampton-Pontiac 和 Thetford-Jewell 两条345kV 线路先后跳闸，密歇根东部与西部高压电网完全解列。16:10:38.6，联系伊利湖东南与俄亥俄北部最后一条 345kV 线路 Erie West-Ashtabula-Perry 因继电器三段跳闸，至此，密歇根东部与俄亥俄北部负荷中心仅能通过安大略至密歇根的系统断面受电，通过断面负荷由 300MW 左右形成冲击峰值达 3700MW。此时克利夫兰地区的频率降低很快，该地区低频切负荷启动切除 1750MW，仍不能使发电与负荷平衡。电力通过宾夕法尼亚经纽约和安大略的巨大回路进入密歇根供给底特律和克利夫兰负荷。潮流的巨大突变使宾夕法尼亚-纽约输电断面的线路电压剧降和电流猛增。底特律额很快失去同步并全停。16:10:39 至16:10:46，俄亥俄北部和密歇根东部状态进一步恶化，大批输电线路断开及大批发电机组停运。

6）16:10:39，由于密歇根对安大略和对纽约及 PJM 的功率振荡，City-Watercure和 City-Stolle 两条长线因继电器 I 段动作断开，16:10:44，South-Ripley 至 Eric East 及 Dunkirk 的两条 230kV 线路和 East-Towanda-Hillside 230kV 线路断开，将宾夕法尼亚及纽约解列，16:10:45，Branchburg-Ramapo 500kV 线路由于高速振荡进入保护 I 段和直接远方跳闸，断开新泽西与纽约的最后一条主要输电路径。

7）以后若干秒内，已解列的东部互联网北部内部又进行了分解：

16:10:46 至 16:10:54，纽约—新英格兰输电线路断开。

16:10:49，纽约输电网分解为东部及西部。

16:10:50，安大略系统的尼亚加拉瀑布西部与圣劳伦斯西部和西部孤岛解列。

16:11:22，康涅狄克西南部与纽约城解列。

$$Z_{\text{load}} = \frac{\dot{U}_{\text{M}}}{\dot{I}_{\text{M}}} = -Z_{\text{M}} + \frac{\dot{E}_{\text{M}}}{\dot{I}_{\text{M}}} \tag{1-4}$$

将式（1-1）代入式（1-4）可得

$$Z_{\text{load}} = -Z_{\text{M}} + \frac{\dot{E}_{\text{M}}}{\dot{I}_{\text{M}}} = -Z_{\text{M}} + \frac{Z_{\Sigma}}{1 - \dfrac{\dot{E}_{\text{M}}}{\dot{E}_{\text{N}}}} \tag{1-5}$$

当 $\left|\dfrac{\dot{E}_{\text{M}}}{\dot{E}_{\text{N}}}\right| = 1$ 时，Z_{load} 轨迹为一直线，

当 $\left|\dfrac{\dot{E}_{\text{M}}}{\dot{E}_{\text{N}}}\right| \neq 1$ 时，Z_{load} 轨迹为一圆弧，图 1-5 为 Z_{load} 在阻抗平面上的变化轨迹。图中 M 侧坐标为实线，N 侧坐标为虚线。

从图 1-5 中可以看出，正常情况下，测量阻抗 Z_{load} 位于动作区外，随着负荷不断增大，电压降低，电流增大，负荷阻抗不断减小，当负荷阻抗进入距离保护动作区时，距离保护误动作。

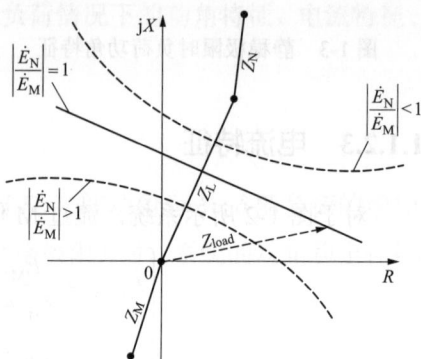

图 1-5　过负荷阻抗特征

1.1.3　线路过负荷对距离保护的影响分析

在阻抗平面上，距离保护的动作特性如图 1-6 所示。距离保护的动作特性根据其在阻抗平面上的形状分为圆特性（见图 1-6（a））和四边形特性（见图 1-6（b））。

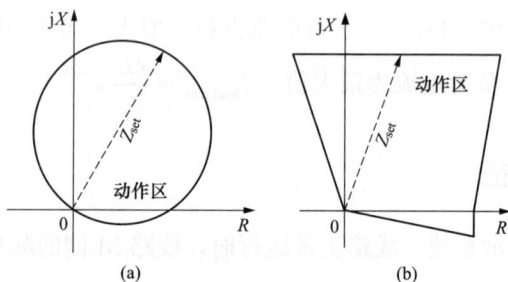

图 1-6　距离保护动作特性
（a）圆特性；（b）四边形特性

结合图 1-6 所示的过负荷动轨迹，可以看出，当负荷阻抗进入距离保护的

动作区时，距离保护会发生误动作。

线路过负荷时距离保护的动作行为与动作特性密切相关。

1.1.3.1　圆特性

圆特性距离保护采取比相式，比相式距离继电器的通用动作方程为

$$-90° < \mathrm{Arg}\frac{\dot{U}_{\mathrm{OP}}}{\dot{U}_{\mathrm{P}}} < 90° \tag{1-6}$$

式中，$\dot{U}_{\mathrm{OP}}$ 为工作电压，$\dot{U}_{\mathrm{OP}} = \dot{U} - \dot{I}Z_{\mathrm{set}}$，$\dot{U}$ 为保护安装处的测量电压，$\dot{I}$ 为保护安装处的测量电流，Z_{set} 为整定阻抗；$\dot{U}_{\mathrm{P}}$ 为极化电压。

对接地距离继电器，工作电压为

$$\dot{U}_{\mathrm{OP}} = \dot{U}_{\varphi} - (\dot{I}_{\varphi} + K \times 3I_0)Z_{\mathrm{set}}$$

对相间距离继电器，工作电压为

$$\dot{U}_{\mathrm{OP}} = \dot{U}_{\varphi\varphi} - \dot{I}_{\varphi\varphi}Z_{\mathrm{set}}$$

输电线路正方向故障时，式（1-6）在阻抗平面上可以表示为

$$90° < \mathrm{Arg}\frac{Z_{\mathrm{m}} - Z_{\mathrm{set}}}{Z_{\mathrm{m}}} < 270° \tag{1-7}$$

距离保护 I 段保护范围为 0.75～0.8 倍线路全长；距离保护 II 段作为本线近后备，距离保护 II 段的保护范围大于线路全长，一般为 1.2 倍线路全长；距离保护 II 段作为相邻线路远后备，保护范围覆盖相邻线路全长，线路过负荷对距离保护影响集中在距离傲虎 III 段。结合图 1-7 进行说明，图中，M 侧系统的等效阻抗为 Z_{M}，N 侧系统的等效阻抗为 Z_{N}，线路 MN 和 NP 的线路阻抗分别为 Z_{MN}、Z_{NP}。正常情况下，$Z_{\mathrm{M}} = Z_{\mathrm{load}} = Z_{\mathrm{N}} + Z_{\mathrm{MN}} + Z_{\mathrm{NP}}$，当 $Z_{\mathrm{set}} = Z_{\mathrm{N}} + Z_{\mathrm{MN}} + Z_{\mathrm{NP}}$ 时，负荷阻抗 Z_{load} 位于动作边界，$Z_{\mathrm{set}} < Z_{\mathrm{N}} + Z_{\mathrm{MN}} + Z_{\mathrm{NP}}$，负荷阻抗 Z_{load} 位于动作区外，如图 1-8 所示。

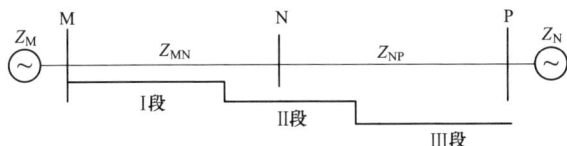

图 1-7　距离保护保护区范围

增大，负荷阻抗逐渐接近距离保护动作边界，当负荷阻抗小于负荷限制线进入距离保护动作区时，距离保护误动作，可能会影响距离保护Ⅰ、Ⅱ、Ⅲ段。

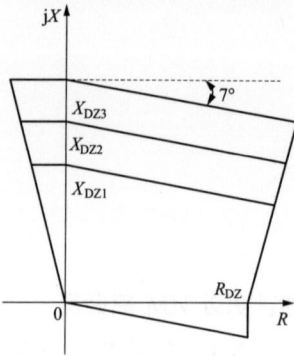

图 1-11   多边形动作特性   图 1-12   负荷阻抗运动轨迹

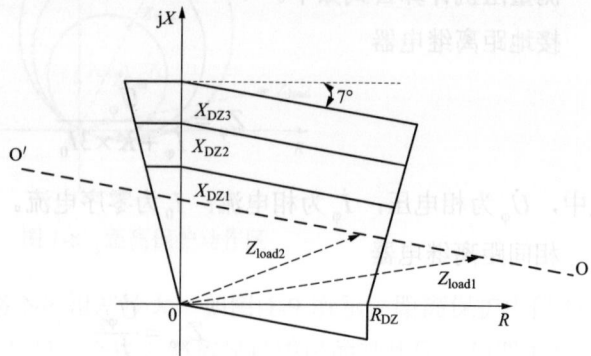

1.1.4   现有距离保护应对过负荷措施

1.1.4.1   固定负荷限制线

目前距离保护采取增加负荷限制线的方法来防止过负荷情况下的保护误动，负荷限制线按躲过线路最大负荷时的负荷阻抗整定 $Z_{dz} = \dfrac{Z_{load.min}}{K_k K_f K_{zqd}}$，其中，$Z_{load.min}$ 为最小负荷阻抗，K_k、K_f、K_{zqd} 分别为可靠系数、返回系数和自启动系数，Z_{dz} 偏小，失去了距离保护的耐过渡电阻能力。

图 1-13 给出了阻抗平面上的负荷限制线。从图中可以看出，对于四边形特性距离保护，负荷限制线是其动作区的一部分，对于圆特性距离保护，负荷限制线与保护动作区是"与"关系，当负荷限制线与距离保护动作区无交集时，保护动作区不受影响，当二者相交时，距离保护动作区被"切割"。

四边形特性阻抗继电器动作特性如图 1-13（a）所示。为了能更好地躲过最小负荷阻抗，并保持线路对过渡电阻有一定的灵敏度，一般将最右边直线倾斜。对于四边形特性的距离保护，其倾角为固定值或线路正序灵敏角。

以输电线路的送电端为例，阻抗继电器感受到的负荷阻抗 Z_{load} 反映在复数阻抗平面上是一个位于第一象限的测量阻抗。它与 R 轴的夹角即为负荷阻抗角

φ_{fh}。在高压、超高压输电线路中，此角度一般情况下小于 30°。由图 1-13（a）可以推导出负荷限制阻抗为

$$R_{DZ} \leq \frac{\left(\cos\varphi_{fh} - \dfrac{\sin\varphi_{fh}}{\tan\varphi}\right)Z_{load.min}}{K_k K_f K_{zqd}} \tag{1-8}$$

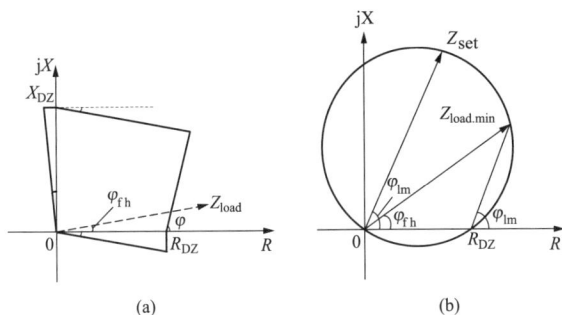

图 1-13　阻抗平面上的负荷限制线

（a）四边形特性；（b）圆特性

对于圆特性阻抗继电器，有一个负荷限制继电器，倾斜角度按线路正序灵敏角考虑，由图 1-13（b）可以推导出负荷限制阻抗 R_{DZ} 应整定为

$$R_{dz} \leq \frac{\left(\cos\varphi_{fh} - \dfrac{\sin\varphi_{fh}}{\tan\varphi_{lm}}\right)Z_{fh.min}}{K_k K_f K_{zqd}} \tag{1-9}$$

由式（1-8）、式（1-9）可以看出，负荷限制阻抗取决于线路负荷电流、负荷阻抗角、线路始端电压和正序灵敏角的大小。

在华北电网 500kV 具体的工程实践中，取 $U_{f\,min} = U_e = 500kV$，系数 $1/K_k K_f K_{zqd} = 0.7$，最大负荷角 $\varphi_{fh} = 30°$，线路正序灵敏角 φ_{lm} 按实际情况考虑，一般为 85°左右。

对于一般 500kV 线路（潮流在 800MW 以下），其最大负荷电流可按电流互感器（TA）额定电流考虑，最小负荷阻抗的大小为

$$Z_{load.min} = \frac{U_e}{\sqrt{3}I_{fh\,max}} \tag{1-10}$$

对于重载线路和特定运行方式下 500kV 线路，安运行方式部门提供的最大有功功率考虑，为

$$Z_{\text{load.min}} = \frac{U_{\text{e}}^2}{P_{\max}} \cos \varphi_{\text{fh}} \qquad (1\text{-}11)$$

对于式（1-10），华北电网大多数 TA 额定电流为 2.5kA，考虑到 TA 在事故过负荷后的短时间内有 20%的过载能力，按额定电流 3kA 计算。对于式（1-11），具体的线路有不同要求，以大房双回线为例，可以按有功功率为 2294 MW 考虑（在 2006 年夏季大负荷方式下，大房双回线一回线故障掉闸，另一回线要承受 2294MW 的有功功率）。若运行方式部门不能提供事故后功率值，则线路的最大负荷电流按躲过断路器、隔离开关的额定电流或线路热稳定电流考虑是较稳妥的方案，对于使用比较广泛的 LGJ4×400 导线，其温度允许范围内的热稳定电流为 3380A。根据以上数据计算出的最小负荷阻抗和负荷限制电阻一次值如表 1-1 所示。

表 1-1　　　　　　　　　最小负荷阻抗和负荷限制电阻计算结果

最大负荷电流	最小负荷阻抗（Ω）	负荷限制电阻（Ω）	
		四边形特性	圆特性
按 1.2 倍 TA 额定电流 3kA	96.2	38.9	55.4
按线路有功功率 2294MW	94.4	38.1	54.3
按断路器和隔离开关额定电流 3150A	91.6	37.0	52.8
按线路热稳电流 3380A	85.4	34.5	49.2

从表 1-1 可以看出，采用固定的负荷限制线时，负荷限制电阻小于 40Ω。但是对于事故过负荷及连锁故障中的大功率潮流转移无法预测，通过整定固定的负荷限制线无法满足连锁故障中潮流大范围转移造成的距离保护误动。

1.1.4.2　自适应负荷限制线

根据线路过负荷情况自适应调整距离保护负荷限制线的方法应对过负荷。基本思想是利用广域保护进行潮流转移的判别，并将判别结果以适当的途径下达至受潮流转移影响而过负荷的各线路的后备保护，由后备保护根据自身的测量结果调节动作特性，规避这种情况造成的保护误动，同时最大限度地保持其保护相邻线路的能力。

潮流转移导致线路过负荷后，启用潮流转移识别程序，当线路电流的计算结果满足潮流转移的识别判据后，广域后备保护协调装置下达调节距离保护III段的动作特性的指令，避免线路由于潮流转移引起的误切除。

线路正常运行时，距离保护III段采用方向圆特性，其动作特性方程为

$$270° > \text{Arg} \frac{Z_\text{m}}{Z_\text{m} - Z_\text{set}} > 90° \tag{1-12}$$

式中，Z_m 为距离保护的测量阻抗；Z_set 为距离保护III段的整定阻抗。

假定支路电流由于潮流转移负荷增加，距离保护的测量阻抗 Z_m 已经进入距离保护III段的动作范围。为了躲开阻抗 Z_m，收到潮流转移识别装置通知后，距离保护III段将减小动作角度，动作特性变为透镜形特性，动作方程为

$$270° - \theta > \text{Arg} \frac{Z_\text{m}}{Z_\text{m} - Z_\text{set}} > 90° + \theta \tag{1-13}$$

需要缩小的角度 θ 为

$$\theta = \arg \frac{Z_\text{m}}{Z_\text{m} - Z_\text{set}} - 90° \tag{1-14}$$

根据式（1-14）计算的角是一个临界角度 θ，为了确保阻抗 Z_m 不落入距离保护III段的动作范围，θ 应乘以可靠系数 k（$k > 1$）。通过对系统不同开断情况的仿真分析并参照保护整定时可靠系数一般取为 1.2～1.5 的整定惯例，k 可取为 1.3。

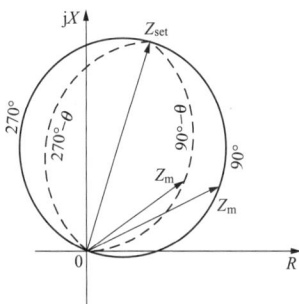

图 1-14　调整后的距离保护动作区

如图1-14所示，图中虚线包围的部分为距离保护III段动作特性调节后的动作范围，距离保护III段采用了透镜形特性后，其测量阻抗将不再落入距离保护III段的动作范围，保护将返回，可以有效避免潮流转移造成负荷入侵导致保护误动的问题，同时依然保持一定的耐受过渡电阻能力。

该方法根据输电线路负荷电流大小自适应调整距离保护III段的动作区，防止距离保护在过负荷情况下误动，但是同样会减小距离保护的动作区，影响其耐过渡电阻能力，同时本方法需要广域信息进行配合。

1.1.4.3　现有措施的局限性

目前措施通过缩小距离保护的动作区来保证线路过负荷期间距离保护不动作，但是减小距离保护的动作区会大幅降低距离保护识别故障电阻的能力，导致线路发生经电阻故障时，距离保护拒动。

距离保护的测量阻抗与故障点位置成正比。线路发生金属性故障时，测量阻抗能够准确反应故障点到保护安装处的距离，当线路发生经电阻故障时，故障电阻使测量阻抗中出现附加测量阻抗，破坏了阻抗与故障点到保护安装处线路阻抗的正比关系。

单相接地故障的过渡电阻为 0 时（以 A 相接地故障为例），故障点处故障相电压 $\dot{U}_{FA}=0$，保护安装处的测量阻抗为

$$Z_m = (\dot{U}_A - \dot{U}_{FA}) / (\dot{I}_A + 3KI_0) \qquad （1\text{-}15）$$

过渡电阻为 R 时，附加测量阻抗 ΔZ 如下

$$\Delta Z = \frac{\dot{U}_{FA}}{\dot{I}_A + 3KI_0} \qquad （1\text{-}16）$$

计及 $\dot{I}_{FA} = 3\dot{I}_{F0}$，式（1-16）可写为

$$\Delta Z = \frac{3\dot{I}_{F0}R}{\dot{I}_A + 3KI_0} \qquad （1\text{-}17）$$

因 $\dot{I}_A = \dot{I}_{load.A} + C_{1M}\dot{I}_{FA1} + C_{2M}\dot{I}_{FA2} + C_{0M}\dot{I}_{FA0}$，计及 $\dot{I}_{FA1} = \dot{I}_{FA2} = \dot{I}_{FA0}$，上式可简化为

$$\Delta Z = \frac{3R}{[2C_{1M} + (1+3K)C_{0M}] + 3K\dot{I}_{load.A} / \dot{I}_{F0}} \qquad （1\text{-}18）$$

式中，C_{1M}、C_{2M}、C_{0M} 为 M 侧正序、负序、零序电流分配系数，$\dot{I}_{load.A}$ 为 A 相负荷电流，$\dot{I}_{FA1}$、$\dot{I}_{FA2}$、$\dot{I}_{FA0}$ 为故障点处 A 相正序、负序、零序电流。

线路空载情况下发生 A 相接地，$\dot{I}_{load.A} = 0$，则 ΔZ 呈纯电阻性；如果阻抗继电器位于送电端，$\dot{I}_{load.A}$ 超前 $\dot{I}_{F0}$，则 ΔZ 呈容性，如果阻抗继电器位于受电端，$\dot{I}_{load.A}$ 滞后 $\dot{I}_{F0}$，则 ΔZ 呈感性。如图 1-15 所示。由于单相接地时附加测量阻抗的存在，必然引起接地阻抗继电器保护区的变化。

图 1-16 为线路不同位置经过渡电阻发生单相接地故障时，测量阻抗随过渡电阻的变化轨迹。图 1-16 中：C_1 为双电源无故障全相振荡，测量阻抗随功角的变化轨迹。C_2 为送端正向短路，测量阻抗随过渡电阻的变化轨迹，当过渡电阻

为 0，故障点位于线路 MN 时，M 侧（送端）保护的测量阻抗为在阻抗线 Z_{MN} 上移动，当过渡电阻为无穷大时，测量阻抗为负荷阻抗。C_3 为受端正向短路时测量阻抗随过渡电阻的变化轨迹；C_4 为送端反向短路，测量阻抗随过渡电阻的变化轨迹；C_5 为受端反向短路，测量阻抗随过渡电阻的变化轨迹。

比较图 1-12 和图 1-16 可得，当负荷电流较大，负荷阻抗较小，随着过渡电阻增大，测量阻抗向负荷阻抗移动，对于距离保护，识别过渡电阻能力与防止过负荷情况下保护误动存在冲突，为了提高距离保护识别过渡电阻能力，需要增大距离保护的动作区，为了防止过负荷情况下距离保护误动作，需要减小距离保护动作区。

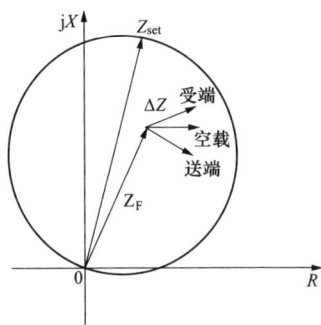

图 1-15　送受端过渡电阻产生的附加阻抗　　图 1-16　不同过渡电阻下的测量阻抗

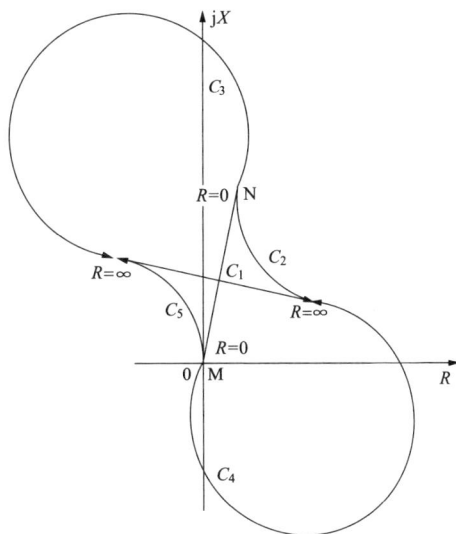

综上，现有距离保护应对过负荷措施存在局限性：负荷限制线整定值太大，线路过负荷情况下，距离保护会误动作；负荷限制线整定值太小，距离保护的动作区减小，严重削弱了距离保护识别过渡电阻的能力。

1.2　基于电压幅值特征的线路过负荷与故障识别原理

1.2.1　线路过负荷的电压特征

1.2.1.1　负荷电流与电压相量图

在电压平面上可以表示电压、电流之间的相量关系。在电压平面上利用

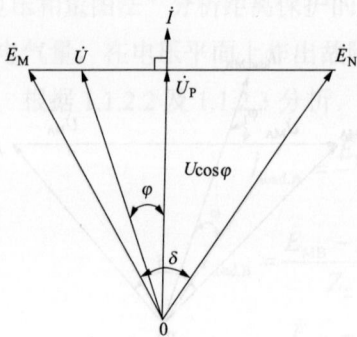

图 1-19　电压平面上系统电压相量　　　图 1-20　线路阻抗角小于90°时电压相量

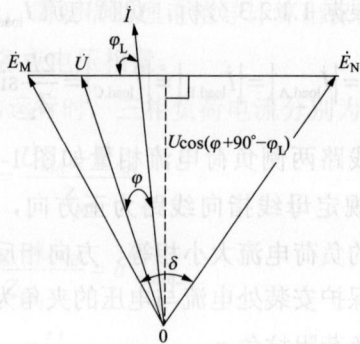

对于受端（N 侧），$\delta \approx 0°$，$U\cos\varphi = -E_N$，以 E_N 为基准，$\dfrac{\dot{U}\cos\varphi}{\dot{E}_N} = -1\text{p.u.}$，当 $\delta = 90°$，$U\cos\varphi = -\dfrac{\sqrt{2}}{2}E_N$，$\dfrac{U\cos\varphi}{E_N} = -\dfrac{\sqrt{2}}{2}(\text{p.u.})$，当线路处于过负荷状态时，受端 $U\cos\varphi$ 介于 $\left[-1\text{p.u.}, -\dfrac{\sqrt{2}}{2}\text{p.u.}\right]$。

以上分析是建立在 $\text{Arg}Z_M = \text{Arg}Z_{MN} = \text{Arg}Z_N$，$|\dot{E}_M| = |\dot{E}_N|$ 基础上的。

当 $\text{Arg}Z_M \neq \text{Arg}Z_{MN} \neq \text{Arg}\dot{Z}_N$，$|\dot{E}_M| \neq |\dot{E}_N|$ 时，对 $U\cos\varphi$ 的影响分析如下：

（1）$\text{Arg}Z_M \neq \text{Arg}Z_{MN} \neq \text{Arg}Z_N$。以送端为例，过负荷时系统电压相量如图 1-21 所示，图中，红色直线为 $\text{Arg}Z_M = \text{Arg}Z_{MN} = \text{Arg}Z_N$ 对应的 $U\cos\varphi$，蓝色直线为 $\text{Arg}Z_M \neq \text{Arg}Z_{MN} \neq \text{Arg}Z_N$ 对应的 $U\cos\varphi$，可见，阻抗角不一致，$U\cos\varphi$ 不同。

（2）$|\dot{E}_M| \neq |\dot{E}_N|$。以送端为例，过负荷时系统电压相量如图 1-22 所示，图中红色直线为 $|\dot{E}_M| = |\dot{E}_N|$ 对应的 $U\cos\varphi$，蓝色直线为 $|\dot{E}_M| \neq |\dot{E}_N|$ 对应的 $U\cos\varphi$，可见，两侧等效电源电动势不一致时，$U\cos\varphi$ 会减小。

（3）$\text{Arg}Z_M \neq \text{Arg}Z_{MN} \neq \text{Arg}Z_N$ 与 $|\dot{E}_M| \neq |\dot{E}_N|$。以送端为例，过负荷时系统电压相量如图 1-23 所示，可见 $U\cos\varphi$ 误差会相应增大。

（4）线路沿线电压分布不均匀时。以送端为例，过负荷时系统电压相量如图 1-24 所示，图中红色直线为沿线电压分布均匀时对应的 $U\cos\varphi$，蓝色直线为线路沿线电压分布不均匀对应的 $U\cos\varphi$，可见，线路中部电压较低时，$U\cos\varphi$

会减小，当线路中心电压较正常低 5%时，$U\cos\varphi$ 会减小 5%。

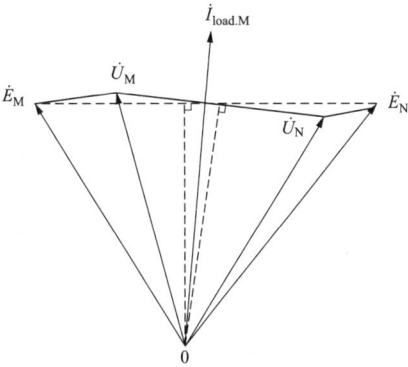

图 1-21　过负荷时的 $U\cos\varphi$
（$\mathrm{Arg}Z_\mathrm{M} \neq \mathrm{Arg}Z_\mathrm{MN} \neq \mathrm{Arg}Z_\mathrm{N}$）

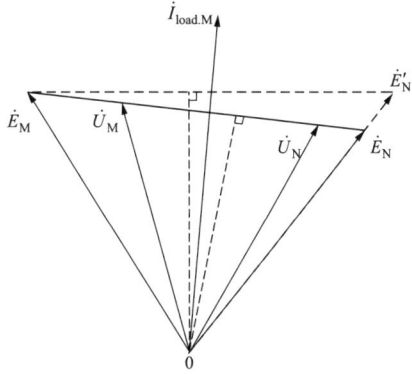

图 1-22　过负荷时的
$U\cos\varphi$ （$\left|\dot{E}_\mathrm{M}\right| \neq \left|\dot{E}_\mathrm{N}\right|$）

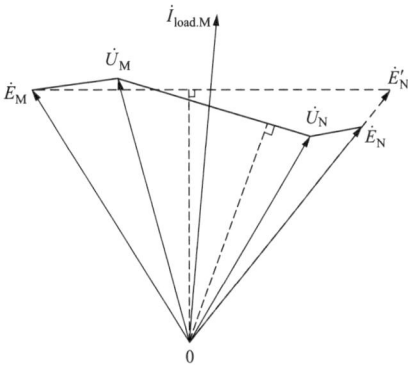

图 1-23　过负荷时的 $U\cos\varphi$
（$\mathrm{Arg}Z_\mathrm{M} \neq \mathrm{Arg}Z_\mathrm{MN} \neq \mathrm{Arg}Z_\mathrm{N}$，$\left|\dot{E}_\mathrm{M}\right| \neq \left|\dot{E}_\mathrm{N}\right|$）

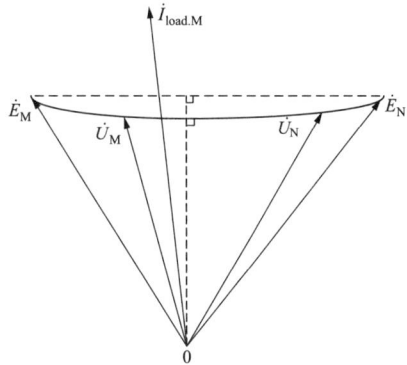

图 1-24　过负荷时的 $U\cos\varphi$
（沿线电压分布不均时）

1.2.2　基于电压余弦分量的负荷与故障识别原理

1.2.2.1　线路故障时的电压余弦分量

（1）单相接地故障。输电线路发生单相接地故障（以 A 相接地故障为例）时，故障点处的相电流 $\dot{I}_\mathrm{KA}$、相电压 $\dot{U}_\mathrm{KA}$ 为

$$\dot{I}_\mathrm{KA} = \frac{3\dot{U}_\mathrm{FA[0]}}{3R + Z_{1\Sigma} + Z_{2\Sigma} + Z_{0\Sigma}} \tag{1-25}$$

$$\dot{U}_{KA} = \frac{3R\dot{U}_{FA[0]}}{3R + Z_{1\Sigma} + Z_{2\Sigma} + Z_{0\Sigma}} \tag{1-26}$$

式中，$\dot{U}_{FA[0]}$ 为故障点处故障前 A 相的电压；R 为故障电阻；$Z_{1\Sigma}$、$Z_{2\Sigma}$、$Z_{0\Sigma}$ 分别为正序、负序和零序阻抗。

故障后保护安装处的相电流 $\dot{I}_{MA}$ 为

$$\dot{I}_{MA} = \frac{\dot{U}_{MA} - \dot{U}_{FA}}{Z_{MF}} = \dot{I}_{load.A} + \frac{C_{1M} + C_{2M} + C_{0M}}{3R + Z_{1\Sigma} + Z_{2\Sigma} + Z_{0\Sigma}}\dot{U}_{FA[0]} \tag{1-27}$$

$$\dot{U}_{MA} = \dot{U}_{MA[0]} - \frac{C_{1M}Z_{M1} + C_{2M}Z_{M2} + C_{0M}Z_{M0}}{3R + Z_{\Sigma1} + Z_{\Sigma2} + Z_{\Sigma0}}\dot{U}_{FA[0]} \tag{1-28}$$

式中，$\dot{U}_{MA}$、$\dot{U}_{FA}$ 分别为保护安装处与故障点处的相电压；C_{1M}、C_{2M}、C_{0M} 分别为 M 侧正、负、零序电流分配系数；Z_{M1}、Z_{M2}、Z_{M0} 为 M 侧的正、负、零序阻抗；Z_{MF} 为保护安装处到故障点处的线路阻抗。

保护安装处及故障点处的相电压在电压平面上如图 1-25 所示。可见，故障后的相电压余弦分量与故障电阻呈正比关系，利用相电压余弦分量可以反映单相接地故障电阻的大小。

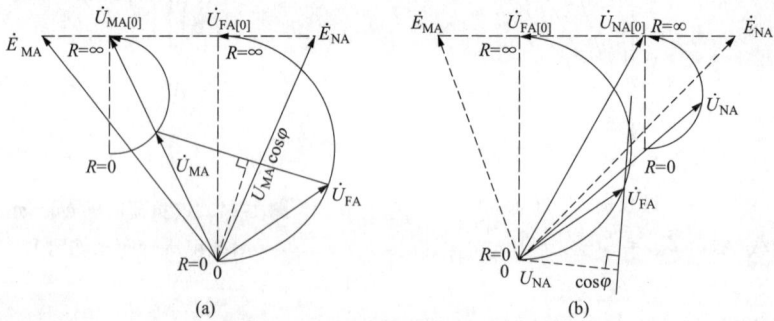

图 1-25　单相接地故障电压相量
（a）送端；（b）受端

（2）两相短路故障。输电线路发生两相短路故障（以 BC 相短路故障为例）时，故障点处的相电流 $\dot{I}_{KB}$、$\dot{I}_{KC}$，相电压 $\dot{U}_{KB}$、$\dot{U}_{KC}$ 为

$$\dot{I}_{KB} = -j\frac{\sqrt{3}\dot{U}_{FA[0]}}{R + Z_{1\Sigma} + Z_{2\Sigma}} \tag{1-29}$$

$$\dot{I}_{KC} = -\dot{I}_{KB} = j\frac{\sqrt{3}\dot{U}_{FA[0]}}{R + Z_{1\Sigma} + Z_{2\Sigma}} \tag{1-30}$$

$$\dot{U}_{KB} = \dot{U}_{KB[0]} + j\sqrt{3}\frac{Z_{1\Sigma}}{R + Z_{1\Sigma} + Z_{2\Sigma}}\dot{U}_{FA[0]} \tag{1-31}$$

$$\dot{U}_{KC} = \dot{U}_{KC[0]} - j\sqrt{3}\frac{Z_{1\Sigma}}{R + Z_{1\Sigma} + Z_{2\Sigma}}\dot{U}_{FA[0]} \tag{1-32}$$

故障后保护安装处的相电流 $\dot{I}_{MB}$、$\dot{I}_{MC}$，相电压 $\dot{U}_{MB}$、$\dot{U}_{MC}$ 为

$$\dot{I}_{MB} = \dot{I}_{load.B} - j\sqrt{3}C_{1M}\frac{\dot{U}_{FA[0]}}{R + Z_{1\Sigma} + Z_{2\Sigma}} \tag{1-33}$$

$$\dot{I}_{MC} = \dot{I}_{load.C} + j\sqrt{3}C_{1M}\frac{\dot{U}_{FA[0]}}{R + Z_{1\Sigma} + Z_{2\Sigma}} \tag{1-34}$$

$$\dot{U}_{MB} = \dot{U}_{MB[0]} + j\sqrt{3}C_{1M}\frac{Z_{M1}\dot{U}_{FA[0]}}{R + Z_{1\Sigma} + Z_{2\Sigma}} \tag{1-35}$$

$$\dot{U}_{MC} = \dot{U}_{MC[0]} - j\sqrt{3}C_{1M}\frac{Z_{M1}\dot{U}_{FA[0]}}{R + Z_{1\Sigma} + Z_{2\Sigma}} \tag{1-36}$$

保护安装处及故障点处的相间电压在电压平面上如图 1-26 所示。

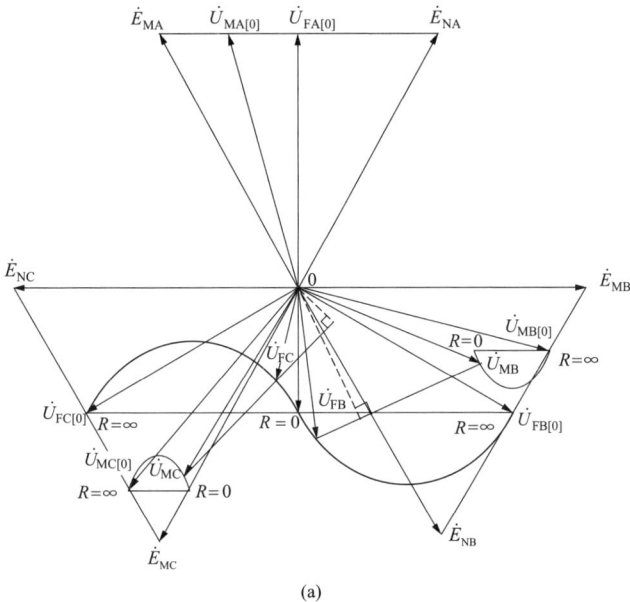

(a)

图 1-26　两相短路故障电压相量（一）

（a）电压相量

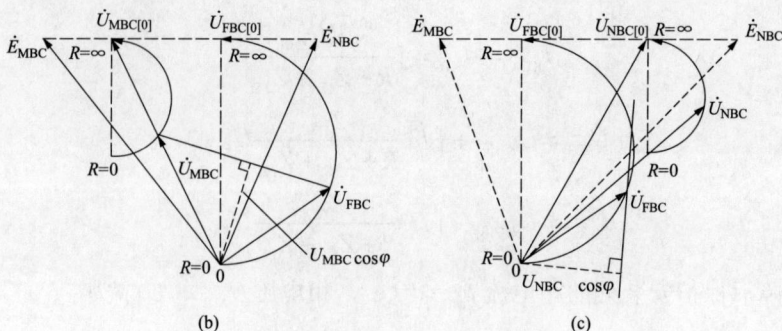

图 1-26　两相短路故障电压相量（二）

（b）送端相间电压余弦分量；（c）受端相间电压余弦分量

（3）两相短路接地故障。输电线路发生两相短路接地故障（以 BC 相短路接地故障为例）时，故障点处的相电流 $\dot{I}_{KB}$、$\dot{I}_{KC}$，相电压 $\dot{U}_{KB}$、$\dot{U}_{KC}$ 为

$$\dot{I}_{KB} = -j\frac{\sqrt{3}}{2}\frac{\dot{U}_{FA[0]}}{Z_{1\Sigma}} - \frac{3\dot{U}_{FA[0]}}{2\times(6R + 2Z_{0\Sigma} + Z_{1\Sigma})} \tag{1-37}$$

$$\dot{I}_{KC} = j\frac{\sqrt{3}}{2}\frac{\dot{U}_{FA[0]}}{Z_{1\Sigma}} - \frac{3\dot{U}_{FA[0]}}{2\times(6R + 2Z_{0\Sigma} + Z_{1\Sigma})} \tag{1-38}$$

$$\dot{U}_{KB} = \dot{U}_{KC} = -\frac{\dot{U}_{KA[0]}}{2} + \frac{\dot{U}_{KA[0]}}{2}\frac{2Z_{0\Sigma} + Z_{1\Sigma}}{6R + 2Z_{0\Sigma} + Z_{1\Sigma}} \tag{1-39}$$

故障后保护安装处的相电流 $\dot{I}_{MB}$、$\dot{I}_{MC}$，相电压 $\dot{U}_{MB}$、$\dot{U}_{MC}$ 为

$$\dot{I}_{MB} = \dot{I}_{load.B} - j\frac{\sqrt{3}}{2}C_{1M}\frac{\dot{U}_{FA[0]}}{Z_{1\Sigma}} - \frac{2C_{0M} + C_{1M}}{2}\frac{\dot{U}_{FA[0]}}{6R + 2Z_{0\Sigma} + Z_{1\Sigma}} \tag{1-40}$$

$$\dot{I}_{MC} = \dot{I}_{load.C} + j\frac{\sqrt{3}}{2}C_{1M}\frac{\dot{U}_{FA[0]}}{Z_{1\Sigma}} - \frac{2C_{0M} + C_{1M}}{2}\frac{\dot{U}_{FA[0]}}{6R + 2Z_{0\Sigma} + Z_{1\Sigma}} \tag{1-41}$$

$$\dot{U}_{MB} = \dot{U}_{MB[0]} + j\frac{\sqrt{3}}{2}C_{1M}\frac{Z_{M1}}{Z_{1\Sigma}}\dot{U}_{FA[0]} + \frac{C_{0M}Z_{M0} + \frac{1}{2}C_{1M}Z_{M1}}{6R + 2Z_{0\Sigma} + Z_{1\Sigma}}\dot{U}_{FA[0]} \tag{1-42}$$

$$\dot{U}_{MC} = \dot{U}_{MC[0]} - j\frac{\sqrt{3}}{2}C_{1M}\frac{Z_{M1}}{Z_{1\Sigma}}\dot{U}_{FA[0]} + \frac{C_{0M}Z_{M0} + \frac{1}{2}C_{1M}Z_{M1}}{6R + 2Z_{0\Sigma} + Z_{1\Sigma}}\dot{U}_{FA[0]} \tag{1-43}$$

保护安装处及故障点处的电压在电压平面上如图 1-27 所示。相间电压余弦分量与图 1-26 中（b）、（c）相同。

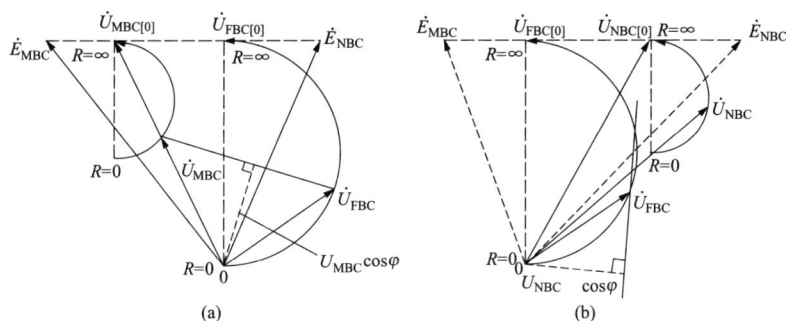

图 1-27 两相短路接地故障电压相量

（a）送端；（b）受端

（4）三相短路故障。输电线路发生三相短路故障时，故障点处的相电流、相电压为

$$\dot{I}_{KA} = \dot{I}_{KB} = \dot{I}_{KC} = \frac{3\dot{U}_{FA[0]}}{R + Z_{1\Sigma}} \tag{1-44}$$

$$\dot{U}_{KA} = \dot{U}_{KA[0]}\left(\frac{R}{R + Z_{1\Sigma}}\right) \tag{1-45}$$

故障后保护安装处的故障相电流、电压为

$$\dot{I}_{MA} = \dot{I}_{load.A} + \frac{C_{1M}\dot{U}_{FA[0]}}{R + Z_{1\Sigma}} \tag{1-46}$$

$$\dot{U}_{MA} = \dot{U}_{MA[0]} - C_{1M}Z_{M1}\frac{\dot{U}_{FA[0]}}{R + Z_{1\Sigma}} \tag{1-47}$$

保护安装处及故障点处的电压在电压平面上如图 1-28 所示。

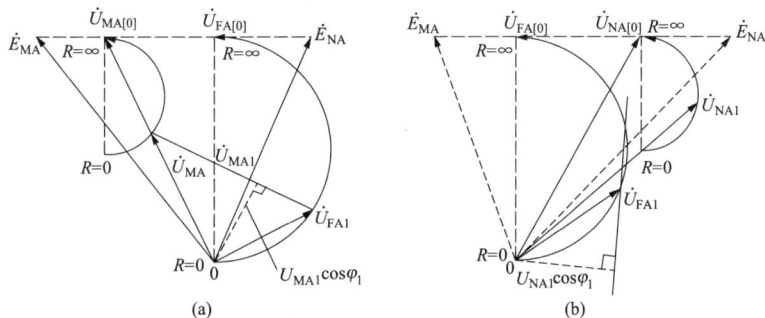

图 1-28 三相短路故障电压相量

（a）送端正序电压余弦分量；（b）受端正序电压余弦分量

综上所述，线路发生故障时：

（1）正序电压余弦分量 $U_1\cos\varphi_1$ 反映对称故障，三相短路时，$U_1\cos\varphi_1 \approx 0$；

（2）相电压余弦分量 $U_i\cos\varphi_i$ 反映单相金属性故障，单相接地时，故障相对应的 $U_i\cos\varphi_i = 0$；

（3）相间电压余弦分量 $U_{ij}\cos\varphi_{ij}$ 反映相间故障（包括两相短路、两相短路接地），两相故障时，两故障相对应对 $U_{ij}\cos\varphi_{ij} < 0.05(\text{p.u.})$。

1.2.2.2   线路过负荷与三相短路故障识别原理

根据 1.1.2 与 1.2.1 分析，线路过负荷与三相短路故障时，电压余弦分量具备以下特征：

（1）线路过负荷时，正序电压余弦分量=相间电压余弦分量=相电压余弦分量，送端电压余弦分量介于 $[0.707(\text{p.u.})，1(\text{p.u.})]$，受端电压余弦分量介于 $[1(\text{p.u.})，0.707(\text{p.u.})]$。

（2）线路发生三相短路故障时，正序电压余弦分量=相间电压余弦分量=相电压余弦分量，正序电压余弦分量介于 $[0(\text{p.u.})，0.05(\text{p.u.})]$。

根据以上特征差异，线路过负荷与对称故障的识别判据为

$$-0.2(\text{p.u.}) < U_1\cos\varphi_1 < 0.5(\text{p.u.}) \tag{1-48}$$

满足式（1-48），判断为线路发生三相短路故障，开放距离保护；不满足式，判断为线路负荷，闭锁距离保护。

式（1-48）识别线路过负荷与三相短路故障时的性能如下：

（1）线路三相短路故障，故障识别最小灵敏度为 0.5(p.u.)/0.05(p.u.)=10。

（2）线路过负荷，最小可靠系数为 0.707(p.u.)/0.5(p.u.)=1.414。

判据式（1-48）与距离保护之间的动作逻辑如图 1-29 所示。

1.2.2.3   线路过负荷与两相故障识别原理

根据 1.1.2 与 1.2.1 分析，线路过负荷与两相故障时，电压余弦分量具备以下特征：

（1）线路过负荷时，正序电压余弦分量=相间电压余弦分量=相电压余弦分量，送端电压余弦分量介于 $[0.707(\text{p.u.})，1(\text{p.u.})]$，受端电压余弦分量介于 $[1(\text{p.u.})，0.707(\text{p.u.})]$。

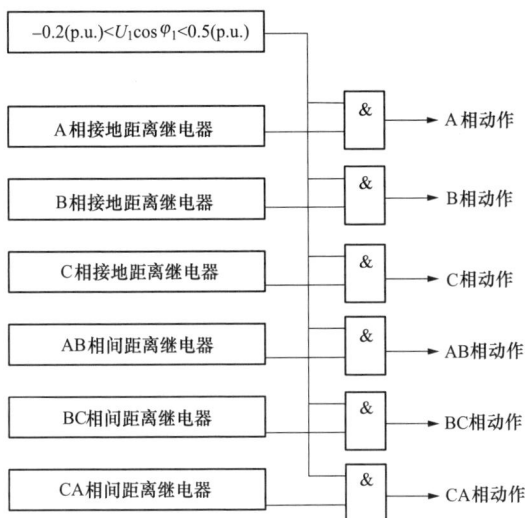

图 1-29　判据式（1-48）与距离保护之间的动作逻辑

（2）线路发生两相故障时，两故障相的相间电压余弦分量幅值小于 0.05（p.u.），即故障相间电压余弦分量介于[0（p.u.），0.05（p.u.）]。

根据以上特征差异，线路过负荷与两相故障的识别判据为

$$
\begin{cases}
-0.2(\text{p.u.}) < U_{\text{AB}}\cos\varphi_{\text{AB}} < 0.5(\text{p.u.}) \\
-0.2(\text{p.u.}) < U_{\text{BC}}\cos\varphi_{\text{BC}} < 0.5(\text{p.u.}) \\
-0.2(\text{p.u.}) < U_{\text{CA}}\cos\varphi_{\text{CA}} < 0.5(\text{p.u.})
\end{cases}
\tag{1-49}
$$

满足式（1-49）中任一判据，判断为线路发生两相故障，开放相应的距离保护；不满足式，判断为线路负荷，闭锁距离保护。

式（1-49）识别线路过负荷与两相故障时的性能如下：

（1）线路两相故障，对于不对称相间故障，故障相之间的过渡电阻为弧光电阻，最大残压小于 5% 额定电压[12]。故障识别最小灵敏度为 0.5（p.u.）/0.05（p.u.）=10。

（2）线路过负荷，最小可靠系为 0.707（p.u.）/0.5（p.u.）=1.414。

判据式（1-49）与距离保护之间的动作逻辑如图 1-30 所示。

1.2.2.4　线路过负荷与单相故障识别原理

根据 1.1.2 与 1.2.1 分析，线路过负荷与单相接地故障时，电压余弦分量具

备以下特征：

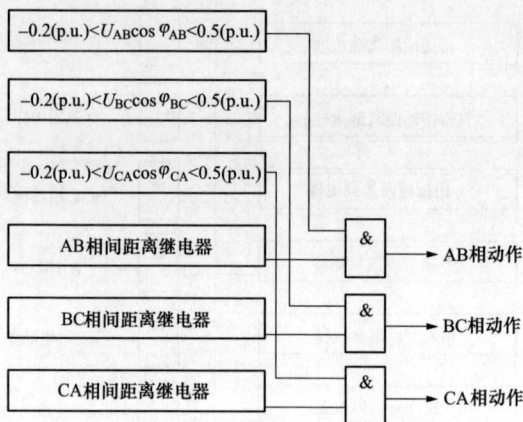

图 1-30　判据式（1-49）与距离保护之间的动作逻辑

（1）线路过负荷时，正序电压余弦分量=相间电压余弦分量=相电压余弦分量，送端电压余弦分量介于[0.707(p.u.)，1(p.u.)]，受端电压余弦分量介于[1(p.u.)，0.707(p.u.)]。

（2）线路发生单相接地故障时，故障相电压余弦分量幅值与过渡电阻呈正比关系，对于金属性故障，故障相电压余弦分量为 0(p.u.)，当过渡电阻为∞时，故障相电压余弦分量=正常运行时相电压余弦分量。

根据以上特征差异，线路过负荷与单相接地故障的识别判据为

$$\begin{cases} -0.2(\text{p.u.}) < U_A \cos\varphi_A < 0.5(\text{p.u.}) \\ -0.2(\text{p.u.}) < U_B \cos\varphi_B < 0.5(\text{p.u.}) \\ -0.2(\text{p.u.}) < U_C \cos\varphi_C < 0.5(\text{p.u.}) \end{cases} \qquad (1\text{-}50)$$

满足式（1-50）中任一判据，判断为线路发生单相接地故障，开放相应的距离保护；不满足式，判断为线路负荷，闭锁距离保护。

式（1-50）识别线路过负荷与两相故障时的性能如下：

（1）线路单相故障，故障识别灵敏度与过渡电阻大小有关，过渡电阻越大，灵敏度越低，金属性故障时，灵敏度最大。

（2）线路过负荷，最小可靠系数为 0.707(p.u.)/0.5(p.u.)=1.414。

判据式（1-50）与距离保护之间的动作逻辑如图 1-31 所示。

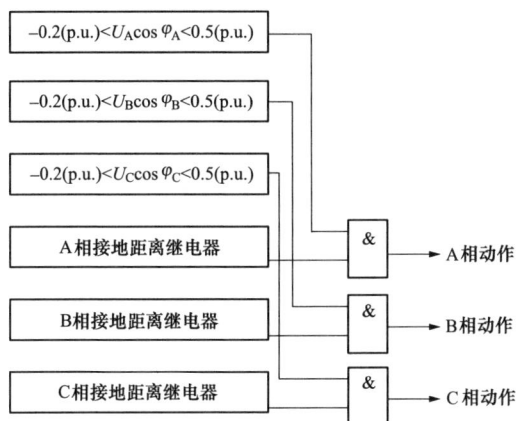

图 1-31　线路过负荷与单相接地故障识别逻辑框图

1.3　基于电压相位特征的线路过负荷与单相接地故障识别原理

对于线路单相接地故障，过渡电阻变化范围较大，随着过渡电阻的增大，故障后的线路送端的测量阻抗与过负荷阻抗在阻抗平面上存在混叠区，当测量阻抗处于混叠区时，无法区分单相接地故障与过负荷，目前采取的措施是通过减小距离保护的动作区，降低距离保护的过渡电阻识别能力，防止距离保护在过负荷情况下误动作。本节分析线路发生单相接地故障与过负荷时，电压平面上补偿电压的相位特征，并利用其识别线路过负荷与单相接地故障。

1.3.1　线路过负荷的补偿电压相位特征

1.3.1.1　补偿电压

补偿电压是利用保护安装处采集的电流和电压计算出的线路沿线电压，补偿电压 $\dot{U}'$ 的计算公式为

$$\dot{U}' = \dot{U} - \dot{I}\rho Z_{L1} \tag{1-51}$$

式中，$\dot{U}$、$\dot{I}$ 分别为保护安装处的电压和电流；Z_{L1} 为线路正序阻抗；ρ 为补偿度。

相补偿电压 $\dot{U}'_i$ 的计算公式为

$$\dot{U}'_i = \dot{U}_i - (\dot{I}_i + 3k\dot{I}_0)\,\rho Z_{L1} \tag{1-52}$$

式中，$\dot{U}_i$、$\dot{I}_i$ 分别为保护安装处的相电压和相电流，i 的取值为 A、B、C，$\dot{I}_0$ 为零序电流；k 为零序补偿系数。

正序补偿电压 $\dot{U}'_1$ 的计算公式为

$$\dot{U}'_1 = \dot{U}_1 - \dot{I}_1 \rho Z_{L1} \tag{1-53}$$

式中，$\dot{U}_{i1}$、$\dot{I}_{i1}$ 分别为保护安装处的正序电压和正序电流。

1.3.1.2　线路过负荷时正序-相补偿电压相位特征

线路过负荷时，只有正序分量，没有负序和零序分量，以送端保护安装处的 A 相为例，即 $\dot{U}_{MA} = \dot{U}_{MA1}$，$\dot{I}_{MA} = \dot{I}_{MA1}$，$\dot{U}'_{MA} = \dot{U}_{MA} - \dot{I}_{MA}\rho Z_{L1} = \dot{U}_{MA1} - \dot{I}_{MA1}\rho Z_{L1} = \dot{U}'_{MA1}$，如图 1-32 所示，图中 $\dot{U}'_{MA1}$ 在 $\dot{E}_{MA}$ 与 $\dot{E}_{NA}$ 之间的连线上，且 $\dot{U}'_{MA1}$ 与 $\dot{U}'_{MA}$ 重合。

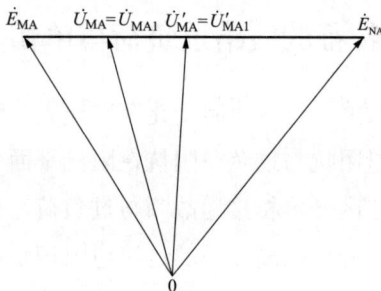

图 1-32　过负荷时正序-相补偿电压相位关系

1.3.2　基于补偿电压相位的负荷与单相接地故障识别原理

1.3.2.1　单相接地故障时的补偿电压相位

以 A 相接地为例，送端保护安装处的正序电压 $\dot{U}_{MA1}$ 为

$$\dot{U}_{MA1} = U_{MA[0]} - \frac{C_{1M}Z_{M1}}{3R + Z_{1\Sigma} + Z_{2\Sigma} + Z_{0\Sigma}} U_{FA[0]} \tag{1-54}$$

故障点处的正序电压 $\dot{U}_{FA1}$ 为

$$\dot{U}_{FA1} = \dot{U}_{FA[0]} - \dot{I}_{FA1}Z_{1\Sigma} = \dot{U}_{FA[0]} - \frac{\dot{U}_{FA[0]}}{3R + Z_{1\Sigma} + Z_{2\Sigma} + Z_{0\Sigma}} Z_{1\Sigma} \tag{1-55}$$

保护安装处的正序补偿电压 $\dot{U}'_{MA1}$ 为

$$\dot{U}'_{MA1} = \dot{U}_{MA1} - \dot{I}_{MA1}\rho Z_{L1}$$ （1-56）

当 $\rho = 0$ 时，$\dot{U}'_{MA1} = \dot{U}_{MA1}$，正序补偿电压是保护安装处正序电压；当 $\rho Z_{L1} = Z_{MF}$ 时，$\dot{U}'_{MA1} = \dot{U}_{MA1} - \dot{I}_{MA1}Z_{MF} = \dot{U}_{FA1}$，正序补偿电压是故障点处正序电压。

线路发生单相接地故障时，送端保护安装处的正序补偿电压在电压平面上的轨迹为 $\dot{U}_{MA1}$ 与 $\dot{U}_{FA1}$ 之间的连线，如图 1-33 所示。

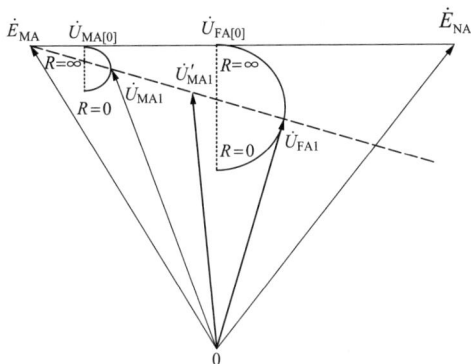

图 1-33　单相接地故障正序补偿电压（送端）

送端保护安装处的 A 相电压为

$$\dot{U}_{MA} = \dot{U}_{MA[0]} - \frac{2C_{1M}Z_{M1} + C_{0M}Z_{M0}}{3R + Z_{1\Sigma} + Z_{2\Sigma} + Z_{0\Sigma}}U_{FA[0]}$$ （1-57）

故障点处的 A 相电压为

$$\dot{U}_{FA} = \frac{3R\dot{U}_{FA[0]}}{3R + Z_{1\Sigma} + Z_{2\Sigma} + Z_{0\Sigma}}$$ （1-58）

保护安装处的相补偿电压 $\dot{U}'_{MA}$ 为

$$\dot{U}'_{MA} = \dot{U}_{MA} - (\dot{I}_{MA} + 3k\dot{I}_0)\rho Z_{L1}$$ （1-59）

当 $\rho = 0$ 时，$\dot{U}'_{MA} = \dot{U}_{MA}$，相补偿电压是保护安装处相电压；当 $\rho Z_{L1} = Z_{MF}$ 时，$\dot{U}'_{MA} = \dot{U}_{MA} - (\dot{I}_{MA} + 3k\dot{I}_0)\rho Z_{L1} = \dot{U}_{FA}$，相补偿电压是故障点处相电压。

线路发生单相接地故障时，送端保护安装处的相补偿电压在电压平面上的轨迹为 $\dot{U}_{MA}$ 与 $\dot{U}_{FA}$ 之间的连线，如图 1-34 所示。

根据式（1-54）和式（1-57），送端保护安装处正序电压与相电压之间满足如下关系

$$\dot{U}_{MA1} - \dot{U}_{MA} = \frac{C_{1M}Z_{M1} + C_{0M}Z_{M0}}{3R + Z_{1\Sigma} + Z_{2\Sigma} + Z_{0\Sigma}}U_{FA[0]}$$ （1-60）

$$\dot{U}_{MA1} = \frac{C_{1M}Z_{M1} + C_{0M}Z_{M0}}{3R + Z_{1\Sigma} + Z_{2\Sigma} + Z_{0\Sigma}} U_{FA[0]} + \dot{U}_{MA} \tag{1-61}$$

根据式（1-55）和式（1-58），故障点处的正序电压与相电压之间满足如下关系

$$\dot{U}_{FA1} - \dot{U}_{FA} = \frac{Z_{2\Sigma} + Z_{0\Sigma}}{3R + Z_{1\Sigma} + Z_{2\Sigma} + Z_{0\Sigma}} \dot{U}_{FA[0]} \tag{1-62}$$

$$\dot{U}_{FA1} = \frac{Z_{2\Sigma} + Z_{0\Sigma}}{3R + Z_{1\Sigma} + Z_{2\Sigma} + Z_{0\Sigma}} \dot{U}_{FA[0]} + \dot{U}_{FA} \tag{1-63}$$

式（1-61）与式（1-63）中的关系如图 1-35 所示。

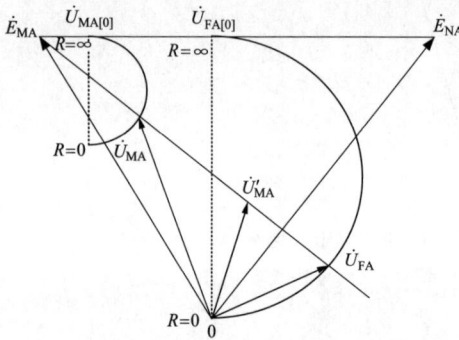
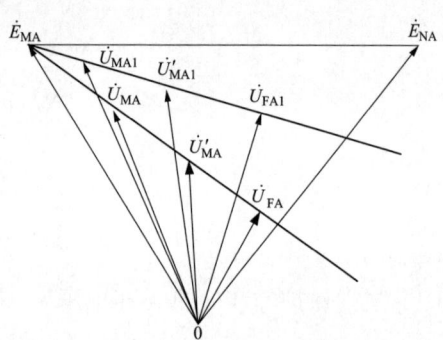

图 1-34　单相接地故障相　　　　图 1-35　正序补偿电压与相补偿电压
　　　　补偿电压（送端）　　　　　　　　相位关系（送端）

由图 1-35 可见，输电线路发生单相接地故障时，送端正序补偿电压的运动轨迹位于相补偿电压运动轨迹的上方，以下证明正序补偿电压 $\dot{U}'_{MA1} = \dot{U}_{MA1} - \dot{I}_{MA1}\rho Z_{L1}$ 与相补偿电压 $\dot{U}'_{MA} = \dot{U}_{MA} - (\dot{I}_{MA} + 3k\dot{I}_0)\rho Z_{L1}$ 之间的相位关系。

M 侧 A 相补偿电压轨迹相量为

$$\dot{U}_{MA} - \dot{U}_{FA} = -(\dot{I}_{MA} + 3k\dot{I}_0)\rho Z_{L1} \tag{1-64}$$

M 侧以 A 相为基准正序补偿电压轨迹相量为

$$\dot{U}_{MA1} - \dot{U}_{FA1} = -\dot{I}_{MA1}\rho Z_{L1} \tag{1-65}$$

对于送端，证明 $\dot{U}_{MA} - \dot{U}_{FA}$ 滞后于 $\dot{U}'_{MA} - \dot{U}_{MA1}$，只需证明 $-(\dot{I}_{MA} + 3k\dot{I}_0)$ 滞后于 $-\dot{I}_{MA1}$ 即可。

保护安装处正序电流 $\dot{I}_{MA1}$ 为

$$\dot{I}_{MA1} = \dot{I}_{load.A} + C_{1M}\dot{I}_{FA} \tag{1-66}$$

对于送端，A 相接地时故障相各序电流相位关系如图 1-36 所示。从图中可

得，$\dot{I}_{\mathrm{MA}} + 3k\dot{I}_0$ 滞后于 $\dot{I}_{\mathrm{MA1}}$。

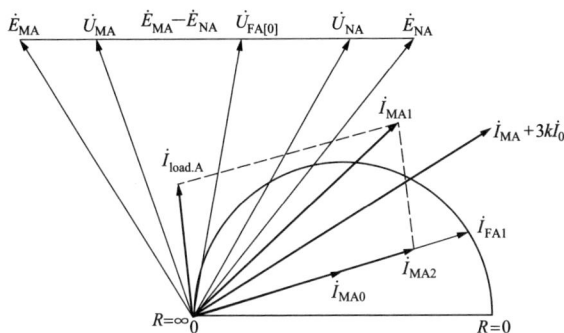

图 1-36　单相接地故障相序电流相位关系（送端）

$-(\dot{I}_{\mathrm{MA}} + 3k\dot{I}_0)\rho Z_{\mathrm{L1}}$ 与 $-\dot{I}_{\mathrm{MA1}}\rho Z_{\mathrm{L1}}$ 的关系在电压平面上的关系如图 1-37 所示，从图中可得，$-(\dot{I}_{\mathrm{MA}} + 3k\dot{I}_0)\rho Z_{\mathrm{L1}}$ 滞后于 $-\dot{I}_{\mathrm{MA1}}\rho Z_{\mathrm{L1}}$。

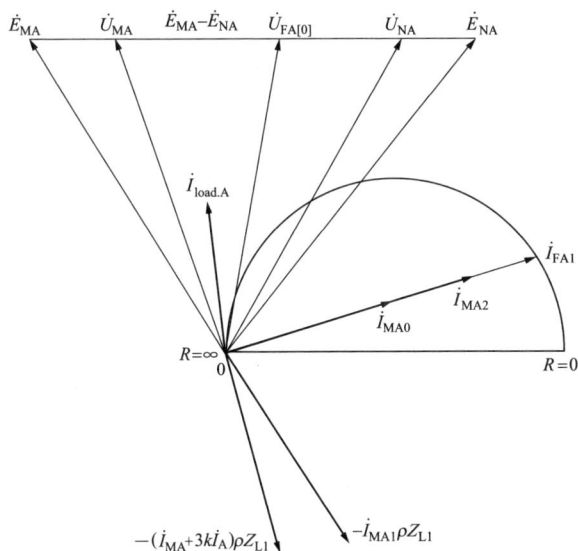

图 1-37　单相接地故障 $-(\dot{I}_{\mathrm{MA}} + 3k\dot{I}_0)\rho Z_{\mathrm{L1}}$ 与 $-\dot{I}_{\mathrm{MA1}}\rho Z_{\mathrm{L1}}$ 相位关系（送端）

对于线路受端（N 侧），保护安装处的正序电压为

$$\dot{U}_{\mathrm{NA1}} = \dot{U}_{\mathrm{NA[0]}} - \frac{C_{\mathrm{1N}}Z_{\mathrm{N1}}}{3R + Z_{\mathrm{1\Sigma}} + Z_{\mathrm{2\Sigma}} + Z_{\mathrm{0\Sigma}}}U_{\mathrm{FA[0]}} \qquad (1\text{-}67)$$

保护安装处的正序补偿电压 $\dot{U}'_{\mathrm{NA1}}$ 为

$$\dot{U}'_{\mathrm{NA1}} = \dot{U}_{\mathrm{NA1}} - \dot{I}_{\mathrm{NA1}} \rho Z_{\mathrm{L1}} \tag{1-68}$$

当 $\rho = 0$ 时，$\dot{U}'_{\mathrm{NA1}} = \dot{U}_{\mathrm{NA1}}$，正序补偿电压是保护安装处正序电压；当 $\rho Z_{\mathrm{L1}} = Z_{\mathrm{NF}}$ 时，$\dot{U}'_{\mathrm{NA1}} = \dot{U}_{\mathrm{NA1}} - \dot{I}_{\mathrm{NA1}} Z_{\mathrm{NF}} = \dot{U}_{\mathrm{FA1}}$，正序补偿电压是故障点处正序电压。

线路发生单相接地故障时，受端保护安装处的正序补偿电压在电压平面上的轨迹为 $\dot{U}_{\mathrm{NA1}}$ 与 $\dot{U}_{\mathrm{FA1}}$ 之间的连线，如图 1-38 所示。

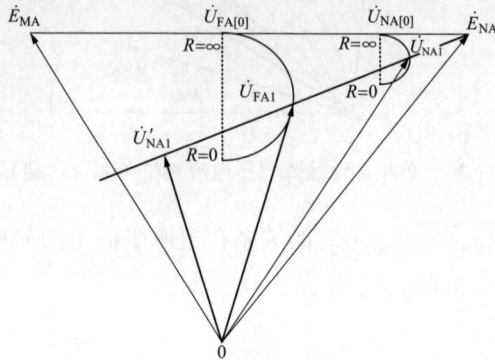

图 1-38 单相接地故障正序补偿电压（受端）

受端保护安装处的 A 相电压为

$$\dot{U}_{\mathrm{NA}} = \dot{U}_{\mathrm{NA[0]}} - \frac{2 C_{\mathrm{1N}} Z_{\mathrm{N1}} + C_{\mathrm{0N}} Z_{\mathrm{N0}}}{3R + Z_{1\Sigma} + Z_{2\Sigma} + Z_{0\Sigma}} U_{\mathrm{FA[0]}} \tag{1-69}$$

保护安装处的相补偿电压 $\dot{U}'_{\mathrm{NA}}$ 为

$$\dot{U}'_{\mathrm{NA}} = \dot{U}_{\mathrm{NA}} - (\dot{I}_{\mathrm{NA}} + 3k\dot{I}_0) \rho Z_{\mathrm{L1}} \tag{1-70}$$

当 $\rho = 0$ 时，$\dot{U}'_{\mathrm{NA}} = \dot{U}_{\mathrm{NA}}$，相补偿电压是保护安装处相电压；当 $\rho Z_{\mathrm{L1}} = Z_{\mathrm{NF}}$ 时，$\dot{U}'_{\mathrm{NA}} = \dot{U}_{\mathrm{NA}} - (\dot{I}_{\mathrm{NA}} + 3k\dot{I}_0) \rho Z_{\mathrm{L1}} = \dot{U}_{\mathrm{FA}}$，相补偿电压是故障点处相电压。

线路发生单相接地故障时，送端保护安装处的相补偿电压在电压平面上的轨迹为 $\dot{U}_{\mathrm{NA}}$ 与 $\dot{U}_{\mathrm{FA}}$ 之间的连线，如图 1-39 所示。

根据式（1-67）和式（1-69），受端保护安装处正序电压与相电压之间满足如下关系

$$\dot{U}_{\mathrm{NA1}} - \dot{U}_{\mathrm{NA}} = \frac{C_{\mathrm{1N}} Z_{\mathrm{N1}} + C_{\mathrm{0N}} Z_{\mathrm{N0}}}{3R + Z_{1\Sigma} + Z_{2\Sigma} + Z_{0\Sigma}} \dot{U}_{\mathrm{FA[0]}} \tag{1-71}$$

$$\dot{U}_{\mathrm{NA1}} = \frac{C_{\mathrm{1N}} Z_{\mathrm{N1}} + C_{\mathrm{0N}} Z_{\mathrm{N0}}}{3R + Z_{1\Sigma} + Z_{2\Sigma} + Z_{0\Sigma}} U_{\mathrm{FA[0]}} + \dot{U}_{\mathrm{NA}} \tag{1-72}$$

式（1-71）与式（1-72）中的关系如图 1-40 所示。

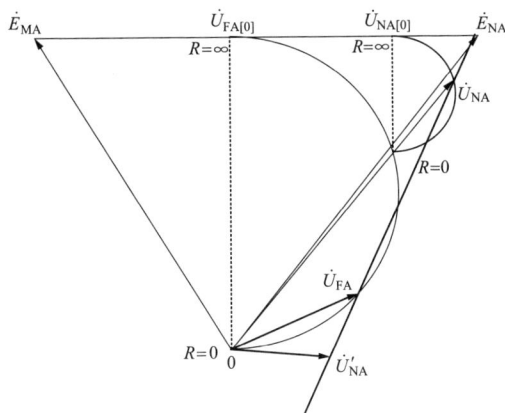

图 1-39　单相接地故障正序补偿电压（受端）

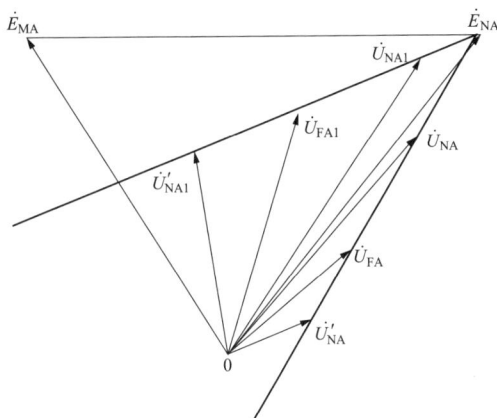

图 1-40　正序补偿电压与相补偿电压相位关系（受端）

由图 1-40 可见，受端正序补偿电压的运动轨迹位于相补偿电压运动轨迹的上方，以下证明 $\dot{U}'_{\text{NA1}} = \dot{U}_{\text{NA1}} - \dot{I}_{\text{NA1}} \rho Z_{\text{L1}}$ 与 $\dot{U}'_{\text{NA}} = \dot{U}_{\text{NA}} - (\dot{I}_{\text{NA}} + 3k\dot{I}_0) \rho Z_{\text{L1}}$ 之间的相位关系。

图 1-40 中 N 侧 A 相补偿电压轨迹相量为

$$\dot{U}_{\text{NA}} - \dot{U}_{\text{KA}} = -(\dot{I}_{\text{NA}} + 3k\dot{I}_0) \rho Z_{\text{L1}} \tag{1-73}$$

N 侧以 A 相为基准正序补偿电压轨迹相量为

$$\dot{U}'_{\text{NA1}} - \dot{U}_{\text{NA1}} = -\dot{I}_{\text{NA1}} \rho Z_{\text{L1}} \tag{1-74}$$

对于受端，证明 $\dot{U}_{\text{NA}} - \dot{U}_{\text{KA}} = -(\dot{I}_{\text{NA}} + 3k\dot{I}_0) \rho Z_{\text{L1}}$ 超前于 $\dot{U}'_{\text{NA1}} - \dot{U}_{\text{NA1}} = -\dot{I}_{\text{NA1}}$

ρZ_{L1}，只需证明 $-(\dot{I}_{NA} + 3k\dot{I}_0)$ 超前于 $-\dot{I}_{NA1}$ 即可。

受端保护安装处正序电流为

$$\dot{I}_{NA1} = -\dot{I}_{load.A} + C_{1N}\dot{I}_{FA}$$

对于受端，A 相接地时故障相序电流相位关系如图 1-41 所示。从图中可得，$\dot{I}_{NA} + 3k\dot{I}_0$ 超前于 $\dot{I}_{NA1}$。

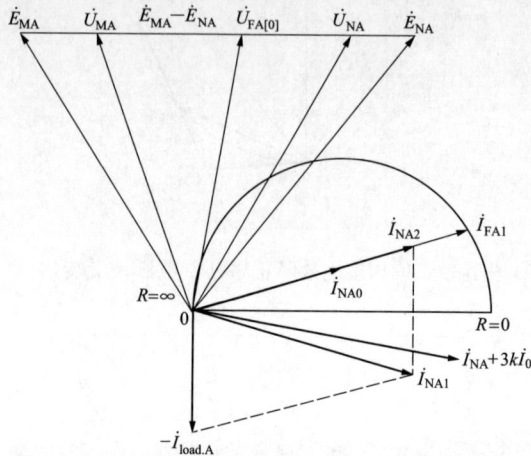

图 1-41　单相接地故障相序电流相位关系（受端）

$-(\dot{I}_{NA} + 3k\dot{I}_0)\rho Z_{L1}$ 与 $-\dot{I}_{NA1}\rho Z_{L1}$ 的关系在电压平面上的关系如图 1-42 所示，从图中可得，$-(\dot{I}_{NA} + 3k\dot{I}_0)\rho Z_{L1}$ 超前于 $-\dot{I}_{NA1}\rho Z_{L1}$。

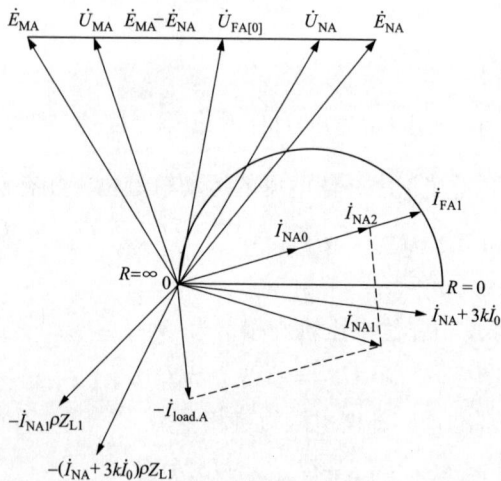

图 1-42　单相接地故障 $-(\dot{I}_{NA} + 3k\dot{I}_0)\rho Z_{L1}$ 与 $-\dot{I}_{NA1}\rho Z_{L1}$ 相位关系（受端）

1.3.2.2　线路过负荷与单相接地故障识别原理

根据以上分析，过负荷时，相补偿电压与正序补偿电压相位相同。单相接地故障，故障相补偿电压运动轨迹位于以故障相为基准的正序补偿电压运动轨迹的下方，对于送端，故障相补偿电压运动轨迹相位滞后于故障相为基准的正序补偿电压运动轨迹相位；对于受端，故障相补偿电压运动轨迹相位超前于故障相为基准的正序补偿电压运动轨迹相位。

综上，利用相补偿电压与正序补偿电压相位关系可以识别过负荷与单相接地故障，当相补偿电压与正序补偿电压相位相同，判断为负荷，当故障相补偿电压运动轨迹位于以故障相为基准的正序补偿电压运动轨迹的下方，判断为故障。

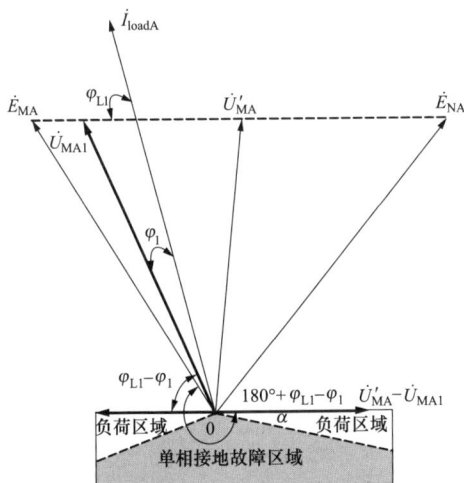

图 1-43　过负荷与单相接地故障判据动作区

负荷与单相接地故障识别判据为

$$\beta < \mathrm{Arg} \frac{\dot{U}'_i - \dot{U}_{i1}}{\dot{U}_{i1}} < \eta \qquad (1\text{-}75)$$

式中，β、η 为判据的边界。

判据式（1-75）在电压平面的动作特性如图 1-43 所示，图中阴影部分为动作区。

输电线路处于过负荷情况时，$\mathrm{Arg} \dfrac{\dot{U}'_i - \dot{U}_{i1}}{\dot{U}_{i1}}$ 满足以下关系

$$\mathrm{Arg} \frac{\dot{U}'_i - \dot{U}_{i1}}{\dot{U}_{i1}} = \varphi_{\mathrm{L1}} - \varphi_1 \qquad (1\text{-}76)$$

或

$$\mathrm{Arg} \frac{\dot{U}'_i - \dot{U}_{i1}}{\dot{U}_{i1}} = 180° + \varphi_{\mathrm{L1}} - \varphi_1 \qquad (1\text{-}77)$$

判据式（1-75）的边界介于 $[\varphi_{\mathrm{L1}} - \varphi_1,\ 180° + \varphi_{\mathrm{L1}} - \varphi_1]$ 之间。输电线路发生单相接地故障时，$\mathrm{Arg} \dfrac{\dot{U}'_i - \dot{U}_{i1}}{\dot{U}_{i1}} < 180° + \varphi_{\mathrm{L1}} - \varphi_1$，满足判据式（1-75）。

利用判据式（1-75）进行线路过负荷与单相接地故障的识别逻辑框图如图 1-44 所示。

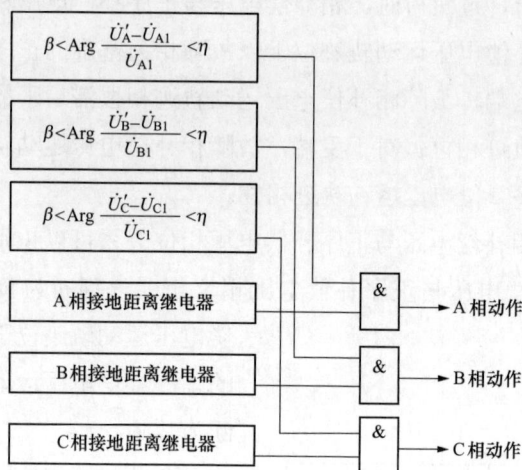

图 1-44　过负荷与单相接地故障识别逻辑框图

1.4　距离保护应对过负荷策略的实施方案

1.4.1　基本思路

对于输电线路，不同类型故障在电压平面上的特征不同，基于电压平面的距离保护应对过负荷策略针对故障类型采取不同的识别方法。

实施方案的基本思路是采取"分层""分区"的方式，识别过负荷与不同类型线路故障，如图 1-45 所示。"分层"包括过负荷与对称故障识别、过负荷与不对称故障识别，过负荷与单相接地故障识别、过负荷与相间故障识别等；"分区"是针对过负荷与单相接地故障及相间故障，按照送端正方向、送端反方向、受端正方向、受端反方向四个区分别进行处理。

输电线路对称故障为三相短路，不对称故障包括两相短路、两相短路接地、单相接地故障。电压平面上，对称故障时，正序电压余弦分量较小；不对称故障时，电流不对称度较大；输电线路相间故障包括两相短路、两相短路接地和三相短路，对于相间故障，相间过渡电阻较小，相间电压余弦分量较小，单相接地时故障过渡电阻变化范围较大，当过渡电阻较小时，相电压余弦分量较小，当过渡电阻较大时，相电压余弦分量较大，但是正序补偿电压相位滞后于相补偿电压相位。

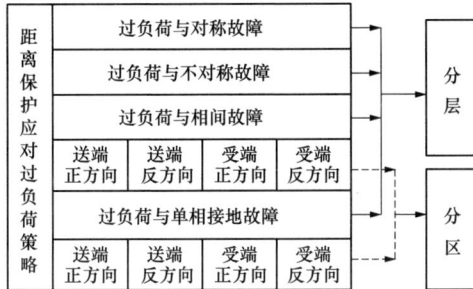

图 1-45　实施方案基本思路

对于过负荷，在电压平面上，电压余弦分量大于 0.707 (p.u.)，且正序补偿电压与相补偿电压同相位。

电压平面上线路故障与过负荷特征如表 1-2 所示。

表 1-2　　　　　　　　　　　　线路故障与过负荷特征

特　征	对称故障	不对称故障	相间故障	单相接地故障	过负荷
正序电压余弦分量	较小	—	—	—	较大
相间电压余弦分量	较小	—	较小	—	较大
电流不对称度	0	较大	较大	—	0
相电压余弦分量	较小	—	—	较小（过渡电阻小）	较大
正序补偿电压与相补偿电压相位关系	二者同相位	正序补偿电压相位滞后相补偿电压相位	正序补偿电压相位滞后相补偿电压相位	正序补偿电压相位滞后相补偿电压相位（过渡电阻大）	二者同相位

距离保护应对过负荷策略实施方案流程如图 1-46 所示。整个流程图包括五部分：第 I 部分－对称故障与过负荷识别，第 II 部分－不对称故障与过负荷识别，第 III 部分－故障点位置识别；第 IV 部分－相间故障与过负荷识别；第 V 部分－接地故障与过负荷识别。图 1-49 中符号说明如下：

（1）$U_i \cos \varphi_i$：相电压的余弦分量，其中 U_i 为保护安装处相电压幅值（单

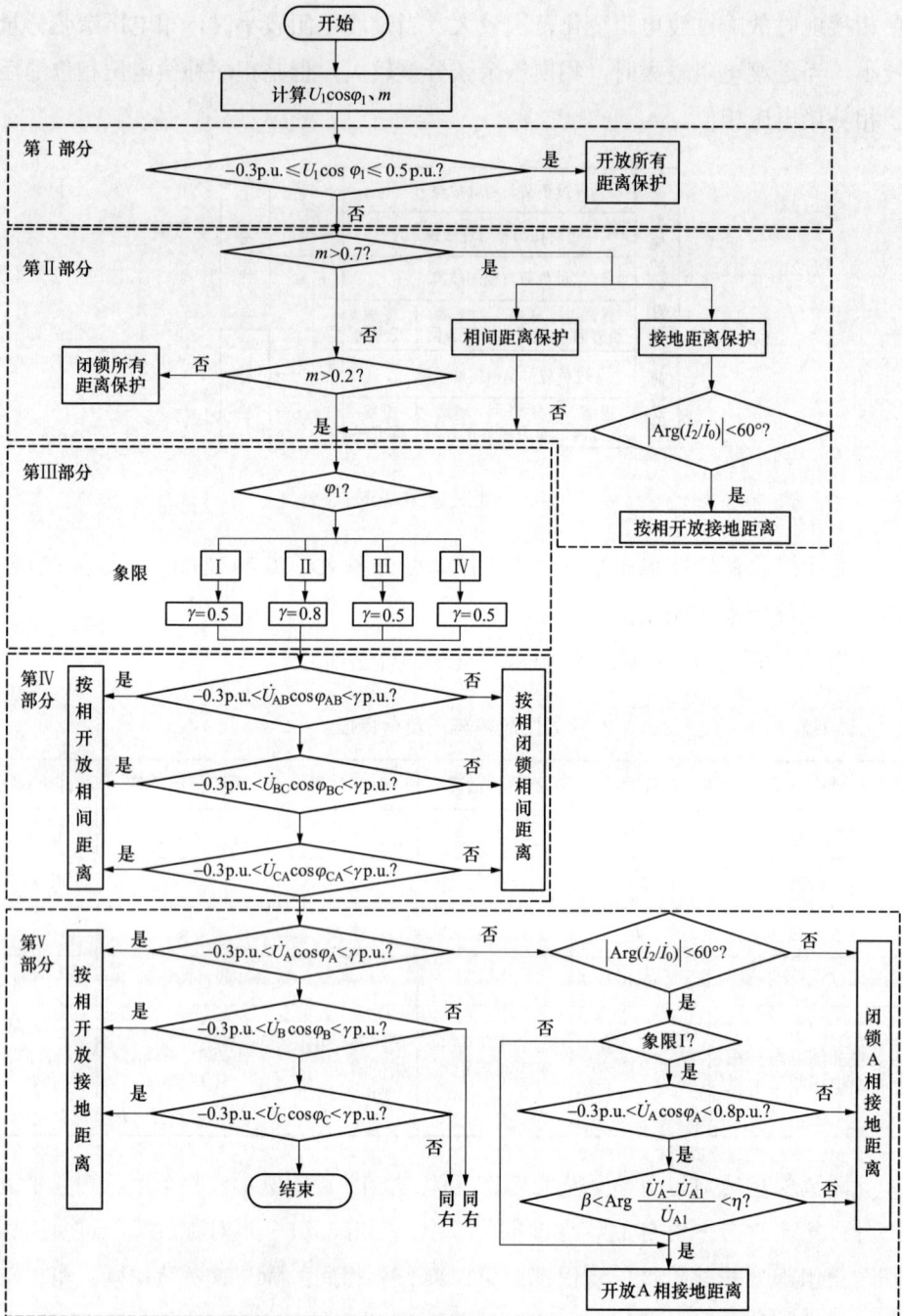

图 1-46 距离保护应对过负荷流程图

位：V），φ_i 为经补偿后的相功率因数角（单位：°），$\varphi_i = \left(\mathrm{Arg} \dfrac{\dot{U}_i}{\dot{I}_i + 3k\dot{I}_0} \right) +$

$(90° - \varphi_{L1})$，其中，$\dot{I}_i$ 为保护安装处 i 相电流（单位：A），$\dot{I}_0$ 为保护安装处零序

电流（单位：A），k 为零序补偿系数，$k = \dfrac{Z_0 - Z_1}{3Z_1}$，$Z_1$ 为线路每千米正序阻抗

（单位：Ω/km），Z_0 为线路每千米零序阻抗（单位：Ω/km），i 的取值为 A、B、

C，φ_{L1} 为线路正序阻抗角。

（2）$U_{ij} \cos \varphi_{ij}$：相间电压的余弦分量，其中 U_{ij} 为保护安装处相间电压幅值

（单位：V），φ_{ij} 为经补偿后的相间功率因数角（单位：°），$\varphi_{ij} = \left(\mathrm{Arg} \dfrac{\dot{U}_{ij}}{\dot{I}_{ij}} \right) +$

$(90° - \varphi_{L1})$，其中，$\dot{I}_{ij}$ 为保护安装处 ij 相间电流（单位：A），ij 的取值为 AB、

BC、CA。

（3）$U_1 \cos \varphi_1$：正序电压的余弦分量，其中 U_1 为保护安装处正序电压幅值

（单位：V），φ_1 为经补偿后的正序功率因数角（单位：°），$\varphi_1 = \left(\mathrm{Arg} \dfrac{\dot{U}_1}{\dot{I}_1} \right) +$

$(90° - \varphi_{L1})$，其中，$\dot{I}_1$ 为保护安装处正序电流（单位：A）。

（4）m：电流不对称度。$m = \dfrac{|\dot{I}_2| + |\dot{I}_0|}{|\dot{I}_1|}$，$\dot{I}_1$、$\dot{I}_2$、$\dot{I}_0$ 分别为保护安装处正

序、负序和零序电流。

（5）$\dot{U}_i'$：相补偿电压。$\dot{U}_i' = \dot{U}_i - (\dot{I}_i + 3k\dot{I}_0)Z_{set}$，$\dot{U}_i$ 为保护安装处相电压相

量，Z_{set} 为整定阻抗（单位：Ω）。

（6）$\dot{S}_1$：正序功率。$\dot{S}_1 = P_1 + jQ_1 = S_1(\cos\varphi_1 + j\sin\varphi_1)$，其中 P_1 为正序有功

功率，Q_1 为正序无功功率，φ_1 为正序功率因数角。

在输电线路故障与过负荷识别实施过程中，需要利用多种电气量，均为从
保护安装处获取的单端工频量（50Hz），主要包括以下几种：

（1）三相电压：$\dot{U}_A$、$\dot{U}_B$、$\dot{U}_C$；

（2）三相电流：$\dot{I}_A$、$\dot{I}_B$、$\dot{I}_C$；

（3）线电压

$$\begin{cases} \dot{U}_{AB} = \dot{U}_A - \dot{U}_B \\ \dot{U}_{BC} = \dot{U}_B - \dot{U}_C \\ \dot{U}_{CA} = \dot{U}_C - \dot{U}_A \end{cases} \tag{1-78}$$

（4）线电流

$$
\begin{cases}
\dot{I}_{AB} = \dot{I}_A - \dot{I}_B \\
\dot{I}_{BC} = \dot{I}_B - \dot{I}_C \\
\dot{I}_{CA} = \dot{I}_C - \dot{I}_A
\end{cases}
\tag{1-79}
$$

（5）序电压

$$
\begin{cases}
\dot{U}_{A1} = (\dot{U}_A + a\dot{U}_B + a^2\dot{U}_C)/3 \\
\dot{U}_{B1} = (\dot{U}_B + a\dot{U}_C + a^2\dot{U}_A)/3 \\
\dot{U}_{C1} = (\dot{U}_C + a\dot{U}_A + a^2\dot{U}_B)/3
\end{cases}
\tag{1-80}
$$

$$
\begin{cases}
a = -\dfrac{1}{2} + \mathrm{j}\dfrac{\sqrt{3}}{2} \\
a^2 = -\dfrac{1}{2} - \mathrm{j}\dfrac{\sqrt{3}}{2}
\end{cases}
\tag{1-81}
$$

（6）序电流

$$
\begin{cases}
\dot{I}_{A1} = (\dot{I}_A + a\dot{I}_B + a^2\dot{I}_C)/3 \\
\dot{I}_{B1} = (\dot{I}_B + a\dot{I}_C + a^2\dot{I}_A)/3 \\
\dot{I}_{C1} = (\dot{I}_C + a\dot{I}_A + a^2\dot{I}_B)/3
\end{cases}
\tag{1-82}
$$

$$
\begin{cases}
\dot{I}_{A2} = (\dot{I}_A + a^2\dot{I}_B + a\dot{I}_C)/3 \\
\dot{I}_{B2} = (\dot{I}_B + a^2\dot{I}_C + a\dot{I}_A)/3 \\
\dot{I}_{C2} = (\dot{I}_C + a^2\dot{I}_A + a\dot{I}_B)/3
\end{cases}
\tag{1-83}
$$

$$
\dot{I}_0 = (\dot{I}_A + \dot{I}_B + \dot{I}_C)/3
\tag{1-84}
$$

以上电气量通过傅里叶变换将采样值转换为相量。傅里叶变换之前需要进行低通滤波。

1.4.2　线路过负荷与对称故障的识别

根据表 1-2 中过负荷与对称故障的特征差异，识别判据 I 为式（1-74）所示

$$
-0.2\mathrm{p.u.} < U_1\cos\varphi_1 < 0.5\mathrm{p.u.}
$$

判据 I 的动作特性如图 1-47 所示，图中横坐标为功角 δ，纵坐标为正序电压余弦分量 $U_1\cos\varphi_1$，图中阴影部分为动作区。

利用正序电压余弦分量 $U_1\cos\varphi_1$ 可以准确识别线路过负荷与对称故障，对应图 1-46 中的第 I 部分（如图 1-48 所示）。线路负荷与对称故障识别流程如下：

（1）计算 $U_1\cos\varphi_1$，若满足判据 I，判断为线路对称故障，开放所有距离继

电器（AB、BC、CA 相间距离继电器和 A、B、C 相接地距离继电器），转至下一步；若不满足，进入过负荷与不对称故障识别。

（2）若测量阻抗进入距离保护动作区，判断为区内故障，距离保护动作；反之，判断为区外故障，距离保护不动作。

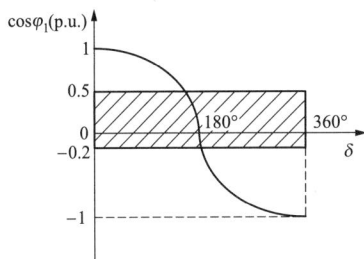

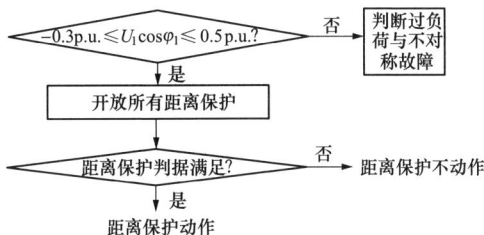

图 1-47　过负荷与对称故障识别判据动作区　图 1-48　线路过负荷与对称故障识别流程图

输电线路正常运行（空载），送端的正序电压余弦分量 $U_1\cos\varphi_1 = 1$（p.u.），送端的正序电压余弦分量 $U_1\cos\varphi_1 = -1$（p.u.），不满足判据 I。线路处于静稳极限时，功角 δ 为 90°，对于送端 M 侧，$U_1\cos\varphi_1 = 0.707$（p.u.），对于受端 N 侧，$U_1\cos\varphi_1 = -0.707$（p.u.），不满足判据 I。线路过负荷情况下，对于送端 M 侧，0.707（p.u.）$< U_1\cos\varphi_1 < 1$（p.u.），对于受端 N 侧，-1（p.u.）$< U_1\cos\varphi_1 < -0.707$（p.u.），不满足判据 I。

输电线路发生对称故障时，正序电压余弦分量 $U_1\cos\varphi_1 < 0.05$（p.u.），判据 I 可靠动作。

1.4.3　过负荷与不对称故障的识别

1.4.3.1　电流不对称度

电流不对称度 m 是反映输电线路不对称故障程度的重要指标，在现有继电保护原理中，m 作为距离保护振荡闭锁中发生不对称故障的开放的条件，振荡闭锁期间，当 m 大于定值，开放距离保护

$$m = \frac{|\dot{I}_2| + |\dot{I}_0|}{|\dot{I}_1|} \tag{1-85}$$

正常情况下，$|\dot{I}_2| = 0$ 和 $|\dot{I}_0| = 0$，$m = 0$；

不对称故障时，$|\dot{I}_2|>0$ 和 $|\dot{I}_0|>0$，$m>0$。

以下分析线路发生各种不对称故障时，电流不对称度 m 的特征。

（1）单相接地。单相接地故障时（以 A 相接地为例），边界条件为

$$\begin{cases} \dot{U}_{\mathrm{A}} = \dot{I}_{\mathrm{FA}}R \\ \dot{I}_{\mathrm{B}} = 0 \\ \dot{I}_{\mathrm{C}} = 0 \end{cases} \tag{1-86}$$

单相接地故障的系统接线图和复合序网如图 1-49、图 1-50 所示。

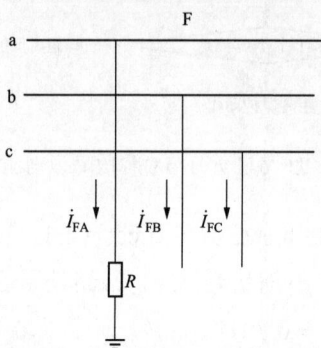

图 1-49 单相接地故障系统接线图　　图 1-50 单相接地故障的复合序网

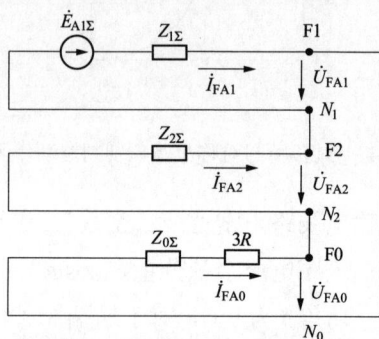

由图 1-50 可得，故障点处 $|\dot{I}_{\mathrm{FA1}}|$、$|\dot{I}_{\mathrm{FA2}}|$ 和 $|\dot{I}_{\mathrm{FA0}}|$ 满足如下关系

$$\dot{I}_{\mathrm{FA1}} = \dot{I}_{\mathrm{FA2}} = \dot{I}_{\mathrm{FA0}} \tag{1-87}$$

且

$$\begin{cases} |\dot{I}_{\mathrm{FA1}}| = |\dot{I}_{\mathrm{FB1}}| = |\dot{I}_{\mathrm{FC1}}| \\ |\dot{I}_{\mathrm{FA2}}| = |\dot{I}_{\mathrm{FB2}}| = |\dot{I}_{\mathrm{FC2}}| \end{cases} \tag{1-88}$$

根据式（1-87）、式（1-88），故障点处的 m 为

$$m = \frac{|\dot{I}_{\mathrm{FA2}}| + |\dot{I}_{\mathrm{FA0}}|}{|\dot{I}_{\mathrm{FA1}}|} = \frac{|\dot{I}_{\mathrm{FB2}}| + |\dot{I}_{\mathrm{FB0}}|}{|\dot{I}_{\mathrm{FB1}}|} = \frac{|\dot{I}_{\mathrm{FC2}}| + |\dot{I}_{\mathrm{FC0}}|}{|\dot{I}_{\mathrm{FC1}}|} = 2$$

故障点处的 $|\dot{I}_{\mathrm{FA1}}|$、$|\dot{I}_{\mathrm{FA2}}|$ 和 $|\dot{I}_{\mathrm{FA0}}|$ 受负荷电流和过渡电阻的影响。负荷电流对于 $|\dot{I}_{\mathrm{FA1}}|$、$|\dot{I}_{\mathrm{FA2}}|$ 和 $|\dot{I}_{\mathrm{FA0}}|$ 的影响各不相同。

对于 $|\dot{I}_{\mathrm{FA1}}|$

$$\dot{I}_{\mathrm{FA1}} = \dot{I}_{\mathrm{FA2}} = \dot{I}_{\mathrm{FA0}} = \frac{\dot{U}_{\mathrm{F[0]}}}{Z_{1\Sigma} + Z_{2\Sigma} + Z_{0\Sigma} + 3R} \tag{1-89}$$

式中，$\dot{U}_{F[0]}$ 为故障前故障点处电压，由图 1-51 可得，功角 δ 越大，负荷电流越大，相应的 $\dot{U}_{F[0]}$ 越小，$|\dot{I}_{FA1}|$、$|\dot{I}_{FA2}|$ 和 $|\dot{I}_{FA0}|$ 越小；功角 δ 越小，负荷电流越小，相应的 $\dot{U}_{F[0]}$ 越大，$|\dot{I}_{FA1}|$、$|\dot{I}_{FA2}|$ 和 $|\dot{I}_{FA0}|$ 越大。

故障点处的 m 不受负荷电流和过渡电阻的影响。

根据叠加定理，保护安装处的正序电流 $\dot{I}_{A1}$ 由负荷电流 $\dot{I}_{load}$ 与故障分量 $C_1\dot{I}_{FA1}$ 两部分构成，零序电流 $|\dot{I}_{A0}|$ 和负序电流 $|\dot{I}_{A2}|$ 为故障分量，满足以下关系

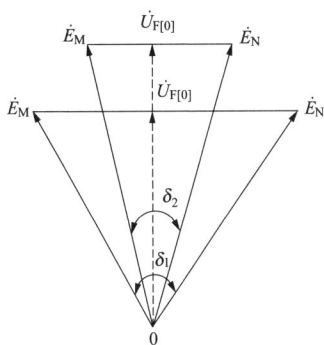

图 1-51　系统功角 δ 与 $\dot{U}_{F[0]}$ 的关系

送端（M 侧）

$$\begin{cases} \dot{I}_{MA1} = \dot{I}_{load} + C_{M1}\dot{I}_{FA1} \\ \dot{I}_{MA2} = C_{M2}\dot{I}_{FA2} \\ \dot{I}_{MA0} = C_{M0}\dot{I}_{FA0} \end{cases} \quad (1\text{-}90)$$

受端（N 侧）

$$\begin{cases} \dot{I}_{NA1} = -\dot{I}_{load} + C_{N1}\dot{I}_{FA1} \\ \dot{I}_{NA2} = C_{N2}\dot{I}_{FA2} \\ \dot{I}_{NA0} = C_{N0}\dot{I}_{FA0} \end{cases} \quad (1\text{-}91)$$

式中，$\dot{I}_{load}$ 为负荷电流，$\dot{I}_{load} = \dfrac{\dot{E}_M - \dot{E}_N}{Z_{1\Sigma}} = 2\left|\dot{E}_M\right|\sin\dfrac{\delta}{2}e^{j(90-\delta/2)}/Z_{1\Sigma}$；$C_{M1}$、$C_{M2}$、$C_{M0}$ 分别为 M 侧的正序、负序、零序电流分配系数；C_{N1}、C_{N2}、C_{N0} 分别为 N 侧的正序、负序、零序电流分配系数。

图 1-52 为送端和受端各序电流在电压平面上的相量图。

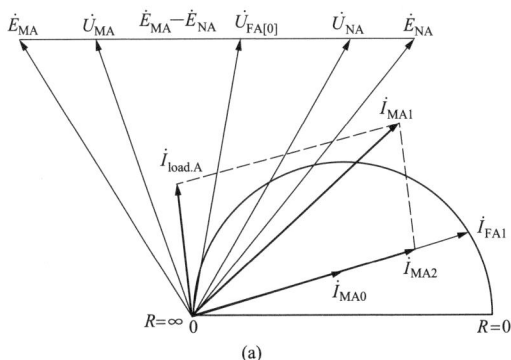

(a)

图 1-52　单相接地保护安装处各序电流相量（一）

（a）送端

$$m = \frac{|\dot{I}_{FA2}| + |\dot{I}_{FA0}|}{|\dot{I}_{FA1}|} = \frac{|\dot{I}_{FB2}| + |\dot{I}_{FB0}|}{|\dot{I}_{FB1}|} = \frac{|\dot{I}_{FC2}| + |\dot{I}_{FC0}|}{|\dot{I}_{FC1}|} = 1 \qquad (1\text{-}98)$$

故障点处 $\dot{I}_{FA1}$ 为

$$\dot{I}_{FA1} = \frac{\dot{U}_{FA[0]}}{Z_{1\Sigma} + \dfrac{Z_{2\Sigma}(Z_{0\Sigma}+3R)}{Z_{2\Sigma} + Z_{0\Sigma}+3R}} \qquad (1\text{-}99)$$

随着过渡电阻 R 的增大，$\dot{I}_{FA1}$ 逐渐减小，当 R 为无穷大时

$$\dot{I}_{FA1} = \frac{\dot{U}_{FA[0]}}{Z_{1\Sigma} + Z_{2\Sigma}} \qquad (1\text{-}100)$$

对于两相接地故障，R 为无穷大时，故障点处 m 为 1；故障点处的 m 不受负荷电流和过渡电阻的影响，故障点处 m 为 1。对于保护安装处的电流不对称度，受电流分配系数和负荷电流的影响。由于线路两侧负荷电流方向不同，负荷电流对送、受端电流不对称度 m 的影响不同。

（3）两相短路。两相短路故障时边界条件为（以 BC 相短路为例）

$$\begin{cases} \dot{U}_{FB} = \dot{U}_{FC} \\ \dot{I}_{FB} = -\dot{I}_{FC} \end{cases} \qquad (1\text{-}101)$$

对应的两相短路系统接线图和复合序网如图 1-56、图 1-57 所示。

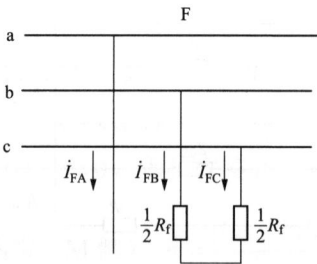

图 1-56　两相短路故障系统接线图　　　　图 1-57　两相短路故障的复合序网

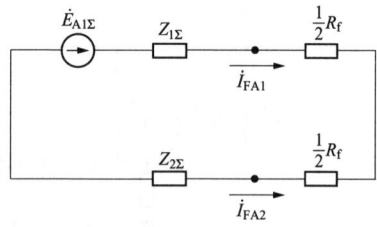

由图 1-57 可得，故障点处 $|\dot{I}_{FA1}|$、$|\dot{I}_{FA2}|$、$|\dot{I}_{FA0}|$ 满足如下关系

$$\begin{cases} |\dot{I}_{FA1}| = |\dot{I}_{FA2}| \\ |\dot{I}_{FA1}| = |\dot{I}_{FB1}| = |\dot{I}_{FC1}| \\ |\dot{I}_{FA2}| = |\dot{I}_{FB2}| = |\dot{I}_{FC2}| \end{cases} \qquad (1\text{-}102)$$

故障点处 m 为

$$m = \frac{|\dot{I}_{FA2}|}{|\dot{I}_{FA1}|} = \frac{|\dot{I}_{FB2}|}{|\dot{I}_{FB1}|} = \frac{|\dot{I}_{FC2}|}{|\dot{I}_{FC1}|} = 1 \tag{1-103}$$

故障点处 $\dot{I}_{FA1}$ 为

$$\dot{I}_{FA1} = \frac{\dot{U}_{FA[0]}}{Z_{1\Sigma} + Z_{2\Sigma} + R_f} \tag{1-104}$$

式中, R_f 为相间过渡电阻。

对于两相故障, 故障点处的 m 不受负荷电流和过渡电阻的影响, 故障点处 m 为 1。对于保护安装处的电流不对称度, 受电流分配系数和负荷电流的影响。由于线路两侧负荷电流方向不同, 负荷电流对送、受端电流不对称度 m 的影响不同。比较两相短路和两相接地短路, 当两相接地短路的接地电阻为无穷大时, 二者电流不对称度相等。

综上分析, 输电线路发生不对称故障时, m 满足如下特征:

1) 故障点处的电流不对称度 m 不受负荷电流及故障电阻影响, 对于单相接地故障, $m = 2$; 两相接地故障时, $m = 1$; 两相短路故障时, $m = 1$。

2) 保护安装处的电流不对称度受负荷电流及电流分配系数的影响, 由于线路两侧负荷电流方向不同, 负荷电流对送、受端电流不对称度 m 的影响不同。

3) 故障电阻会影响故障点处正、负、零序的大小, 进而影响线路两侧的电流不对称度。当两相接地故障时的过渡电阻为无穷大时, 故障特征与两相短路故障相同。

4) 单相接地时, 故障点处 $m = 2$, 其不受负荷电流与过渡电阻影响; 保护安装处 m 受负荷与接地电阻影响, 当过渡电阻为无穷大时, $m = 0$。过渡电阻越大, 保护安装处 m 越小, 过渡电阻越小, 保护安装处 m 越大。

1.4.3.2 识别判据

线路过负荷与不对称故障的识别判据 II 为

$$\begin{cases} m < 2 & \text{对称故障} \\ 0.2 \leqslant m \leqslant 0.7 & \text{轻微不对称故障} \\ m > 0.7 & \text{严重不对称故障} \end{cases} \tag{1-105}$$

判据 II 将故障分为对称故障, 轻微不对称故障和严重不对称故障三部分, 如图 1-58 所示。

离保护，需要进一步判断。

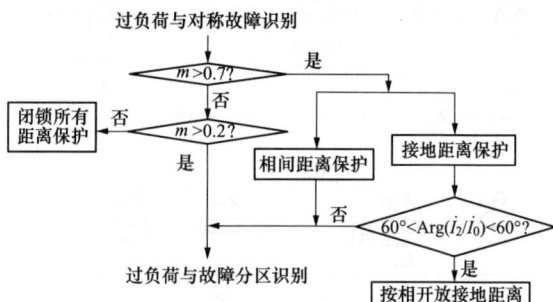

综上分析，线路过负荷与不对称故障识别流程图如图 1-63 所示。具体步骤如下：

步骤 1：计算保护安装处电流不对称度 m，若 $m > 0.7$，判断为严重不对称故障，对于相间距离保护，进行分区判别；对于接地距离保护，转至步骤 4；

步骤 2：若 $m < 0.2$，判断为对称故障，闭锁距离保护；

步骤 3：若 $0.2 \leq m \leq 0.7$，判断为轻微不对称故障，进行故障分区判别；

步骤 4：计算 $\left| \mathrm{Arg} \dfrac{\dot{I}_2}{\dot{I}_0} \right|$，判断是否满足判据Ⅲ，若满足，按相开放接地距离保护；若不满足，进行分区判别。

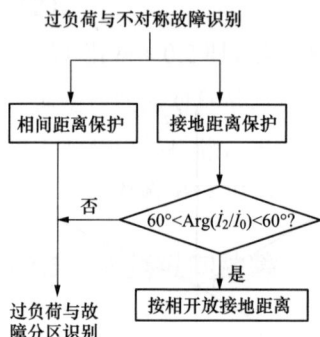

图 1-62　纵向故障选相处理流程图　　图 1-63　线路过负荷与不对称故障识别流程

1.4.4　线路故障分区识别

输电线路发生故障后，按照故障点位置及系统送受关系，可将其分为送端正反向、受端正方向、送端反方向、受端反方向四部分。以图 1-64 线路为例，M 侧为送端，N 侧为受端，保护位于 1 和 2 处，故障点分别为 F1，F2，F3。

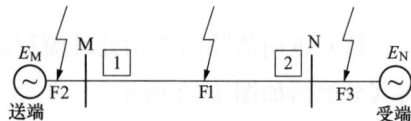

图 1-64　输电线路故障示意图

故障点位于 F1 处，对于保护 1 为送端正向故障，对于保护 2 为受端正向故障；故障点位于 F2 处，对于保护 1 为送端反向故障，对于保护 2 为受端正向故障；故障点位于 F3 处，对于保护 1 为送端正向故障，对于保护 2 为受端反向故障，具体见表 1-3。

表 1-3	故 障 分 区 表	
故障点位置	保护 1	保护 2
F1	送端正方向	受端正方向
F2	送端反方向	受端正方向
F3	送端正方向	受端反方向

利用正序功率可以识别输电线路故障点的位置，正序功率 S_1 计算公式如下

$$S_1 = P_1 + jQ_1 = |S_1|(\cos\varphi_1 + j\sin\varphi_1) \tag{1-109}$$

$$P_1 = |S_1|\cos\varphi_1 = U_1 I_1 \cos\varphi_1 \tag{1-110}$$

$$Q_1 = |S_1|\sin\varphi_1 = U_1 I_1 \sin\varphi_1 \tag{1-111}$$

式中：P_1 为正序有功功率；Q_1 为正序无功功率；U_1 为保护安装处正序电压；I_1 为保护安装处正序电流；φ_1 为正序功率因数角。

1.4.4.1　送端正方向

线路 F1 点发生故障后，保护 1 处的正序电压、电流相量如图 1-65 所示。图中 $0° < \varphi_1 < 90°$，代入式（1-110）和式（1-111），可得 $P_1 > 0$，$Q_1 > 0$。

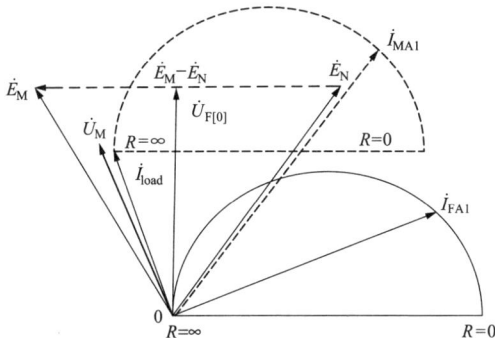

图 1-65　送端正方向故障电压相量图

规定功率的正方向为母线指向线路，对于 F1 点故障，正序功率的流向为背侧电源 $E_M \rightarrow$ 母线 M $\rightarrow$ 短路点 F1，如图 1-66 所示。

对于送端正方向故障，电源 E_M 的电压相位超前母线 M 的电压相位，母线 M 的电压相位超前故障点 F1 的电压相位，电源 E_M 的电压幅值大于母线 M 的电压幅值，母线 M 的电压幅值大于故障点 F1 的电压幅值，电源 E_M、母线 M、

故障点 F1 的电压相位及幅值关系如图
1-67 所示。

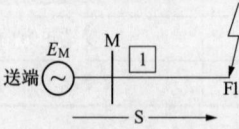

图 1-66　正序功率流向（F1 点故障）

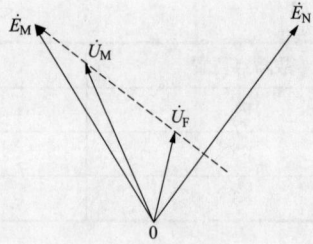

图 1-67　电源 E_M、母线 M、故障点 F1 的
电压相位及幅值关系（送端正方向）

1.4.4.2　受端正方向

线路 F1 点发生故障后，保护 2 处的正序电压、电流相量如图 1-68 所示。
图 1-68 中 $90° < \varphi_1 < 180°$，代入式（1-110）和式（1-111），可得 $P_1 > 0$，$Q_1 < 0$。

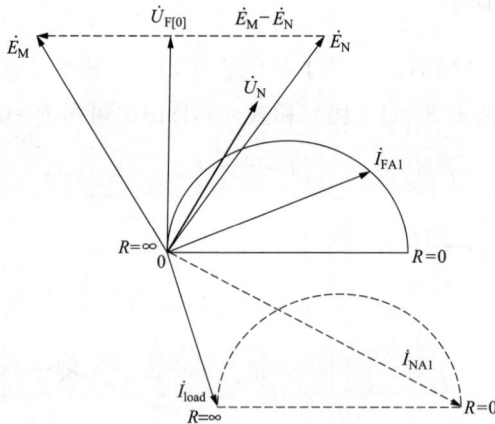

图 1-68　受端正方向故障电压相量图

对于 F1 点故障，正序功率的流向为背侧电源 $E_N \rightarrow$ 母线 N$\rightarrow$短路点 F1，如
图 1-69 所示。

对于受端正方向故障，电源 E_N 的电压相位滞后母线 N 的电压相位，母线 N
的电压相位滞后故障点 F1 的电压相位，电源 E_N 的电压幅值大于母线 N 的电压
幅值，母线 N 的电压幅值大于故障点 F1 的电压幅值，电源 E_N、母线 N、故障
点 F1 的电压相位及幅值关系如图 1-70 所示。

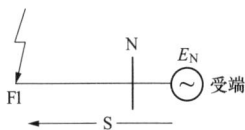

图 1-69　正序功率流向（受端正方向）

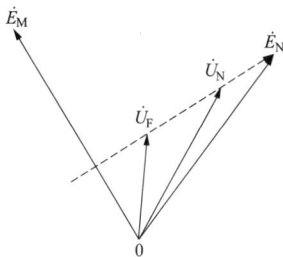

图 1-70　电源 E_N、母线 N、故障点 F1 的
电压相位及幅值关系（受端正方向）

1.4.4.3　受端反方向

线路 F3 点发生故障后，保护 2 处的正序电压、电流相量如图 1-71 所示。图中 $180° < \varphi_1 < 270°$，代入式（1-110）和式（1-111），可得 $P_1 < 0$，$Q_1 < 0$。

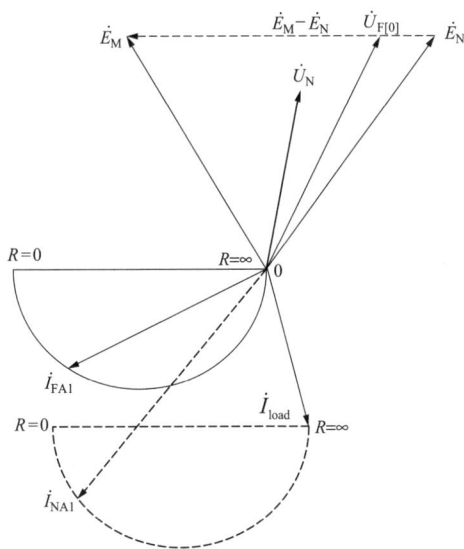

图 1-71　正序电压相量图（受端反方向）

对于 F3 点故障，正序功率的流向为短路点 F3→母线 N→电源 E_M，如图 1-72 所示。

对于受端反方向故障，短路点 F3 的电压相位滞后母线 N 的电压相位，母线 N 的电压相位滞后电源 E_M 的电压相位，短路点 F3 的电压幅值小于母线 N

的电压幅值,母线 N 的电压幅值小于电源 E_M 的电压幅值,电源 E_M、母线 N、故障点 F3 的电压相位及幅值关系如图 1-73 所示。

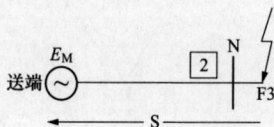

图 1-72   正序功率流向(受端反方向)

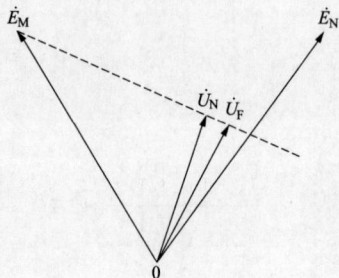

图 1-73   电源 E_M、母线 N、故障点 F3 的电压相位及幅值关系(受端反方向)

1.4.4.4   送端反方向

线路 F2 点发生故障后,保护 1 处的正序电压、电流相量如图 1-74 所示。图中 $270° < \varphi_1 < 360°$,代入式(1-110)和式(1-111),可得 $P_1 < 0$,$Q_1 > 0$。

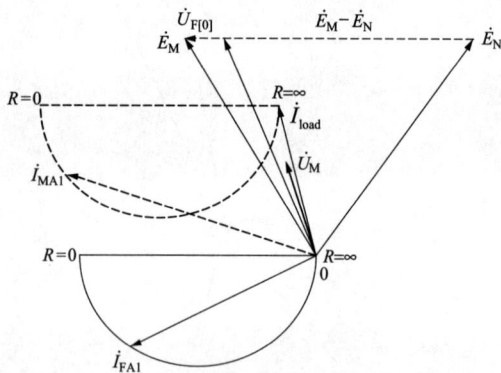

图 1-74   正序电压相量图(送端反方向)

对于 F2 点故障,正序功率的流向为短路点 F2→母线 M→电源 E_N,如图 1-75 所示。

对于受端反方向故障,短路点 F2 的电压相位超前母线 M 的电压相位,母线 M 的电压相位超前电源 E_N 的电压相位,短路点 F2 的电压幅值小于母线 M 的电压幅值,母线 M 的电压幅值小于电源 E_N 的电压幅值,

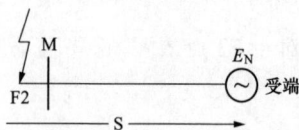

图 1-75   正序功率流向(送端反方向)

电源 E_N、母线 M、故障点 F2 的电压相位及幅值关系如图 1-76 所示。

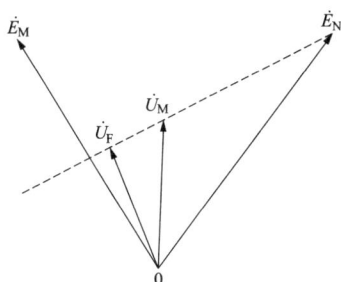

图 1-76　电源 E_N、母线 M、故障点 F2 的
电压相位及幅值关系（送端反方向）

根据以上分析，线路不同位置发生故障时，电压幅值与相位具有如下特征：

（1）线路正方向故障，正序功率从背侧电源流向保护安装母线流向短路点；线路反方向故障，正序功率从短路点流向保护安装母线流向对侧电源。

（2）$P_1 > 0$ 时，正序有功功率发出点的电压相位超前正序有功功率接受点的电压相位；$P_1 < 0$ 时，正序有功功率发出点的电压相位滞后正序有功功率接受点的电压相位。

（3）$Q_1 > 0$ 时，正序无功功率发出点的电压幅值大于正序无功功率接受点的电压幅值；$Q_1 < 0$ 时，正序无功功率发出点的电压幅值小于正序无功功率接受点的电压幅值。

1.4.4.5　分区判据

输电线路不同位置发生故障时，正序功率具有以下特点：

$$\begin{cases} P_1 > 0, Q_1 > 0 & \text{送端正向故障} \\ P_1 > 0, Q_1 < 0 & \text{送端反向故障} \\ P_1 < 0, Q_1 > 0 & \text{受端正向故障} \\ P_1 < 0, Q_1 < 0 & \text{受端反向故障} \end{cases}$$

图 1-77 为识别故障位置的正序功率平面，其中，Ⅰ、Ⅱ、Ⅲ、Ⅳ象限分别表示送端正方向故障、受端正方向故障、受端反方向故障及送端反方向故障。

根据保护安装处正序电压 $\dot{U}_1$ 和正序电流 $\dot{I}_1$ 的夹角 φ_1 可以表示正序功率，进而判断出线路故障点位置，识别判据Ⅳ为

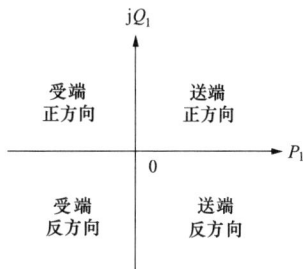

图 1-77　正序功率平面

功角为 90°，对于送端，$U_{ij}\cos\varphi_{ij} = 0.707\text{p.u.}$，对于受端，$U_{ij}\cos\varphi_{ij} = -0.707\text{p.u.}$，不满足判据 V；过负荷情况下，对于送端，$1\text{p.u.} > U_{ij}\cos\varphi_{ij} > 0.707\text{p.u.}$，对于受端，$-1\text{p.u.} < U_{ij}\cos\varphi_{ij} < -0.707\text{p.u.}$，不满足判据 V。

输电线路发生相间故障时，由于故障相间过渡电阻上的弧光压降小于额定电压的 5%，即故障相间的电压余弦分量 $U_{ij}\cos\varphi_{ij} < 0.05\text{p.u.}$，判据 V 可靠动作。

对于判据 V，输电线路相间故障时，判据的最小灵敏度为 $\gamma/0.05$，送端正方向、送端反方向、受端反方向发生相间故障时，最小灵敏度为 10，受端正方向发生相间故障时，最小灵敏度为 16。

综上，利用相间电压余弦分量 $U_{ij}\cos\varphi_{ij}$ 可以准确识别过负荷与输电线路相间故障，对于相间故障，快速开放相间距离保护，对于负荷，可靠闭锁相间距离保护。

1.4.6　过负荷与单相接地故障识别

输电线路发生的单相接地故障占线路总故障的 85% 以上，输电线路发生单相接地时，接地过渡电阻变化范围较大，当过渡电阻为 0Ω 时，为金属性接地；过渡电阻为无穷大时，为正常运行状态，可见随着过渡电阻的增大，区分单相接地故障与过负荷难度增加。线路过负荷与单相接地故障识别分两类：一是线路过负荷与经小过渡电阻单相接地故障识别；二是线路过负荷与经大过渡电阻单相接地故障识别。

1.4.6.1　过负荷与经小过渡电阻单相接地故障识别

根据表 1-2，过负荷与经小过渡电阻单相接地故障的识别判据 VI 为

$$-0.2\text{p.u.} < U_i\cos\varphi_i < \gamma\text{p.u.} \quad (1\text{-}114)$$

式中，U_i 为相电压幅值的标幺值；φ_i 为相电压 $\dot{U}_i$ 与电流 $\dot{I}_i + 3k\dot{I}_0$ 的夹角。

判据 VI 的动作特性如图 1-83 所示，图中横坐标为功角 δ，纵坐标为相电压余弦分量 $U_i\cos\varphi_i$，图中阴影部分为动作区。

判据 VI 中的定值 γ 与故障点位置有关，对于送端正方向，$\gamma = 0.5$；对于受端

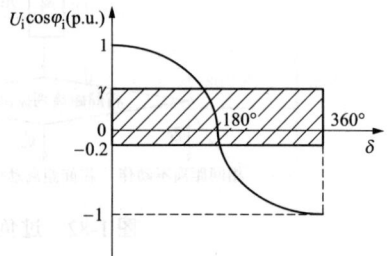

图 1-83　线路过负荷与经小过渡电阻单相接地故障识别判据动作区

正方向，$\gamma=0.8$；对于送端反方向和受端反方向，$\gamma=0.5$。这是由于对于受端正方向故障，过负荷对距离保护的影响很小，便于开放距离保护，不同位置单相接地故障γ取值如图 1-84 所示。

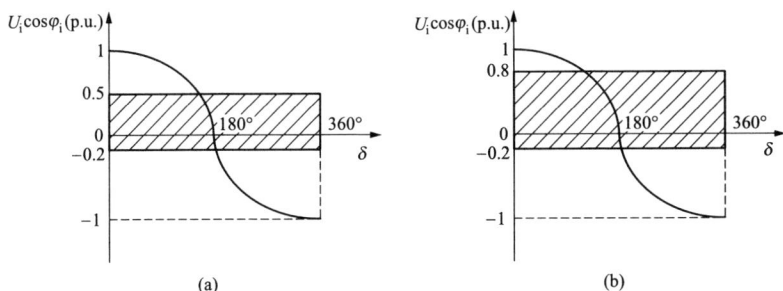

图 1-84　不同位置过负荷与接地故障识别判据动作区
（a）送端正方向、送端反方向和受端反方向；（b）受端正方向

线路过负荷与经小过渡电阻单相接地故障识别对应流程图 1-46 中对应第Ⅴ部分，如图 1-85 所示。识别流程如下：

（1）计算$U_i\cos\varphi_i$，若满足判据Ⅵ，判断为线路单相接地故障，开放对应的接地距离继电器（A、B、C 相接地距离继电器）；若不满足，进入线路过负荷与经大过渡电阻单相接地故障识别；

（2）若测量阻抗进入接地距离保护动作区，接地距离保护动作，反之，接地距离保护不动作。

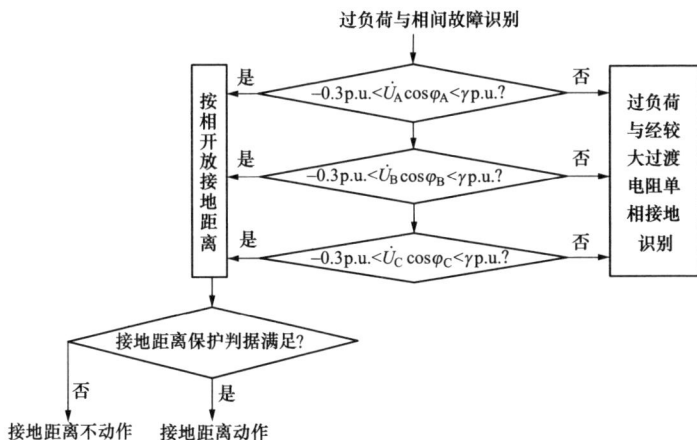

图 1-85　过负荷与经小过渡电阻单相接地故障识别子流程图

过渡电阻变化曲线。可见，同一功角下，随着过渡电阻的增大，m 逐渐减小，$U_1\cos\varphi_1$ 不断增加；不同功角情况下，对于同一故障电阻，功角越大，m 越小，$U_1\cos\varphi_1$ 越大。利用 $m-U_1\cos\varphi_1$ 二维平面直观表示出线路两侧功角、接地故障过渡电阻与 m 和 $U_1\cos\varphi_1$ 之间的关系。

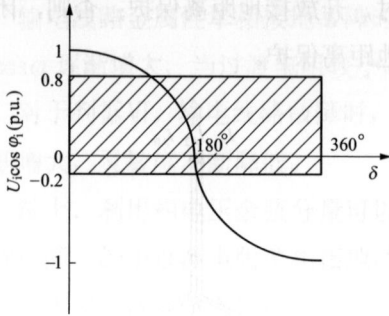

图 1-88　判据Ⅷ动作特性

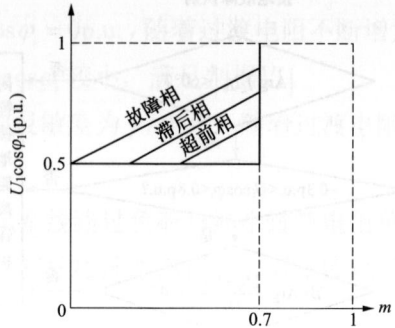

图 1-89　$m-U_1\cos\varphi_1$ 二维平面

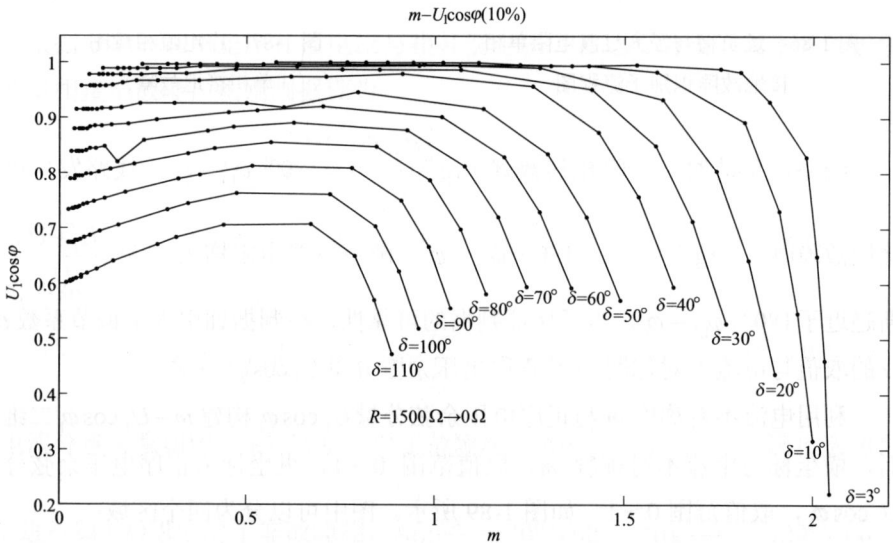

图 1-90　单相接地时 m 和 $U_1\cos\varphi_1$ 随过渡电阻变化曲线

α 的取值与选相结果关系为

对于故障相，当 $U_1\cos\varphi_1 > 0.5m+0.5$ 时，α 的取值为

$$\alpha = (0.5m+0.5 - U_1\cos\varphi_1) \times 30° \qquad (1\text{-}116)$$

对于滞后相，当 $U_1\cos\varphi_1 > 0.5m+0.4$ 时，α 的取值为

$$\alpha = (0.5m+0.4-U_1\cos\varphi_1)\times 45° \tag{1-117}$$

对于超前相，当 $U_1\cos\varphi_1 > 0.5m+0.3$ 时，α 的取值为

$$\alpha = (0.5m+0.3-U_1\cos\varphi_1)\times 60° \tag{1-118}$$

若故障相为 A 相，超前相为 C 相，滞后相为 B 相；故障相为 B 相，超前相为 A 相，滞后相为 C 相；故障相为 C 相，超前相为 B 相，滞后相为 A 相。

1.5 仿 真 分 析

1.5.1 系统参数

RTDS 系统接线如图 1-91 所示，电压等级为 1000kV/500kV 的电磁环网模型。电源 1 通过母线 P 经 1000kV 一回输电线路与母线 Q 侧电源 2 相连，电源 3 分别经 I、II 号变压器与电源 1、2 相连。M 侧及 N 侧等值电源容量为 2000MVA。其中输电线路 MN I、II、III 回的长度均为 200km。距离 I 段定值为 39.2Ω、距离 II 段定值为 67.2Ω、距离III段定值为 112Ω（500kV 输电线路主要参数如表 1-4 所示）。

表 1-4　　　　　　　　500kV 输电线路主要参数（每千米参数）

U_n	X_1	φ_1	C_1	X_0	φ_0	C_0
500kV	28Ω	86°	1.35μF	86Ω	78°	0.92μF

线路 MN III 为被保护线路，试验时在被保护线路以及非保护线路共设置了 6 个故障点，其编号分别为 F1～F6，每一个故障点都可以模拟各种类型的金属性或经过渡电阻短路故障。

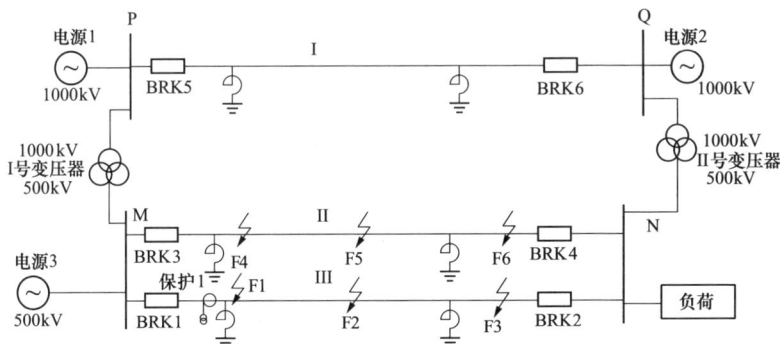

图 1-91　1000kV 与 500kV 环网输电系统接线图

1.5.2　正常过负荷期间发生故障

正常过负荷期间发生单一故障分为两个阶段，正常过负荷与单相接地故障。

第一阶段：正常过负荷。

仿真方法：

通过增加电源出力，使两侧系统功角及负荷电流增大，模拟正常过负荷，使负荷阻抗进入距离保护Ⅲ段动作区，验证距离保护Ⅲ段在正常过负荷时的动作行为。

第二阶段：正常过负荷期间发生单相接地故障。

仿真方法：

正常过负荷期间：

（1）模拟不同位置（F1～F3）发生金属瞬时性单相接地、两相接地、两相短路、三相接地及三相短路故障；

（2）模拟 F1～F3 点经 100、50、20Ω 过渡电阻单相接地故障。

1.5.2.1　F1 点 A 相金属性接地故障

F1 点发生 A 相金属性接地故障前后，保护安装处的电流、电压波形如图1-92 所示。

故障前后保护安装处相测量阻抗如图 1-93 所示，故障前后保护安装处的相间测量阻抗如图 1-94 所示。故障前后测量阻抗见表 1-5。从中可以看出，故障前线路处于过负荷状态，相测量阻抗与相间测量阻抗位于距离保护Ⅲ段动作区内，通过负荷限制线无法阻止距离保护的误动作。

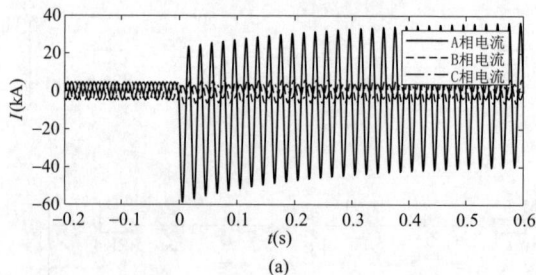

图 1-92　电流电压波形（一）

(a) 电流

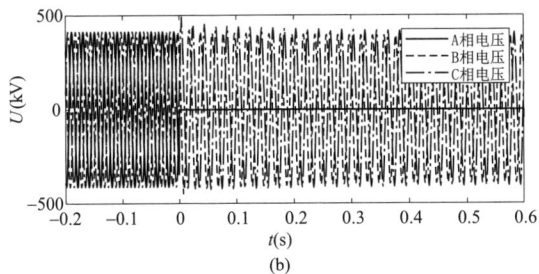

图 1-92　电流电压波形（二）
（b）电压

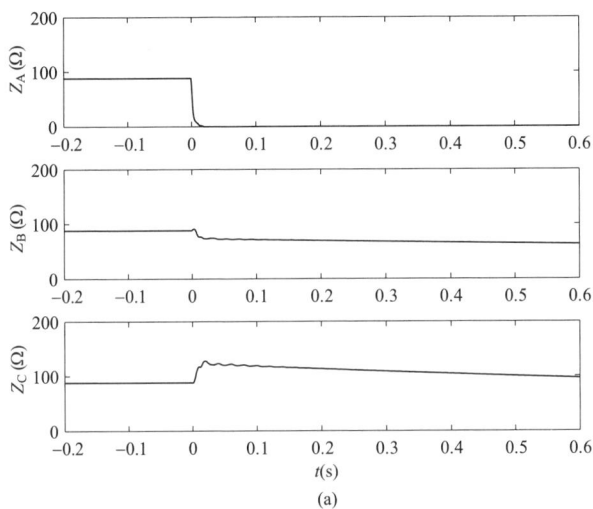

（a）

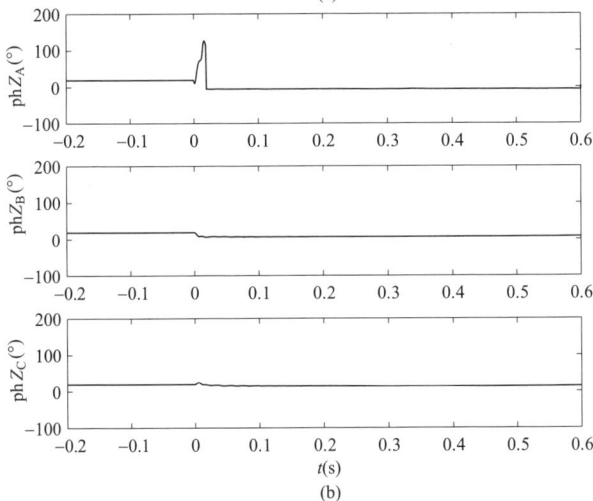

（b）

图 1-93　相测量阻抗幅值与相位
（a）幅值；（b）相位

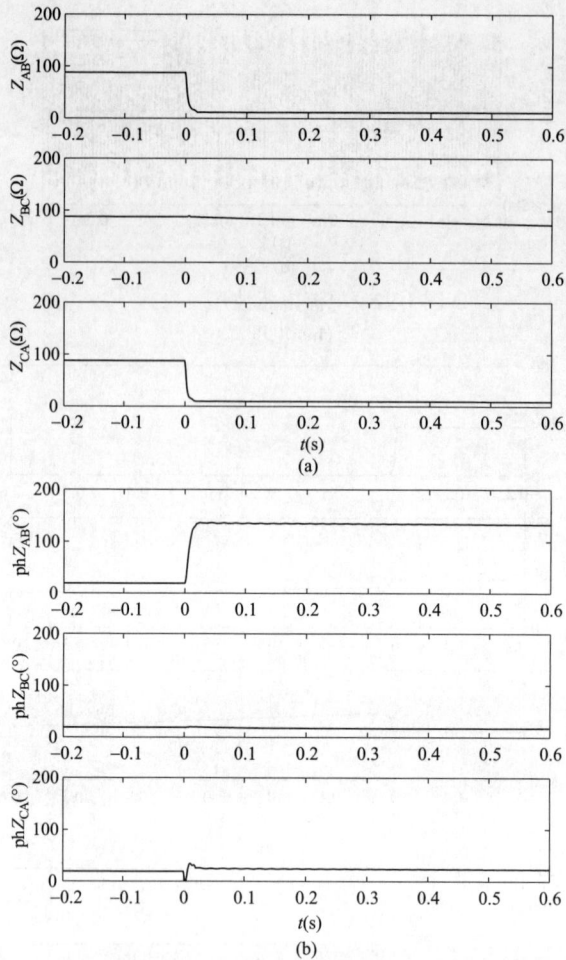

图 1-94　相间测量阻抗幅值与相位

（a）幅值；（b）相位

表 1-5　　　　　　　　　故障前后测量阻抗幅值与相位

Z_A（故障前）	phZ_A（故障前）	Z_B（故障前）	phZ_B（故障前）	Z_C（故障前）	phZ_C（故障前）
88	19	88	19	88	19
Z_A（故障后）	phZ_A（故障后）	Z_B（故障后）	phZ_B（故障后）	Z_C（故障后）	phZ_C（故障后）
0.01	−5	71	6.8	118.7	14.6
Z_{AB}（故障前）	phZ_{AB}（故障前）	Z_{BC}（故障前）	phZ_{BC}（故障前）	Z_{CA}（故障前）	phZ_{CA}（故障前）
88	19	88	19	88	19
Z_{AB}（故障后）	phZ_{AB}（故障后）	Z_{BC}（故障后）	phZ_{BC}（故障后）	Z_{CA}（故障后）	phZ_{CA}（故障后）
11.5	135.4	85	18.3	9.6	24.3

故障前后保护安装处的电流不对称度 m 如图 1-95 所示，故障前过负荷时，$m_i=0$（i 为 A、B、C），故障后，$m_i=1.78$。

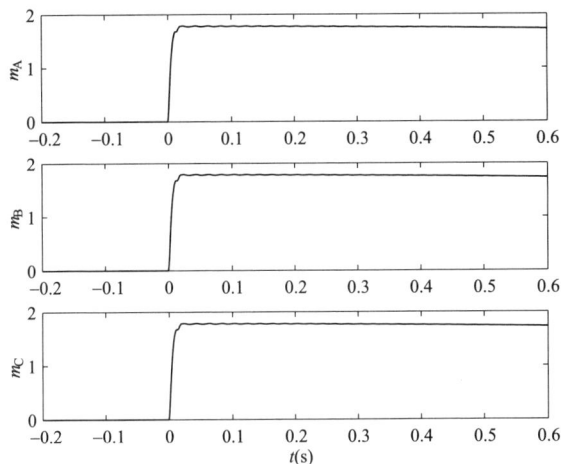

图 1-95　电流不对称度 m

故障前后保护安装处的正序电压余弦分量 $U_{i1}\cos\varphi_1$ 如图 1-96 所示，故障前过负荷时，$U_{i1}\cos\varphi_1=0.93$p.u.，故障后，$U_{i1}\cos\varphi_1=0.17$p.u.。

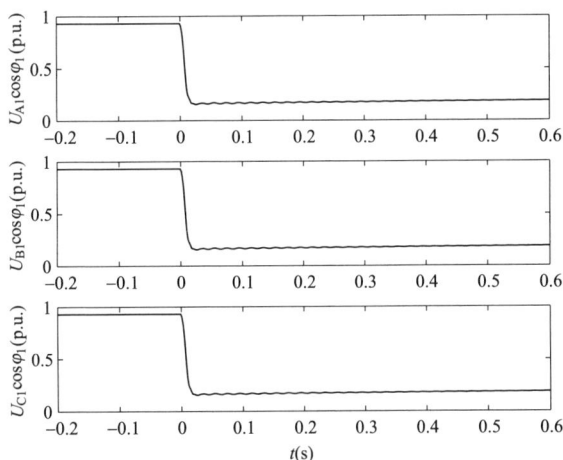

图 1-96　正序电压余弦分量

故障前后保护安装处的相电压余弦分量 $U_i\cos\varphi_i$ 如图 1-97 所示，故障前过负荷时，$U_i\cos\varphi_i=0.93$p.u.，故障后，$U_A\cos\varphi_A=0.001$p.u.，$U_B\cos\varphi_B=0.93$p.u.，$U_C\cos\varphi_C=-0.8$p.u.。

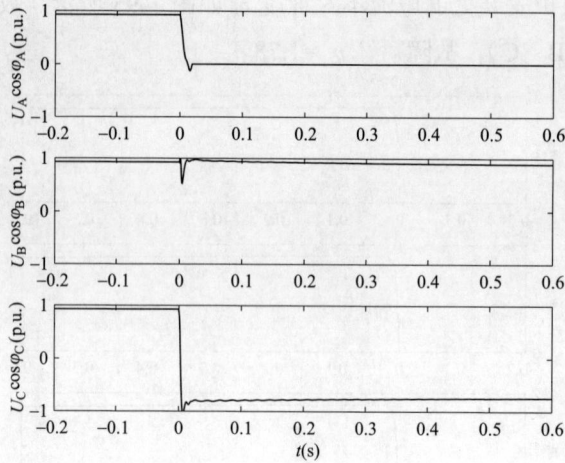

图 1-97　相电压余弦分量

故障前后保护安装处的线电压余弦分量 $U_{ij}\cos\varphi_{ij}$ 如图 1-98 所示，故障前过负荷时，$U_{ij}\cos\varphi_{ij}=0.93\text{p.u.}$，故障后，$U_{AB}\cos\varphi_{AB}=-0.43\text{p.u.}$，$U_{BC}\cos\varphi_{BC}=0.9\text{p.u.}$，$U_{CA}\cos\varphi_{CA}=0.52\text{p.u.}$。

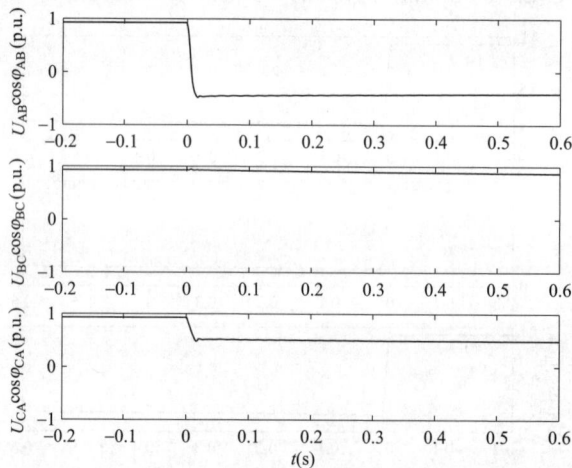

图 1-98　线电压余弦分量

故障后保护安装处选相结果如图 1-99 所示，从中可得，故障后 A 相 $\arg(\dot{I}_{A2}/\dot{I}_{A0})=0°$，B 相 $\arg(\dot{I}_{B2}/\dot{I}_{B0})=120°$，C 相 $\arg(\dot{I}_{C2}/\dot{I}_{C0})=120°$，故障相为 A 相。

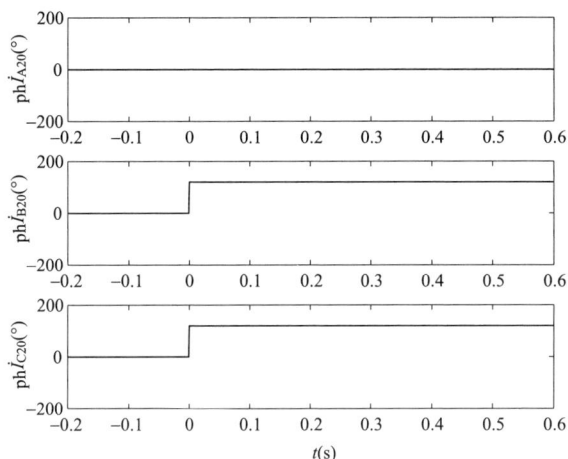

图 1-99　零序、负序电流相位差

故障后保护安装处正序阻抗如图 1-100 所示，从中可得，故障前，正序阻抗角为 19°，故障后，正序阻抗角为 71°，位于第 I 象限，$\gamma = 0.5$。

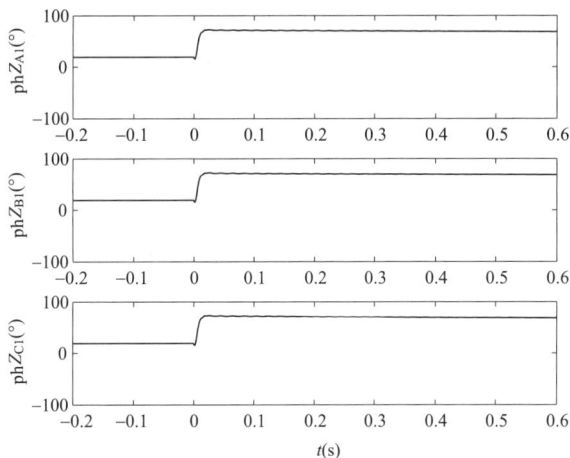

图 1-100　正序阻抗角

图 1-101～图 1-103 分别为 A、B、C 三相正序—相补偿电压相位关系，图中判据为正序补偿电压相位与相补偿电压相位差，从中可以看出，故障前，正序—相补偿电压相位在动作区外，故障期间，A 正序—相补偿电压相位在动作区内，开放 A 相距离保护，B 相和 C 相正序-相补偿电压相位在动作区外，闭锁 BC 相距离保护。

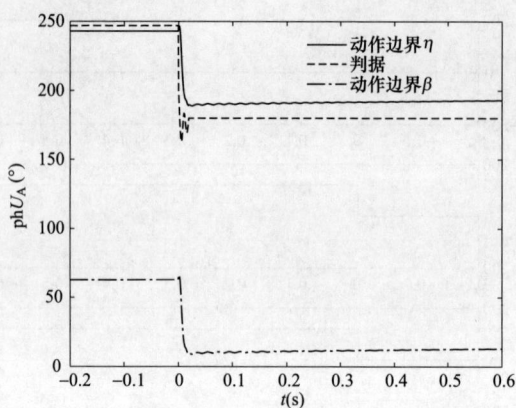

图 1-101　A 相正序补偿电压相位关系

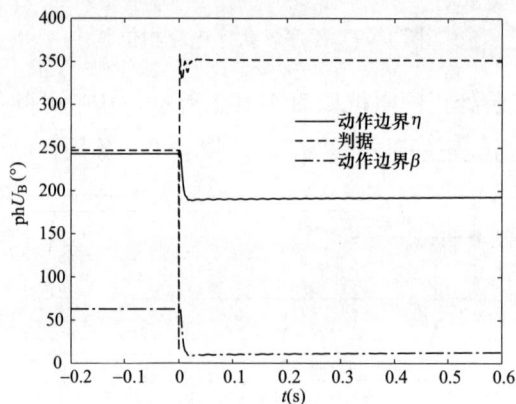

图 1-102　B 相正序补偿电压相位关系

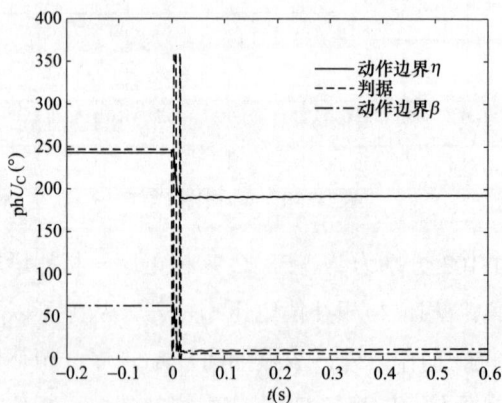

图 1-103　C 相正序补偿电压相位关系

1.5.2.2　F3 点 BC 相金属性短路故障

F3 点发生 BC 相金属性短路故障前后，保护安装处的电流、电压波形如图 1-104 所示。

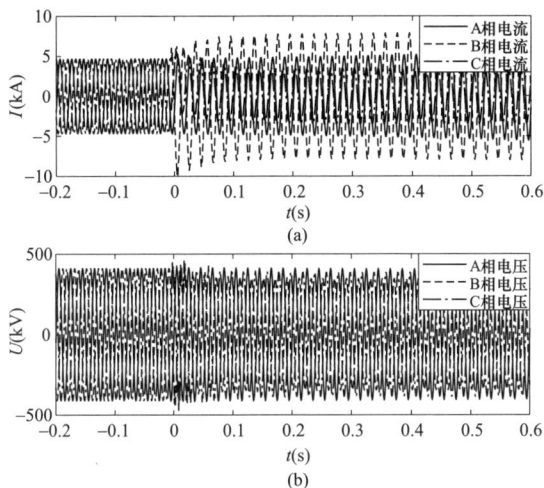

图 1-104　电流电压波形
（a）电流；（b）电压

故障前后保护安装处相测量阻抗如图 1-105 所示，故障前后保护安装处的相间测量阻抗如图 1-106 所示。故障前后测量阻抗见表 1-6。从中可以看出，故障前线路处于过负荷状态，相测量阻抗与相间测量阻抗位于距离保护Ⅲ段动作区内，通过负荷限制线无法阻止距离保护的误动作。

表 1-6　　　　　　　　　　故障前后测量阻抗幅值与相位

Z_A（故障前）	phZ_A（故障前）	Z_B（故障前）	phZ_B（故障前）	Z_C（故障前）	phZ_C（故障前）
88	19	88	19	88	19
Z_A（故障后）	phZ_A（故障后）	Z_B（故障后）	phZ_B（故障后）	Z_C（故障后）	phZ_C（故障后）
83	19	45	60.4	108	99.7
Z_{AB}（故障前）	phZ_{AB}（故障前）	Z_{BC}（故障前）	phZ_{BC}（故障前）	Z_{CA}（故障前）	phZ_{CA}（故障前）
88	19	88	19	88	19
Z_{AB}（故障后）	phZ_{AB}（故障后）	Z_{BC}（故障后）	phZ_{BC}（故障后）	Z_{CA}（故障后）	phZ_{CA}（故障后）
52.8	34.85	56.1	86.8	196.5	42.7

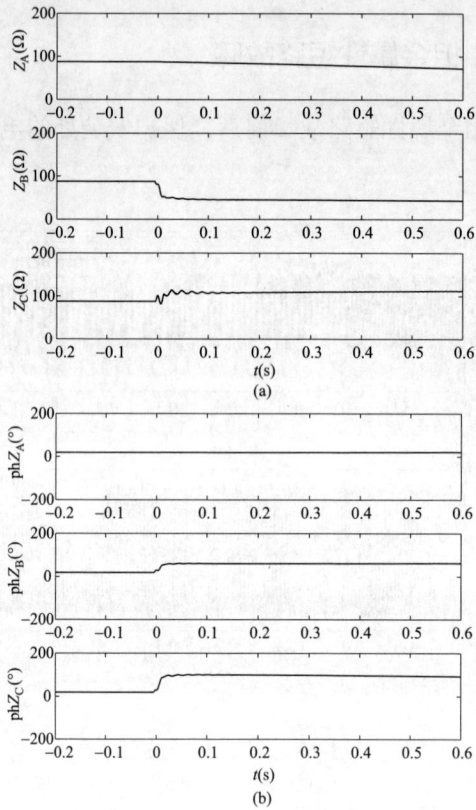

图 1-105　相测量阻抗幅值与相位

（a）幅值；（b）相位

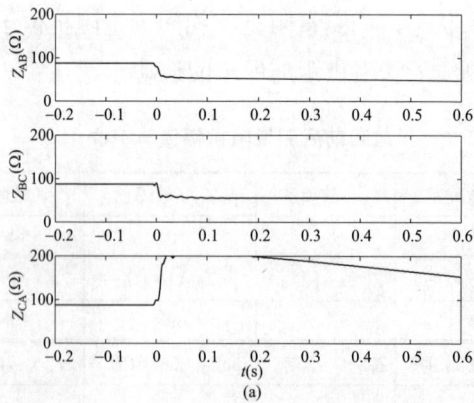

图 1-106　相间测量阻抗幅值与相位（一）

（a）幅值

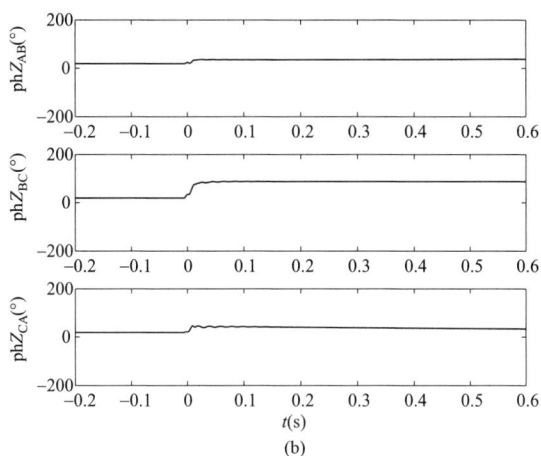

图 1-106　相间测量阻抗幅值与相位（二）

（b）相位

故障前后保护安装处的电流不对称度 m 如图 1-107 所示，故障前过负荷时，m_i=0，故障后，m_i=0.61。

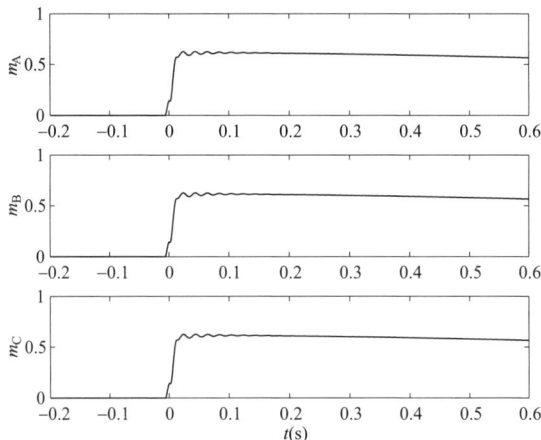

图 1-107　电流不对称度 m

故障前后保护安装处的正序电压余弦分量 $U_{i1}\cos\varphi_1$ 如图 1-108 所示，故障前过负荷时，$U_{i1}\cos\varphi_1$=0.93p.u.，故障后，$U_{i1}\cos\varphi_1$=0.45p.u.。

故障前后保护安装处的相电压余弦分量 $U_i\cos\varphi_i$ 如图 1-109 所示，故障前过负荷时，$U_i\cos\varphi_i$=0.93p.u.，故障后，$U_A\cos\varphi_A$=0.91p.u.，$U_B\cos\varphi_B$=0.37p.u.，

$U_C \cos\varphi_C = -0.22 \text{p.u.}$。

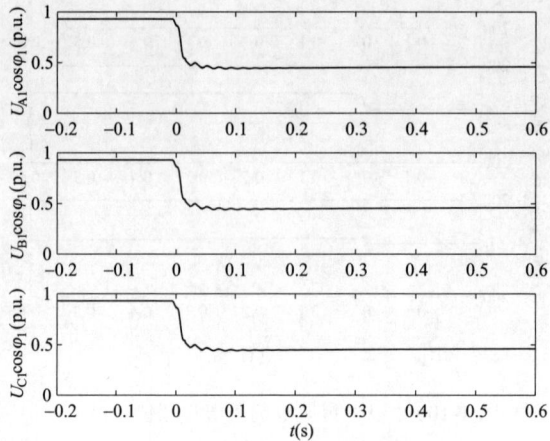

图 1-108 正序电压余弦分量

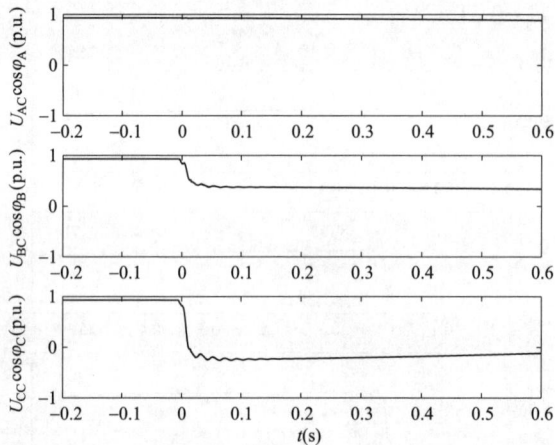

图 1-109 相电压余弦分量

故障前后保护安装处的线电压余弦分量 $U_{ij} \cos\varphi_{ij}$ 如图 1-110 所示，故障前过负荷时，$U_{ij} \cos\varphi_{ij} = 0.93 \text{p.u.}$，故障后，$U_{AB} \cos\varphi_{ab} = 0.73 \text{p.u.}$，$U_{BC} \cos\varphi_{BC} = 0.01 \text{p.u.}$，$U_{CA} \cos\varphi_{CA} = 0.7 \text{p.u.}$。

故障后保护安装处选相结果如图 1-111 所示。

故障后保护安装处正序阻抗角如图 1-112 所示，从中可得，故障前，三相正序阻抗角为 19°，故障后，三相正序阻抗角为 58°，位于第 I 象限，$\gamma = 0.5$。

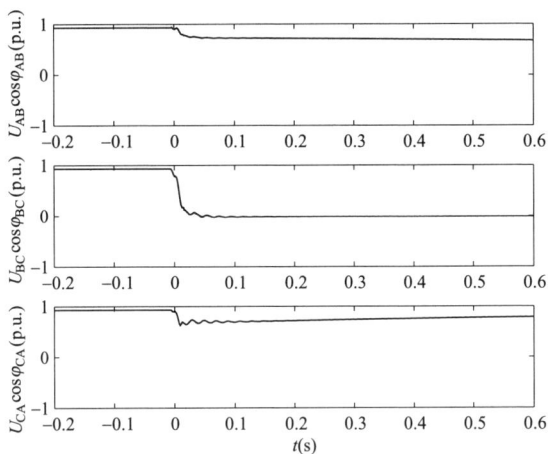

图 1-110 线电压余弦分量

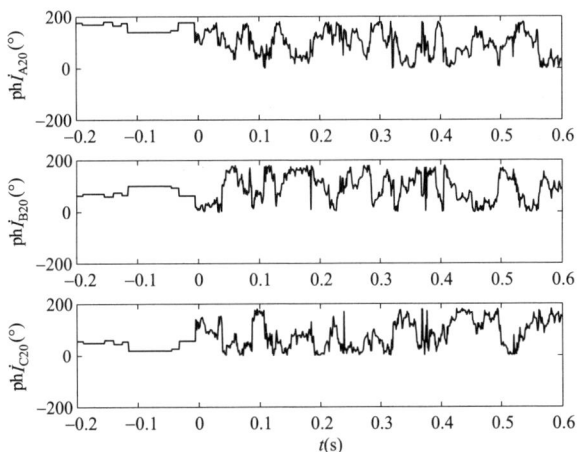

图 1-111 零序、负序电流相位关系差

图 1-113～图 1-115 分别为 A、B、C 三相正序补偿电压相位与相补偿电压相位关系，判据为正序补偿电压相位与相补偿电压相位差，从中可以看出，故障前，正序—相补偿电压相位在动作区外，故障期间，B 相和 C 相正序—相补偿电压相位在动作区内，开放 BC 相距离保护，A 相正序—相补偿电压相位在动作区外，闭锁 A 相距离保护。

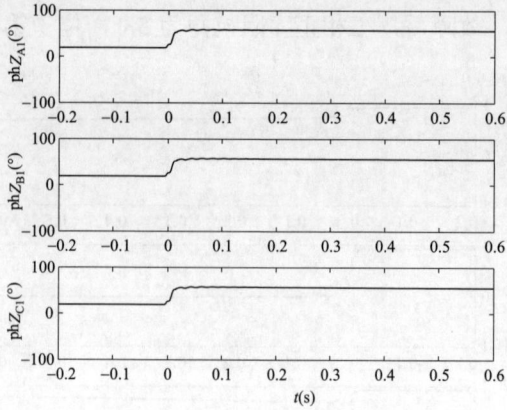

图 1-112 正序阻抗角

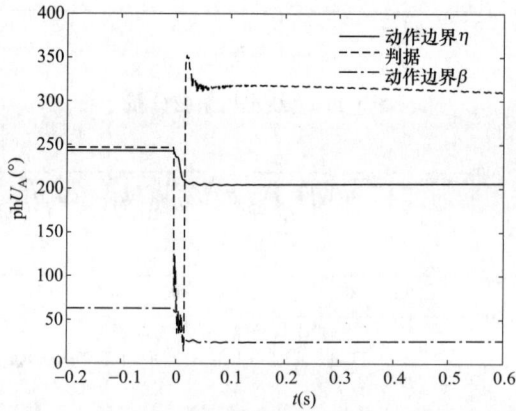

图 1-113 A 相正序补偿电压相位关系

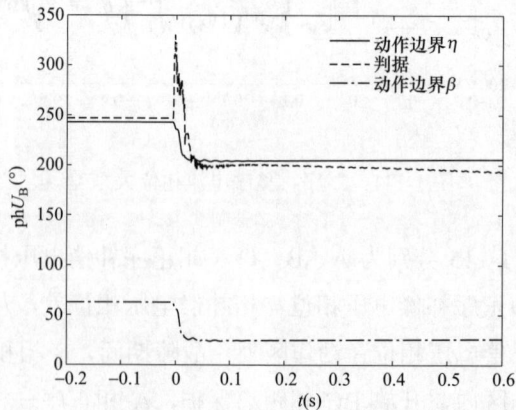

图 1-114 B 相正序补偿电压相位关系

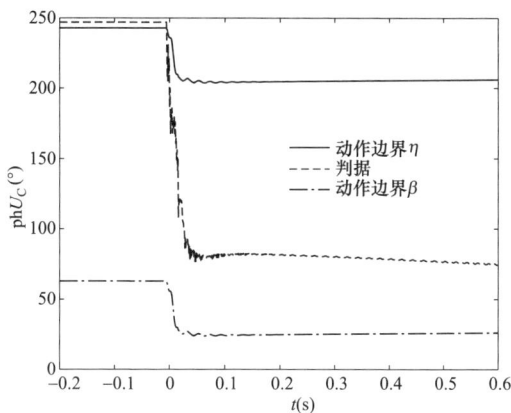

图 1-115　C 相正序补偿电压相位关系

1.5.2.3　F2 点 A 相经 100Ω 过渡电阻接地故障

F2 点发生 A 相经 100Ω 过渡电阻接地故障前后，保护安装处的电流、电压波形如图 1-116 所示。

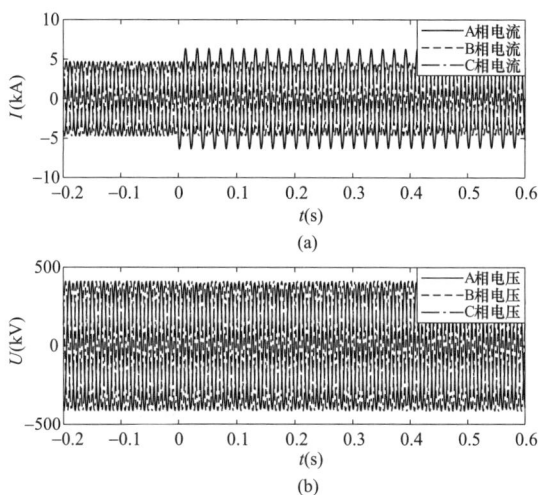

图 1-116　电流电压波形

（a）电流；（b）电压

故障前后保护安装处相测量阻抗如图 1-117 所示，故障前后保护安装处的相间测量阻抗如图 1-118 所示。从中可以看出，故障前相测量阻抗与相间测量阻抗位于距离保护Ⅲ段动作区外。

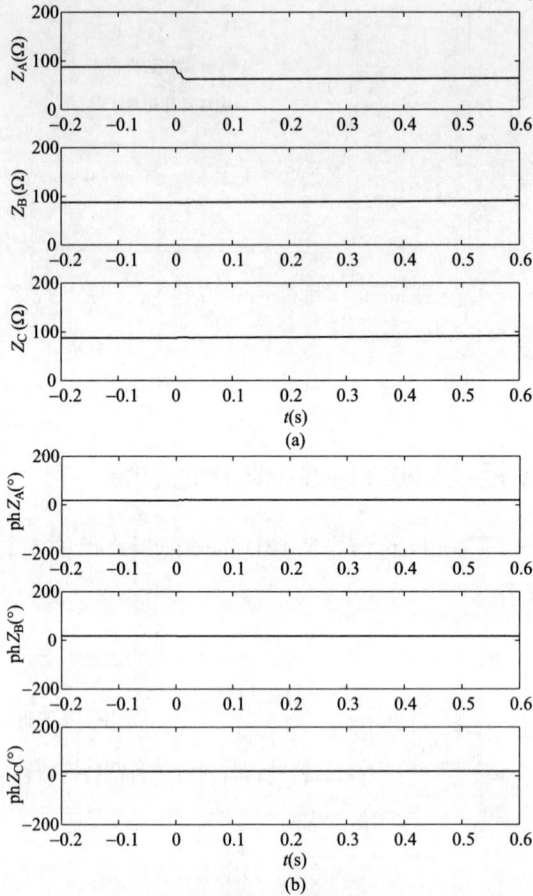

图 1-117　相测量阻抗幅值与相位
（a）幅值；（b）相位

故障前后保护安装处的电流不对称度 m 如图 1-119 所示，故障前过负荷时，$m_i = 0$，故障后，$m_i = 0.22$。

故障前后保护安装处的正序电压余弦分量 $U_{i1} \cos \varphi_1$ 如图 1-120 所示，故障前过负荷时，$U_{i1} \cos \varphi_1 = 0.93 \text{p.u.}$，故障后，$U_{i1} \cos \varphi_1 = 0.92 \text{p.u.}$。

故障前后保护安装处的相电压余弦分量 $U_i \cos \varphi_i$ 如图 1-121 所示，故障前过负荷时，$U_i \cos \varphi_i = 0.94 \text{p.u.}$，故障后，$U_A \cos \varphi_A = 0.87 \text{p.u.}$，$U_B \cos \varphi_b = 1 \text{p.u.}$，$U_c \cos \varphi_c = 0.81 \text{p.u.}$。

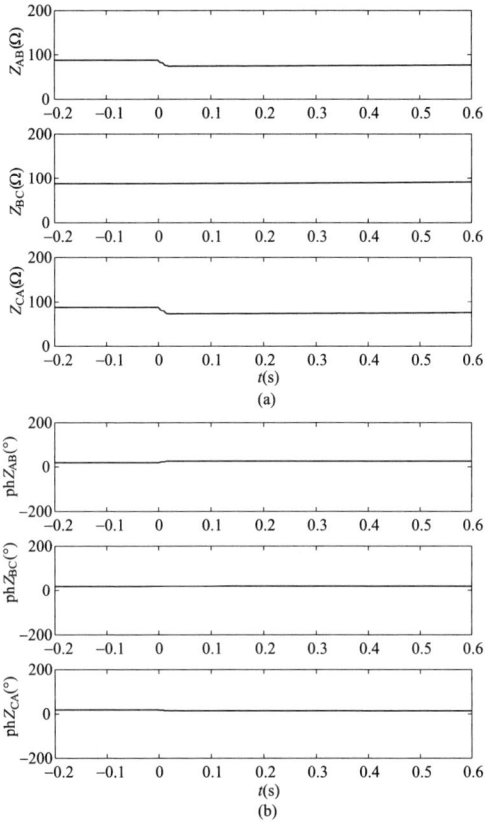

图 1-118　相间测量阻抗幅值与相位

（a）幅值；（b）相位

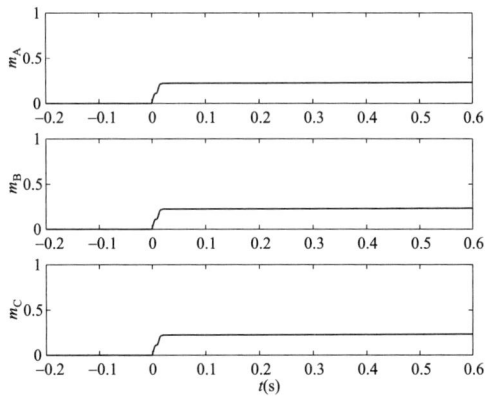

图 1-119　电流不对称度 m

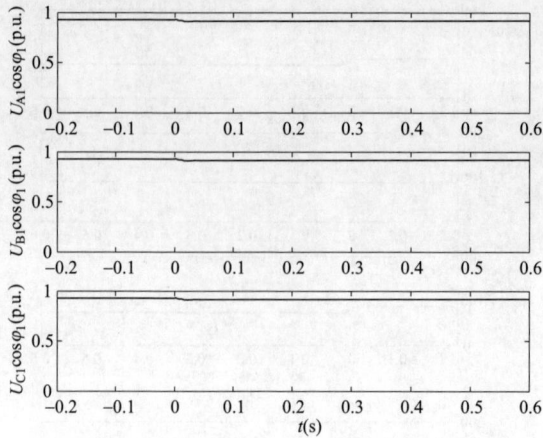

图 1-120   正序电压余弦分量

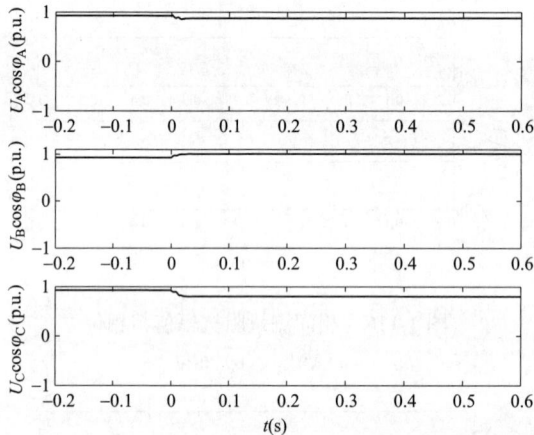

图 1-121   相电压余弦分量

故障前后保护安装处的线电压余弦分量 $U_{ij}\cos\varphi_{ij}$ 如图 1-122 所示，故障前过负荷时， $U_{ij}\cos\varphi_{ij}=0.94\text{p.u.}$ ，故障后， $U_{AB}\cos\varphi_{AB}=-0.85\text{p.u.}$ ， $U_{BC}\cos\varphi_{BC}=0.93\text{p.u.}$ ， $U_{CA}\cos\varphi_{CA}=0.95\text{p.u.}$ 。

故障后保护安装处选相结果如图 1-123 所示，从中可得，故障后 A 相理 $\arg(\dot{I}_{A2}/\dot{I}_{A0})=0°$ ， B 相 $\arg(\dot{I}_{B2}/\dot{I}_{B0})=120°$ ， C 相 $\arg(\dot{I}_{C2}/\dot{I}_{C0})=120°$ ，故障相为 A 相。

故障后保护安装处正序阻抗角如图 1-124 所示，从中可得，故障前，正序阻抗角为 19°，故障后，正序阻抗角为 20°，位于第 I 象限，$\gamma = 0.5$。

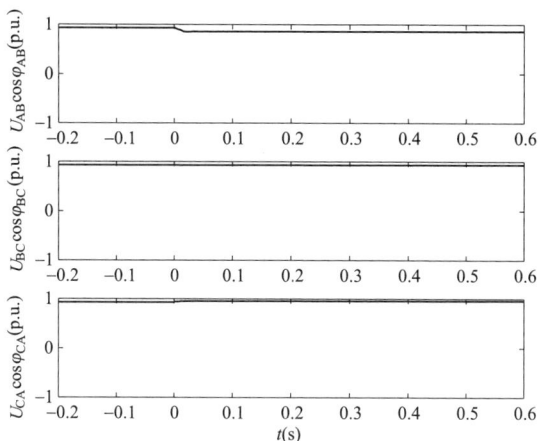

图 1-122　线电压余弦分量

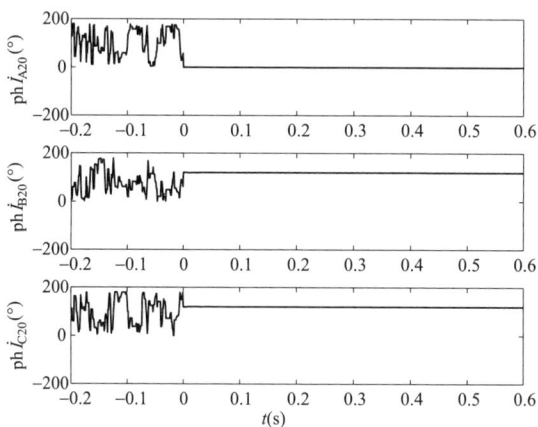

图 1-123　零序、负序电流相位差

　　图 1-125～图 1-127 分别为 A、B、C 三相正序—相补偿电压相位关系，图中判据为正序补偿电压相位与相补偿电压相位差，从中可以看出，故障前，正序—相补偿电压相位在动作区外，故障期间，A 相正序—相补偿电压相位在动作区内，开放 A 相距离保护，B 相和 C 相正序—相补偿电压相位在动作区外，闭锁 BC 相距离保护。

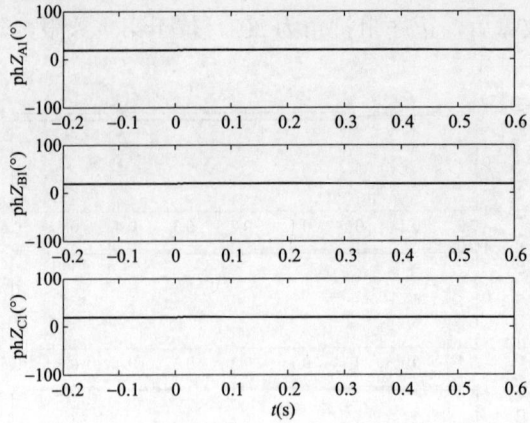

图 1-124　正序阻抗角

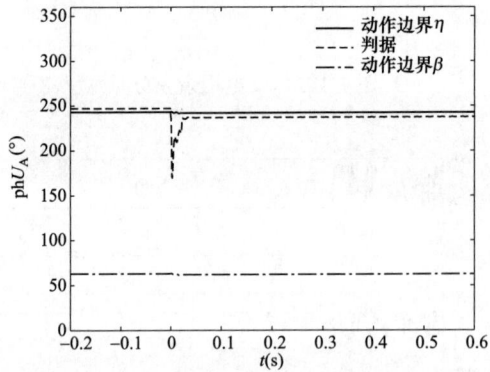

图 1-125　A 相正序补偿电压相位关系

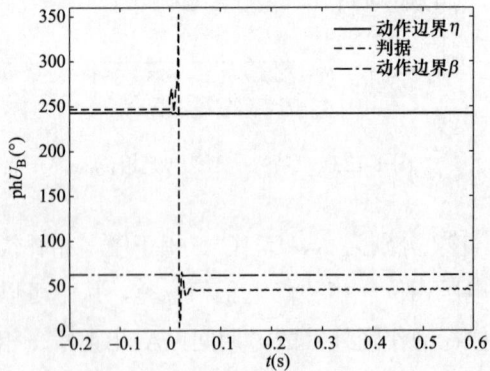

图 1-126　B 相正序补偿电压相位关系

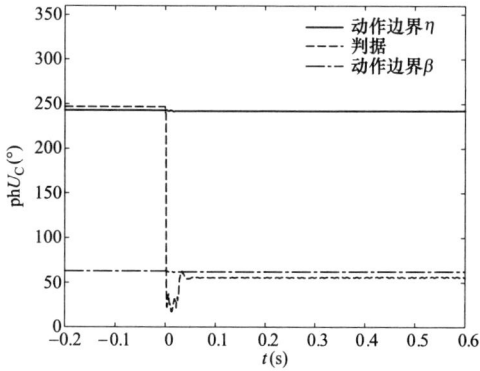

图 1-127　C 相正序补偿电压相位关系

1.5.3　对称事故过负荷期间发生单一故障

对称事故过负荷期间发生单一故障分两个阶段，对称事故过负荷与单相接地故障。

第一阶段：事故过负荷

模拟 MN Ⅱ回相间故障（故障点 F4），且切除故障线路，线路 MN Ⅲ回发生对称过负荷，且过负荷期间，负荷阻抗进入距离保护Ⅲ段动作区。验证距离保护Ⅲ段在对称事故过负荷时的动作行为。

第二阶段：对称事故过负荷期间发生单一故障

对称事故过负荷期间模拟不同位置（F1、F2、F3）发生金属瞬时性单相接地、两相接地、两相短路、三相接地及三相短路故障。

1.5.3.1　F4 点发生 AB 相间金属性短路故障

F4 点发生 AB 短路故障前后，保护安装处的电流、电压波形如图 1-128 所示。

故障前后保护安装处相测量阻抗如图 1-129 所示，故障前后保护安装处的相间测量阻抗如图 1-130 所示。从中可以看出，故障前相测量阻抗与相间测量阻抗位于距离保护Ⅲ段动作区外，区外故障切除后，测量阻抗进入距离保护Ⅲ段动作区，通过负荷限制线无法阻止距离保护Ⅲ段的误动作。

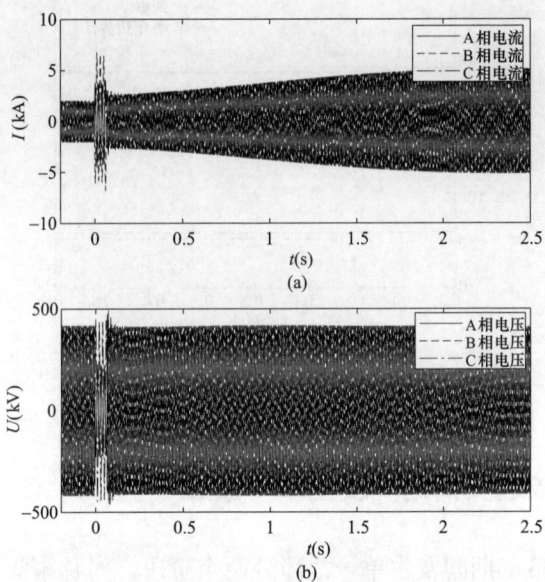

图 1-128　电流电压波形

（a）电流；（b）电压

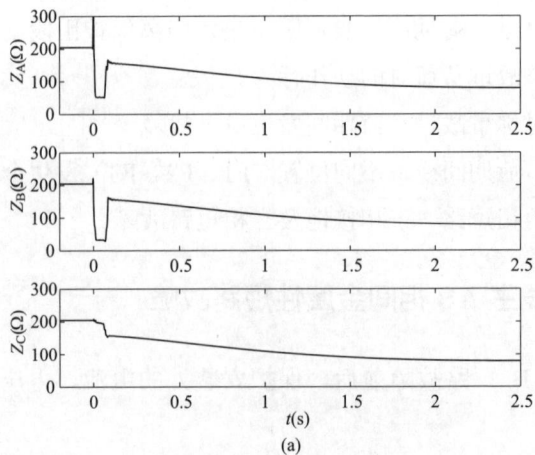

图 1-129　相测量阻抗幅值与相位（一）

（a）幅值

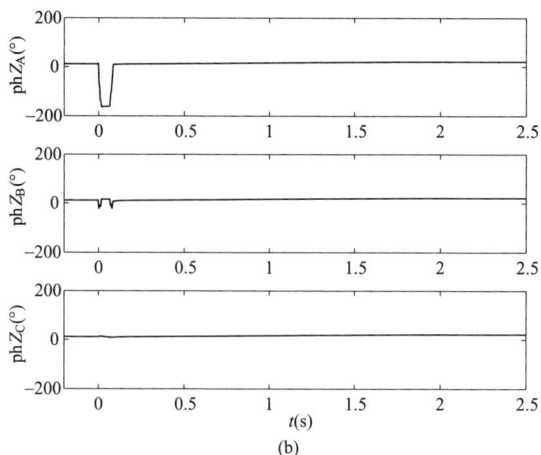

图 1-129　相测量阻抗幅值与相位（二）

（b）相位

故障前后保护安装处的电流不对称度 m 如图 1-131 所示，故障前，无零、负序电流，m_i 为 0，故障后，产生负序电流，m_i 接近 1，故障切除后，对称事故过负荷期间为 0。

故障前后保护安装处的正序电压余弦分量 $U_{i1}\cos\varphi_1$ 如图 1-132 所示，故障前正常运行时，$U_{i1}\cos\varphi_1 = 0.98\text{p.u.}$，故障后 $U_{i1}\cos\varphi_1 = 0.33\text{p.u.}$，故障切除后，对称事故过负荷期间为 $U_{i1}\cos\varphi_1 = 0.92\text{p.u.}$。

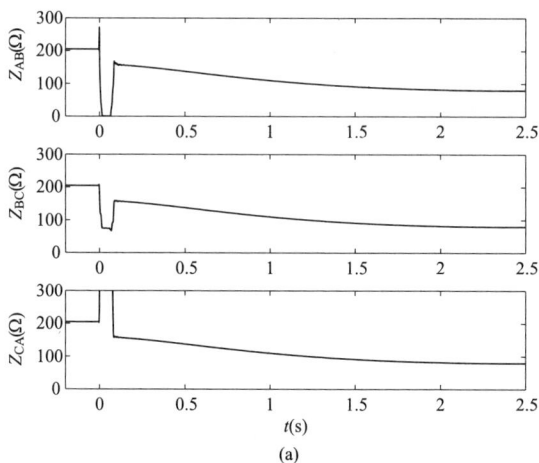

图 1-130　相间测量阻抗幅值与相位（一）

（a）幅值

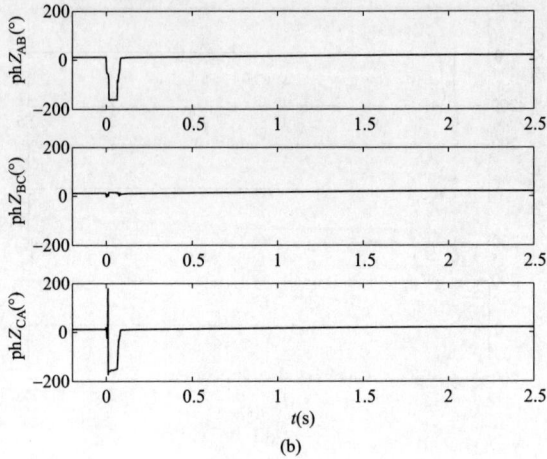

(b)

图 1-130 相间测量阻抗幅值与相位（二）

（b）相位

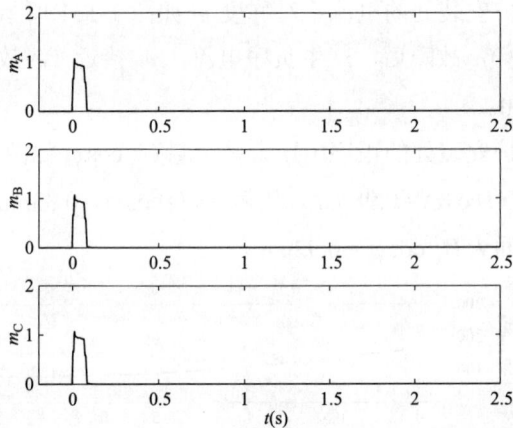

图 1-131 电流不对称度 m

故障前后保护安装处的相电压余弦分量 $U_i \cos \varphi_i$ 如图 1-133 所示，故障前正常运行时，$U_i \cos \varphi_i = 0.98$p.u.，故障后，$U_A \cos \varphi_A = -0.48$p.u.，$U_B \cos \varphi_B = 0.47$p.u.，$U_C \cos \varphi_C = 0.97$p.u.。故障切除后，对称事故过负荷期间 $U_i \cos \varphi_i = 0.92$p.u.。

故障前后保护安装处的线电压余弦分量 $U_{ij} \cos \varphi_{ij}$ 如图 1-134 所示，故障前正常运行时，$U_{ij} \cos \varphi_{ij} = 0.98$p.u.，故障后，$U_{AB} \cos \varphi_{AB} = -0.012$p.u.，$U_{BC} \cos \varphi_{BC} = 0.83$p.u.，$U_{CA} \cos \varphi_{CA} = -0.78$p.u.。故障切除后，对称事故过负荷期间 $U_{ij} \cos \varphi_{ij} = 0.92$p.u.。

故障后保护安装处选相结果如图 1-135 所示。

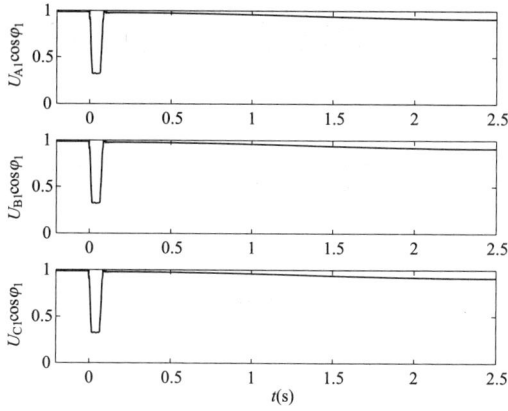

图 1-132　正序电压余弦分量

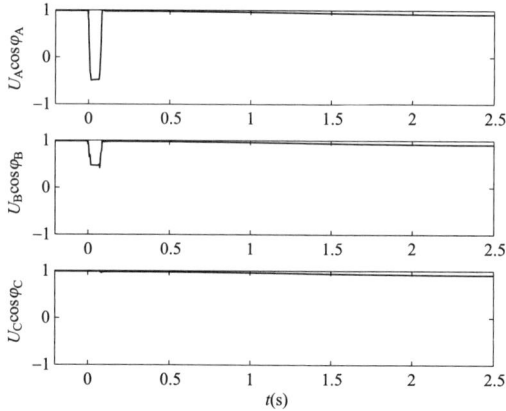

图 1-133　相电压余弦分量

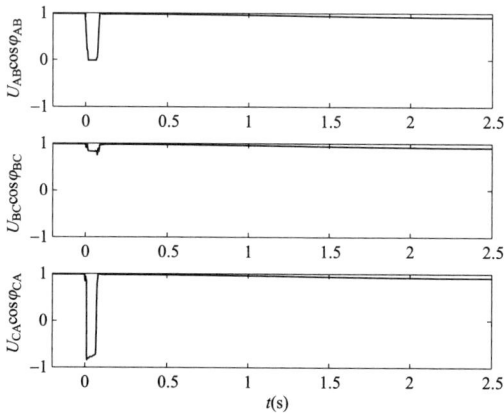

图 1-134　线电压余弦分量

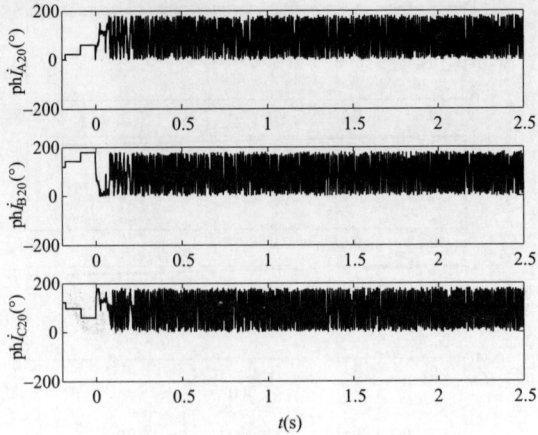

图 1-135　零序、负序电流相位关系

　　故障后保护安装处正序阻抗角如图 1-136 所示，从中可得，故障前，三相正序阻抗角为 11°，故障中，三相正序阻抗角为−54°，故障后过负荷期间，三相正序阻抗角为 21°。

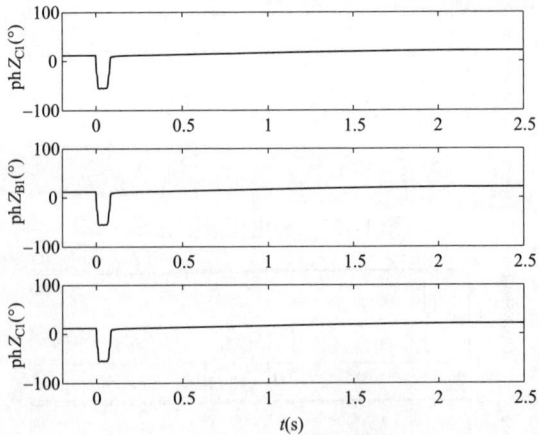

图 1-136　正序阻抗角

　　图 1-137～图 1-139 分别为 A、B、C 三相正序—相补偿电压相位关系，图中判据为正序补偿电压相位与相补偿电压相位差，从中可以看出，故障前，正序—相补偿电压相位在动作区外，故障切除后，对称事故过负荷期间，三相正序补偿电压相位与相补偿电压在动作区外，闭锁距离保护。

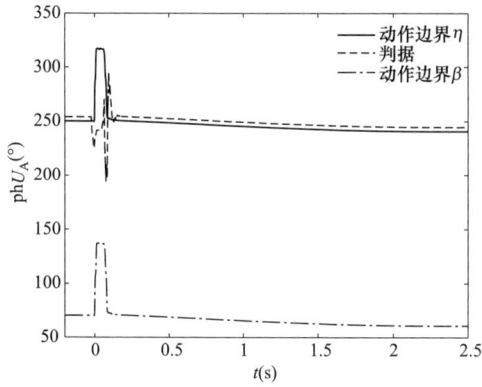

图 1-137　A 相正序补偿电压相位关系

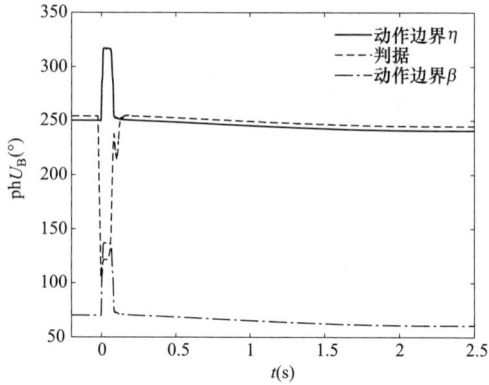

图 1-138　B 相正序补偿电压相位关系

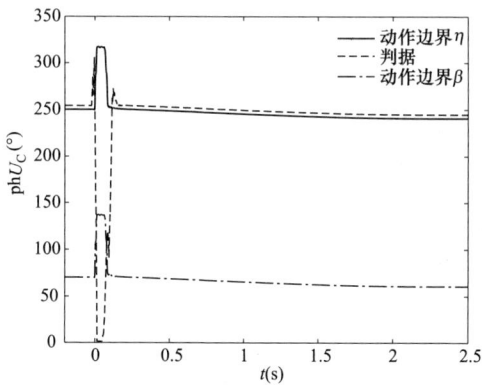

图 1-139　C 相正序补偿电压相位关系

1.5.3.2 F4 点 AB 两相故障转 F1 点 A 相接地故障

F4 点发生 AB 故障转换为 F1 点 A 相接地故障前后，保护安装处的电流、电压波形如图 1-140 所示。

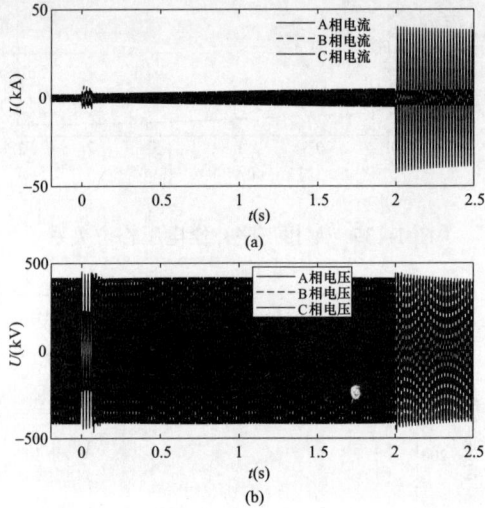

图 1-140 电流电压波形

（a）电流；（b）电压

故障前后保护安装处相测量阻抗如图 1-141 所示，故障前后保护安装处的

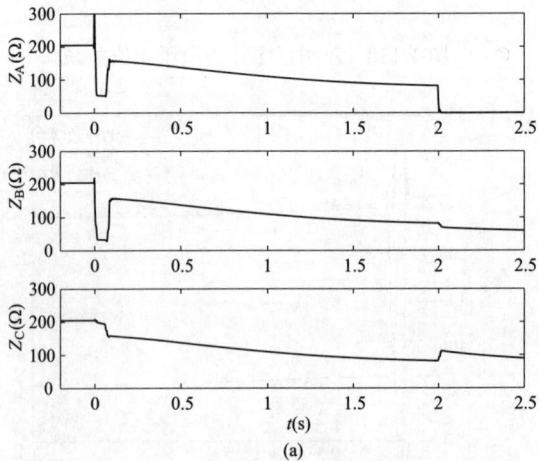

图 1-141 相测量阻抗幅值与相位（一）

（a）幅值

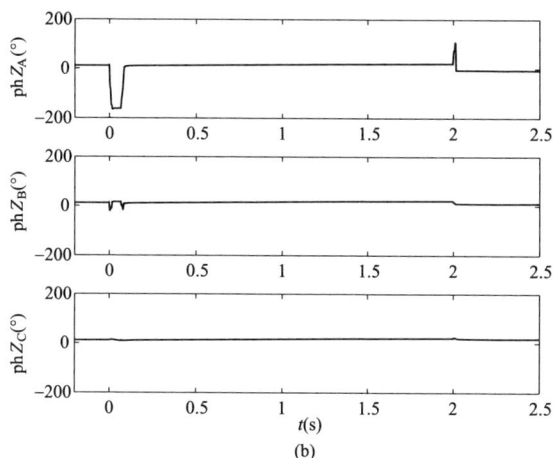

图 1-141　相测量阻抗幅值与相位（二）

（b）相位

相间测量阻抗如图 1-142 所示。从中可以看出，故障前相测量阻抗与相间测量位于距离保护Ⅲ段动作区外，区外故障切除后，测量阻抗进入距离保护Ⅲ段动作区，通过负荷限制线无法阻止距离保护Ⅲ段的误动作。

故障前后保护安装处的电流不对称度 m_i 如图 1-143 所示，故障前，无零、负序电流，m_i 为 0，区外故障后，产生负序电流，m_i 接近 1，区外故障切除后，对称事故过负荷期间，m_i 为 0，对称事故过负荷期间区内故障时，m_i 为 1.7。

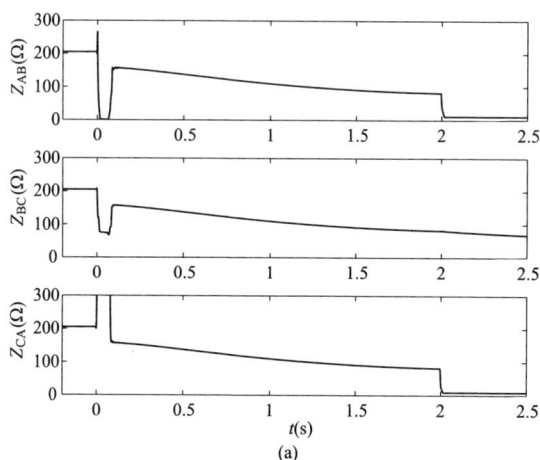

图 1-142　相间测量阻抗幅值与相位（一）

（a）幅值

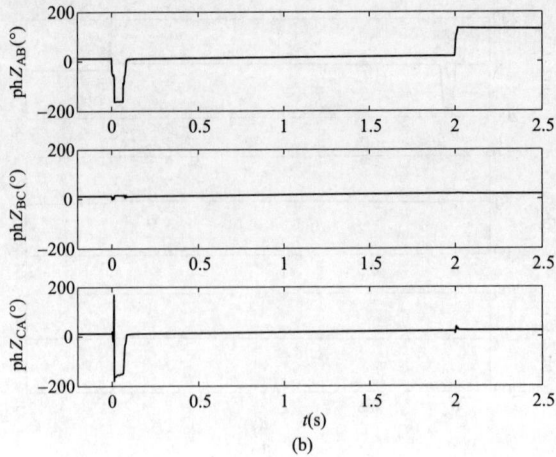

图 1-142   相间测量阻抗幅值与相位（二）

（b）相位

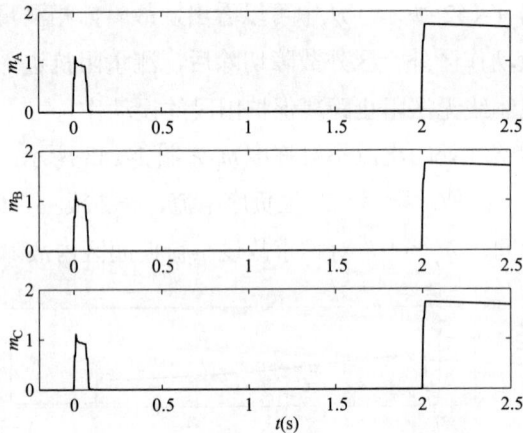

图 1-143   电流不对称度 m

故障前后保护安装处的正序电压余弦分量 $U_{i1}\cos\varphi_1$ 如图 1-144 所示，故障前过负荷时，$U_{i1}\cos\varphi_1 = 0.98\text{p.u.}$，区外故障后 $U_{i1}\cos\varphi_1 = 0.33\text{p.u.}$，区内故障后，$U_{i1}\cos\varphi_1 = 0.18\text{p.u.}$。

故障前后保护安装处的相电压余弦分量 $U_i\cos\varphi_i$ 如图 1-145 所示，故障前过负荷时，$U_i\cos\varphi_i = 0.98\text{p.u.}$，区外故障后，$U_A\cos\varphi_A = -0.48\text{p.u.}$，$U_B\cos\varphi_B = 0.47\text{p.u.}$，$U_C\cos\varphi_C = 0.97\text{p.u.}$。区外故障切除后，对称事故过负荷期间 $U_i\cos\varphi_i = $

0.92p.u.。区内故障后，$U_A \cos\varphi_A = 0.001$p.u.，$U_b \cos\varphi_b = 0.92$p.u.，$U_C \cos\varphi_C = -0.76$p.u.。

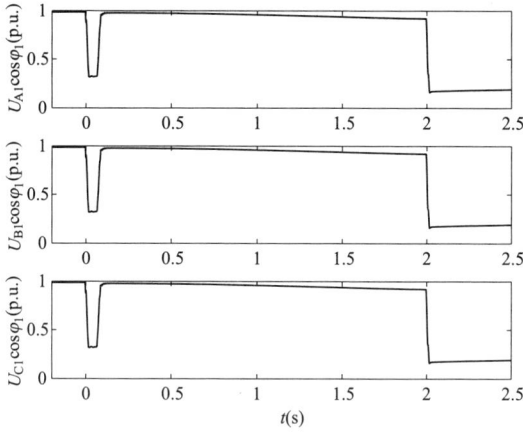

图 1-144　正序电压余弦分量

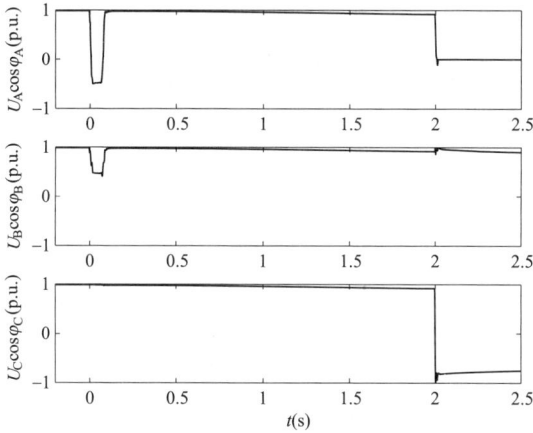

图 1-145　相电压余弦分量

故障前后保护安装处的线电压余弦分量 $U_{ij} \cos\varphi_{ij}$ 如图 1-146 所示，故障前过负荷时，$U_{ij} \cos\varphi_{ij} = 0.98$p.u.，区外故障后，$U_{AB} \cos\varphi_{AB} = -0.012$p.u.，$U_{BC} \cos\varphi_{BC} = 0.83$p.u.，$U_{CA} \cos\varphi_{CA} = -0.78$p.u.。区外故障切除后，对称事故过负荷期间 $U_i \cos\varphi_i = 0.92$p.u.。区内故障后，$U_{AB} \cos\varphi_{AB} = -0.41$p.u.，$U_{BC} \cos\varphi_{BC} = 0.88$p.u.，$U_{CA} \cos\varphi_{CA} = 0.5$p.u.。

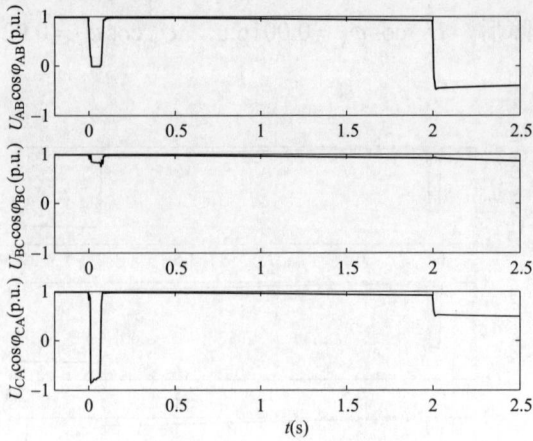

图 1-146　线电压余弦分量

故障后保护安装处选相结果如图 1-147 所示，从中可得，过负荷期间区内故障后 A 相 $\arg(\dot{I}_{A2}/\dot{I}_{A0})=0°$，B 相 $\arg(\dot{I}_{B2}/\dot{I}_{B0})=120°$，C 相 $\arg(\dot{I}_{C2}/\dot{I}_{C0})=120°$，故障相为 A 相。

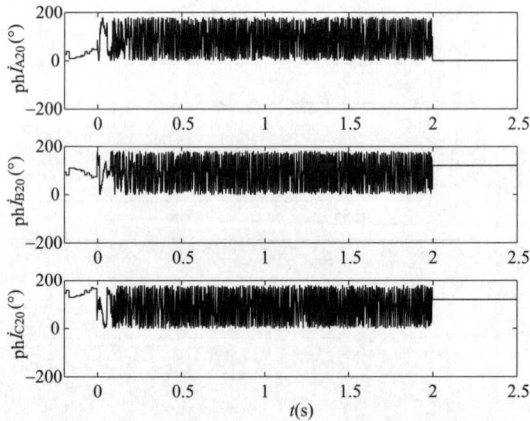

图 1-147　零序、负序电流相位关系

故障后保护安装处正序阻抗角如图 1-148 所示，从中可得，故障前，三相正序阻抗角为 11.8°，区外故障时，三相正序阻抗角为-54°，过负荷期间区内故障时，三相正序阻抗角为 70°，位于第 I 象限，γ=0.5。

图 1-149～图 1-151 分别为 A、B、C 三相正序-相补偿电压相位关系，图中

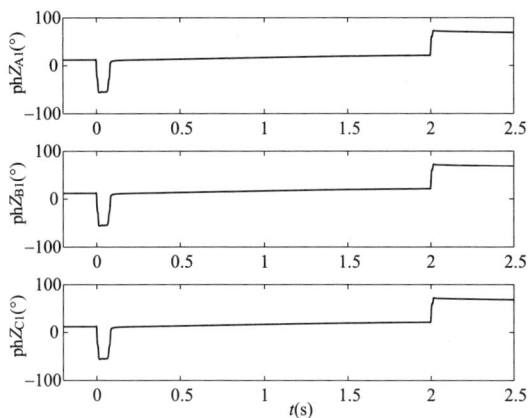

图 1-148 正序阻抗角

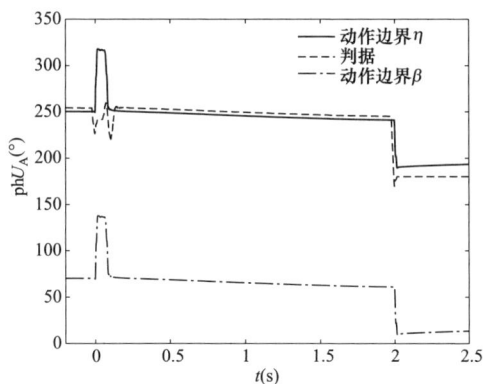

图 1-149 A 相正序补偿电压相位关系

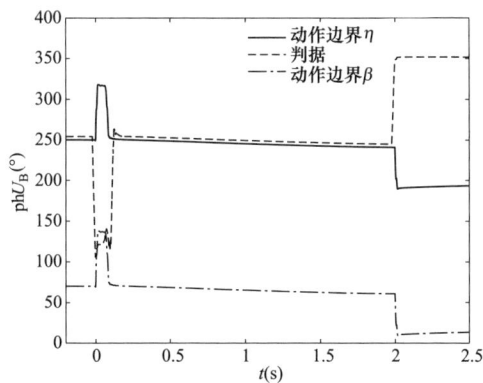

图 1-150 B 相正序补偿电压相位关系

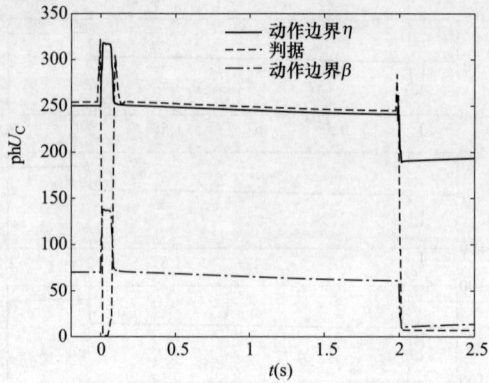

图 1-151　C 相正序补偿电压相位关系

判据为正序补偿电压相位与相补偿电压相位差，从中可以看出，故障前，正序
—相补偿电压相位在动作区外，区外故障切除后，区内故障时，故障相 A 相正序
—相补偿电压相位在动作区内，开放 A 相接地距离保护，非故障相 B、C 相正序
—相补偿电压相位在动作区外，闭锁 B、C 相接地距离保护。

第 2 章　输电线路新型电流差动保护技术

2.1　利用三相同时刻电流采样值的启动元件

2.1.1　三相同时刻采样值算法

启动元件是线路保护的重要组成部分，启动元件的动作性能直接影响保护的动作速度，启动元件与线路保护二者的关系如图 2-1 所示，当线路启动元件动作后，线路保护开始计算，所以，启动元件的计算数据窗会影响启动元件的动作速度，进而影响线路保护的动作时间。

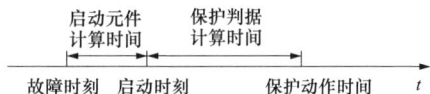

图 2-1　启动元件与线路保护动作时间关系图

电力系统正常运行时，电流采样值 $i(t_k)$ 可表示为

$$i(t_k) = I_m \sin(\omega t_k + \varphi) \tag{2-1}$$

式中，I_m 为电流幅值；φ 为初相角；ω 为角频率。

若采样周期为 T_s，每周 $2\pi / \omega T_s$ 个采样点，则式（2-1）可表示为

$$i(t_k) = I_m \sin(\omega t_{k-1} + \varphi + \omega T_s) \tag{2-2}$$

且

$$\sin(\omega t_{k-1} + \varphi + \omega T_s) = \sin(\omega t_{k-1} + \varphi)\cos(\omega T_s) + \cos(\omega t_{k-1} + \varphi)\sin(\omega T_s) \tag{2-3}$$

相邻两个采样值关系为

$$i^2(t_{k-1}) + i^2(t_k) - 2i(t_{k-1})i(t_k)\cos\omega T_s = I_m^2 \sin^2 \omega T_s \tag{2-4}$$

将 k=2，3 分别代入式（2-4），可得

$$i^2(t_1) + i^2(t_2) - 2i(t_1)i(t_2)\cos\omega T_s = I_m^2 \sin^2 \omega T_s \tag{2-5}$$

$$i^2(t_2) + i^2(t_3) - 2i(t_2)i(t_3)\cos\omega T_s = I_m^2 \sin^2 \omega T_s \tag{2-6}$$

由式（2-5）和式（2-6）可得

$$\cos \omega T_\text{s} = \frac{i(t_1) + i(t_3)}{2i(t_2)} \tag{2-7}$$

$$I_\text{m}^2 = \frac{i^2(t_2) - i(t_1)i(t_3)}{\sin^2 \omega T_\text{s}} \tag{2-8}$$

将式（2-7）代入式（2-8）可得

$$I_\text{m}^2 = \frac{i^2(t_2) - i(t_1)i(t_3)}{1 - \left[\dfrac{i(t_1) + i(t_3)}{2i(t_2)}\right]^2} \tag{2-9}$$

由式（2-9）可得，利用间隔相同的三点可以计算电流幅值。对于 50Hz 工频量，利用同一相电流三个相差 120°的采样值可以计算电流幅值（见图 2-2）。

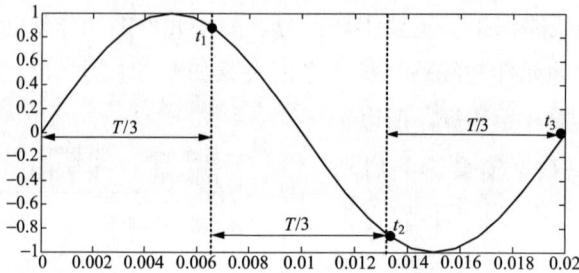

图 2-2　一相三点计算电流幅值

对于 50Hz 工频电流，利用三相电流之间的对称关系，$i_\text{b}(t_\text{k}) = i_\text{a}(t_\text{k+T/3})$，$i_\text{c}(t_\text{k}) = i_\text{a}(t_\text{k+2T/3})$（见图 2-2），可以利用同一时刻三相电流计算电流幅值（见图 2-3）。因此，式（2-9）可转化为

$$I_\text{m}^2 = \frac{i_\text{b}^2(t_1) - i_\text{a}(t_1)i_\text{c}(t_1)}{1 - \left[\dfrac{i_\text{a}(t_1) + i_\text{c}(t_1)}{2i_\text{b}(t_1)}\right]^2} = \frac{4}{3}[i_\text{b}^2(t_1) - i_\text{a}(t_1)i_\text{c}(t_1)] \tag{2-10}$$

根据式（2-10），三相电流采样值可以互换，可得

$$i_\text{b}^2(t_1) - i_\text{a}(t_1)i_\text{c}(t_1) = i_\text{a}^2(t_1) - i_\text{b}(t_1)i_\text{c}(t_1) = i_\text{c}^2(t_1) - i_\text{a}(t_1)i_\text{b}(t_1) = \frac{3}{4}i_\text{m}^2 \tag{2-11}$$

$$[i_\text{a}(t_1) - i_\text{b}(t_1)]^2 + [i_\text{b}(t_1) - i_\text{c}(t_1)]^2 + [i_\text{c}(t_1) - i_\text{a}(t_1)]^2 = \frac{9}{2}i_\text{m}^2 \tag{2-12}$$

（1）正常情况下。三相电流的采样值可表示为

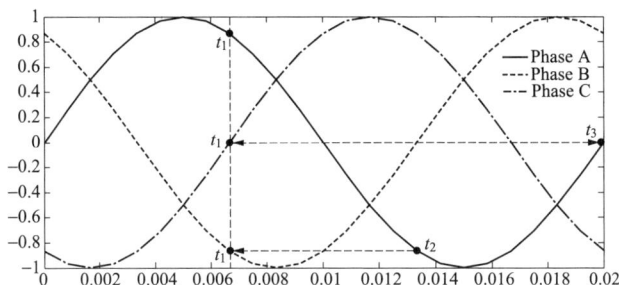

图 2-3　三相一点算法

$$\begin{cases} i_a(t) = \sqrt{2}I_1\sin(\omega t + \alpha) \\ i_b(t) = \sqrt{2}I_1\sin(\omega t + \alpha - 120°) \\ i_c(t) = \sqrt{2}I_1\sin(\omega t + \alpha + 120°) \end{cases} \quad (2\text{-}13)$$

式中，$\sqrt{2}I_1 = I_m$，I_1 为电流有效值。

$$\begin{cases} [i_a(t) - i_b(t)]^2 = [\sqrt{2}I_1\sin(\omega t + \alpha) - \sqrt{2}I_1\sin(\omega t + \alpha - 120°)]^2 \\ \qquad\qquad = 6I_1^2\cos^2(\omega t + \alpha - 60°) \\ [i_b(t) - i_c(t)]^2 = [\sqrt{2}I_1\sin(\omega t + \alpha - 120°) - \sqrt{2}I_1\sin(\omega t + \alpha + 120°)]^2 \\ \qquad\qquad = 6I_1^2\cos^2(\omega t + \alpha) \\ [i_c(t) - i_a(t)]^2 = [\sqrt{2}I_1\sin(\omega t + \alpha + 120°) - \sqrt{2}I_1\sin(\omega t + \alpha)]^2 \\ \qquad\qquad = 6I_1^2\cos^2(\omega t + \alpha + 60°) \end{cases} \quad (2\text{-}14)$$

令 $f(t) = [i_a(t) - i_b(t)]^2 + [i_b(t) - i_c(t)]^2 + [i_c(t) - i_a(t)]^2$，可得，$f(t) = 9I_1^2$

（2）故障情况下。三相电流中存在零、负序分量，三相电流的采样值可表示为

$$\begin{cases} i_a(t) = \sqrt{2}I_1\sin(\omega t + \alpha) + \sqrt{2}I_2\sin(\omega t + \beta) + \sqrt{2}I_0\sin(\omega t + \gamma) \\ i_b(t) = \sqrt{2}I_1\sin(\omega t + \alpha - 120°) + \sqrt{2}I_2\sin(\omega t + \beta + 120°) + \sqrt{2}I_0\sin(\omega t + \gamma) \\ i_c(t) = \sqrt{2}I_1\sin(\omega t + \alpha + 120°) + \sqrt{2}I_2\sin(\omega t + \beta - 120°) + \sqrt{2}I_0\sin(\omega t + \gamma) \end{cases} \quad (2\text{-}15)$$

式中，I_1，I_2，I_0 分别为正、负和零序电流的有效值；α，β，γ 为三序电流的初相位。且

$$\begin{cases} i_a(t) - i_b(t) = \sqrt{6}I_1\cos(\omega t + \alpha - 60°) - \sqrt{6}I_2\cos(\omega t + \beta + 60°) \\ i_b(t) - i_c(t) = -\sqrt{6}I_1\cos(\omega t + \alpha) + \sqrt{6}I_2\cos(\omega t + \beta) \\ i_c(t) - i_a(t) = \sqrt{6}I_1\cos(\omega t + \alpha + 60°) - \sqrt{6}I_2\cos(\omega t + \beta - 60°) \end{cases} \quad (2\text{-}16)$$

将其代入式（2-12），可得

$$f(t) = 9[I_1^2 + I_2^2 - 2I_1I_2\cos(2\omega t + \alpha + \beta)] \quad (2\text{-}17)$$

根据式（2-17），$f(t)$中为固定值附加一个二倍频分量。图 2-4 为故障前后的$f(t)$波形，故障前 $f(t)$ 为固定值，故障后出现二倍工频分量。

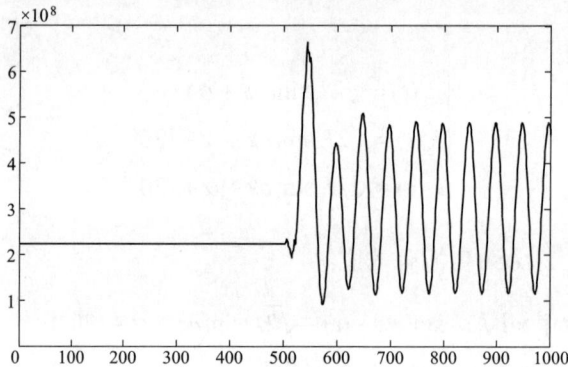

图 2-4 $f(t)$波形

2.1.2   三相同时刻电流采样值启动元件算法

根据 2.1.1 分析，故障前后 $f(t)$ 变化显著，可以用于识别线路是否发生故障。由于电流突变量不受负荷电流影响，利用电流突变量 $\Delta i(t)$ 计算 $\Delta f(t)$ 可得

$$\Delta f(t) = [\Delta i_a(t) - \Delta i_b(t)]^2 + [\Delta i_b(t) - \Delta i_c(t)]^2 + [\Delta i_c(t) - \Delta i_a(t)]^2 \quad (2\text{-}18)$$

式中，$\Delta i(t) = i(t) - i(t - Ts)$。

启动元件判据为

$$\Delta f(t) > f_{set} \quad (2\text{-}19)$$

其中，f_{set} 是启动元件的定值。

2.1.3   仿真结果

仿真系统如图 2-5 所示。仿真系统电压等级 500kV，频率 50Hz。

电源参数：$R_{M1}=18\Omega$，$X_{M1}=137.43\Omega$，$R_{M0}=15\Omega$，$X_{M0}=92.6\Omega$，$R_{N1}=26\Omega$，

X_{N1}=142.98Ω，R_{N0}=20Ω，X_{N0}=119.27Ω。

线路参数：MN=200km，R_1=0.0196Ω/km，X_1=0.28Ω/km，C_1=0.0135μF/km，R_0=0.1828Ω/km，X_0=0.86Ω/km，C_0=0.0092μF/km。

故障类型：单相接地故障，两相接地故障，两相短路，三相短路。

采样频率：1200Hz，一周 24 个点。

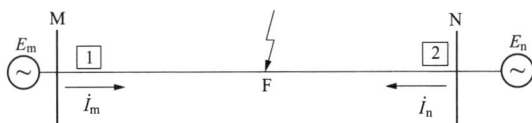

图 2-5　仿真系统

（1）单相接地故障。

图 2-6 为 F 点发生 A 相金属性接地故障时保护 1 处三相电流波形，图中，故障时刻为 0ms。

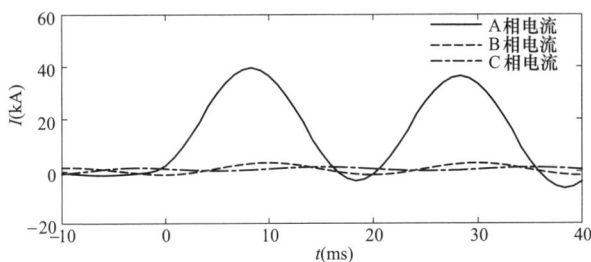

图 2-6　三相电流采样值

图 2-7 为启动判据的动作曲线。

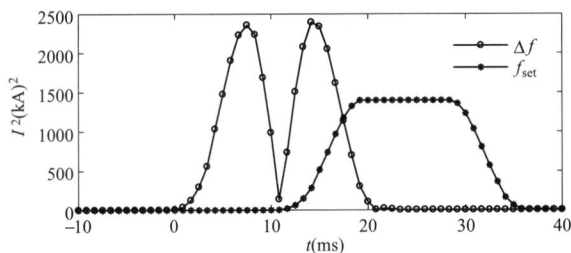

图 2-7　启动判据动作曲线

图 2-8 为 F 点发生 A 相经 500Ω 接地故障时保护 1 处三相电流波形，图中，故障时刻为 0ms。

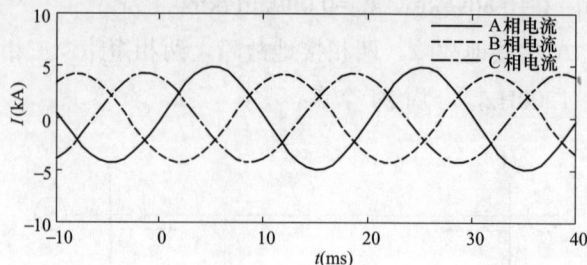

图 2-8　三相电流波形（A 相经 500Ω 接地）

图 2-9 为启动判据的动作曲线，故障后 Δf（1）$>10 f_{set}$（1）。

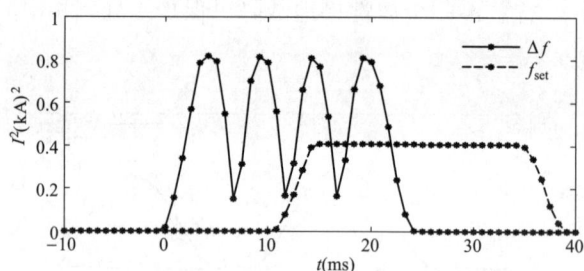

图 2-9　启动判据动作曲线（B 相经 500Ω 接地）

（2）两相接地故障。

图 2-10 为 F 点发生 BC 相故障经 500Ω 过渡电阻接地时保护 1 处三相电流波形，图中，故障时刻为 0ms。

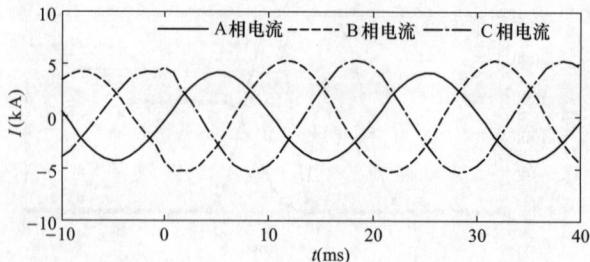

图 2-10　三相电流波形（BC 相接地）

图 2-11 为启动判据的动作曲线，故障后 Δf（1）>10 f_{set}（1），启动判据在故障后第一个点动作。

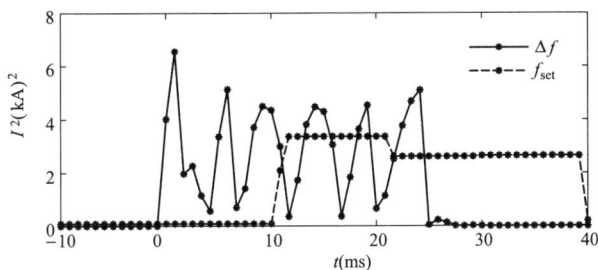

图 2-11 启动判据动作曲线（BC 相接地）

（3）两相短路。

图 2-12 为 F 点发生 BC 相间经 25Ω 过渡电阻故障时保护 1 处三相电流波形，图中，故障时刻为 0ms。

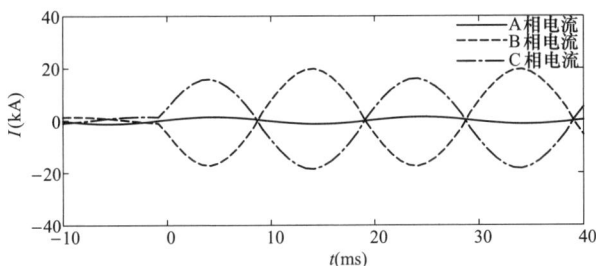

图 2-12 三相电流波形（BC 两相短路）

图 2-13 为启动判据的动作特性，故障后 Δf（1）>10 f_{set}（1），启动判据在故障后第一个点动作。

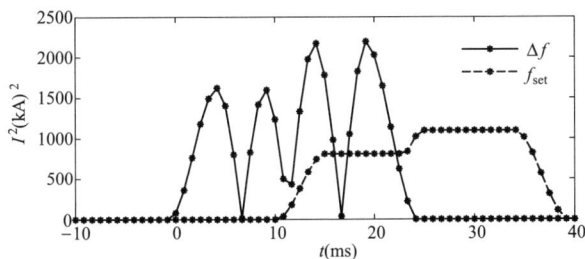

图 2-13 启动判据动作曲线（BC 两相短路）

（4）三相短路。

图 2-14 为 F 点发生 ABC 三相故障时保护 1 处三相电流波形，图中，故障时刻为 0ms。

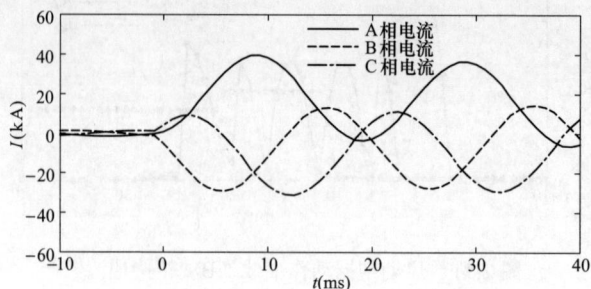

图 2-14   三相电流波形（ABC 三相短路）

图 2-15 为启动判据的动作特性，故障后 Δf（1）>10 f_{set}（1），启动判据在故障后第一个点动作。

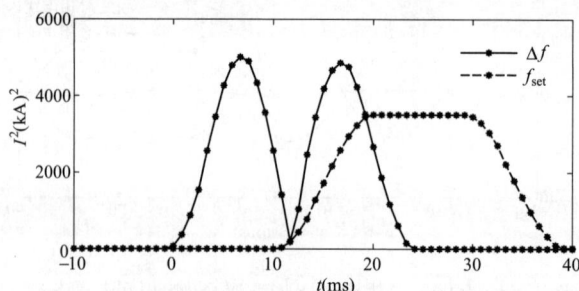

图 2-15   启动判据动作曲线（ABC 两相短路）

（5）振荡及振荡期间故障。

图 2-16 为系统振荡期间 F 点发生 A 相故障时保护 1 处三相电流波形，图中，故障时刻为 0ms。

图 2-17 为启动判据的动作特性，故障后 Δf（1）>10 f_{set}（1），启动判据在故障后第一个点动作。

（6）不同故障时刻。

图 2-18 为 F 点发生 A 相金属性接地故障，短路角分别为 0°和 90°时，保护 1 处三相电流波形，图中，故障时刻为 0ms。

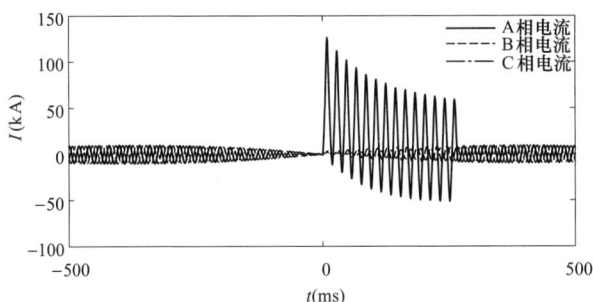

图 2-16　三相电流波形（ABC 三相短路）

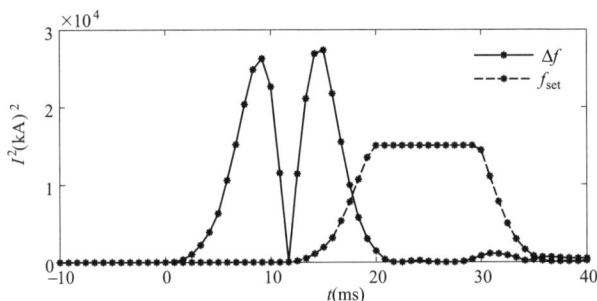

图 2-17　启动判据动作曲线（ABC 两相短路）

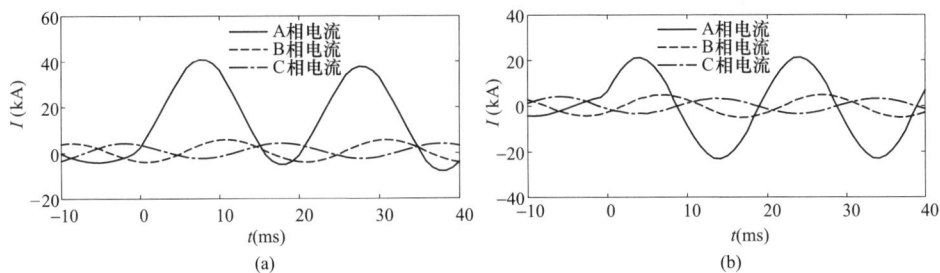

图 2-18　三相电流采样值

（a）A 相故障短路角为 0°；（b）A 相故障短路角为 90°

图 2-19 分别为两种不同故障时刻情况下启动判据的动作曲线。

本节提出了基于三相同一时刻采样值的输电线路启动元件算法，利用三相同一时刻采样值，启动算法不受数据窗限制，动作速度显著提高。启动元件算法放大了线路故障特征，可以准确识别经高阻接地故障。无需改动装置硬件，计算量小。

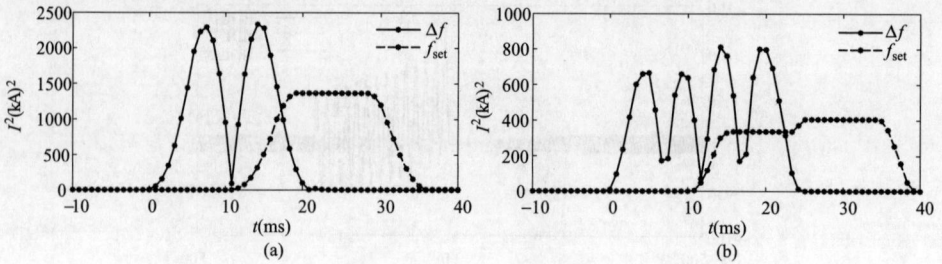

图 2-19　启动判据动作曲线

（a）A 相故障短路角为 0°；（b）A 相故障短路角为 90°

2.2　自适应制动电流的电流差动保护原理

2.2.1　基于复平面的电流差动保护分析方法

输电线路电流差动保护的动作判据一般采用

$$\left|\dot{I}_{\mathrm{m}}+\dot{I}_{\mathrm{n}}\right|>k\left|\dot{I}_{\mathrm{m}}-\dot{I}_{\mathrm{n}}\right| \tag{2-20}$$

式中，$\dot{I}_{\mathrm{m}}$、$\dot{I}_{\mathrm{n}}$ 分别为线路两侧的电流相量；k 为制动系数。

以 $\dot{I}_{\mathrm{m}}$、$\dot{I}_{\mathrm{n}}$ 中幅值较大者为基准，令 $\left|\dot{I}_{\mathrm{m}}\right|=\max(\left|\dot{I}_{\mathrm{m}}\right|,\left|\dot{I}_{\mathrm{n}}\right|)$，式（2-20）可以表示为

$$\left|1+\frac{\dot{I}_{\mathrm{n}}}{\dot{I}_{\mathrm{m}}}\right|>k\left|1-\frac{\dot{I}_{\mathrm{n}}}{\dot{I}_{\mathrm{m}}}\right| \tag{2-21}$$

令 $\dot{I}_{\mathrm{n}}/\dot{I}_{\mathrm{m}}=\rho$，式（2-21）可以表示为

$$\left|1+\rho\right|>k\left|1-\rho\right| \tag{2-22}$$

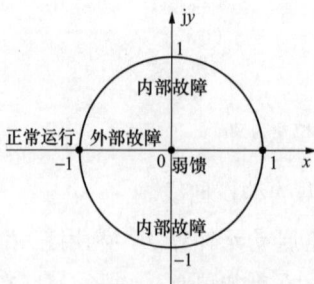

图 2-20　复平面上 ρ 的运行点

以 $\rho=x+\mathrm{j}y$ 的实部和虚部分别作为横轴和纵轴，构建复平面如图 2-20 所示。图中 ρ 在复平面上是单位圆，线路两侧电流 $\dot{I}_{\mathrm{m}}$、$\dot{I}_{\mathrm{n}}$ 之间的幅值和相位关系均在单位圆内，在单位圆内可以表征线路的不同工况。

（1）线路正常运行时，两侧电流幅值相等，$\left|\dot{I}_{\mathrm{m}}\right|=\left|\dot{I}_{\mathrm{n}}\right|$，相位相差 180°，$\rho=-1$；处于单位圆上（−1，0）处。

（2）线路外部故障，两侧电流幅值相等，$\left|\dot{I}_{\mathrm{m}}\right|=\left|\dot{I}_{\mathrm{n}}\right|$，相位相差 180°，$\rho=-1$；

处于单位圆上（-1，0）处。当线路两侧电流互感器的误差不一致时，使得两侧电流幅值不再相等，相位相差偏离 180°，运行点落在单位圆（-1，0）附近区域。

（3）线路内部故障时，ρ 的运行点位置与负荷电流相关。不考虑负荷电流的影响时，线路两侧电流方向接近相同，ρ 的运行点在单位圆内横轴的正方向，当线路两侧的电流幅值相等，$|\dot{I}_m| = |\dot{I}_n|$ 时，$\rho = 1$；处于单位圆上（1，0）处。随着负荷电流不断增大，线路两侧电流中故障电流占比额减小，ρ 的运行点向单位圆的第二、三象限偏移，在重负荷线路发生内部经电阻故障时，线路两侧电流中负荷电流大于故障电流分量，ρ 的运行点接近（-1，0）。对于单侧电源送电系统或弱馈系统，线路内部故障后，一侧电流接近 0，ρ 的运行点在单位圆内的原点（0，0）附近。

式（2-20）的通用形式可表示为

$$\left|\dot{I}_m + \dot{I}_n\right| > \left|k_m \dot{I}_m - k_n \dot{I}_n\right| \tag{2-23}$$

式中，$\dot{I}_m$、$\dot{I}_n$ 分别为线路两侧的电流相量；k_m 和 k_n 分别为 $\dot{I}_m$、$\dot{I}_n$ 的制动系数。

结合式（2-23），式（2-22）可以表示为

$$\left|1 + \rho\right| > \left|k_m - k_n \rho\right| \tag{2-24}$$

式（2-24）的动作边界与 k_m 和 k_n 的大小有密切关系，分三种情况进行分析：

（1）$k_n < 1$ 时，动作边界的圆心为 $[-(1+k_mk_n)/(1-k_n^2), 0]$，半径为 $(k_m+k_n)/(1-k_n^2)$ 的圆，动作区域为圆外，当 $k_n = 0$ 时，动作边界的圆心为 $[-1, 0]$，半径为 k_m 的圆，动作区域为圆外；随着 k_m 增大，圆心向横轴右侧移动，半径增大，动作区域减小，如图 2-21 所示。

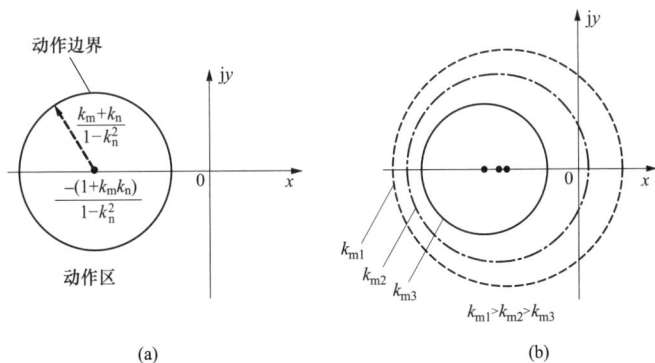

图 2-21　$k_n < 1$ 时，动作边界

（a）差动保护动作区；（b）不同 k_m 时差动保护动作区

（2）当 $k_n=1$ 时，动作边界是直线 $x=(k_m-1)/2$；动作区域为直线右侧，随着 k_m 增大，直线与横轴交点右移，如图 2-22 所示。

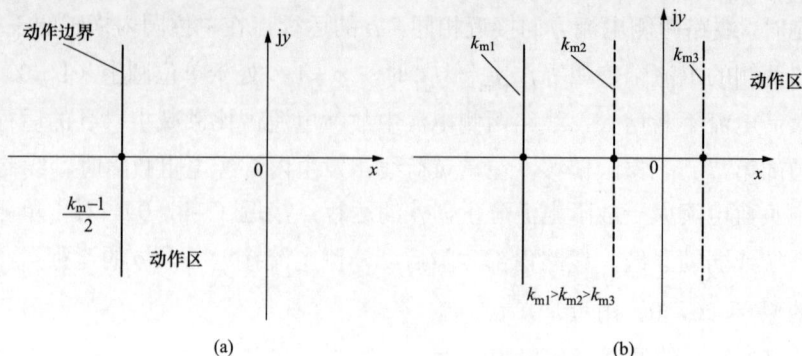

图 2-22　$k_n=1$ 时的动作边界

（a）差动保护动作区；（b）不同 k_m 时差动保护动作区

（3）当 $k_n>1$ 时，动作边界是圆心为 $[-(1+k_m k_n)/(1-k_n^2),0]$，半径为 $(k_m+k_n)/(k_n^2-1)$ 的圆，动作区域为圆内，随着 k_m 增大，动作边界圆的半径越大，如图 2-23 所示。

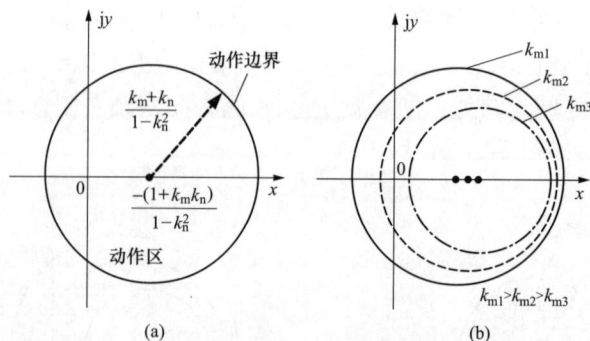

图 2-23　$k_n>1$ 时的动作边界

（a）差动保护动作区；（b）不同 k_m 时差动保护动作区

结合保护动作边界及 ρ 的运行点，可获得式（2-23）的动作特性，如图 2-24 所示。

当 $k_n=k_m<1$ 时，式（2-20）的动作特性如图 2-25 所示。动作边界为圆心为 $[-(1+k_n^2)/(1-k_n^2),0]$，半径为 $(2k_n)/(1-k_n^2)$ 的圆，动作区域为圆外。

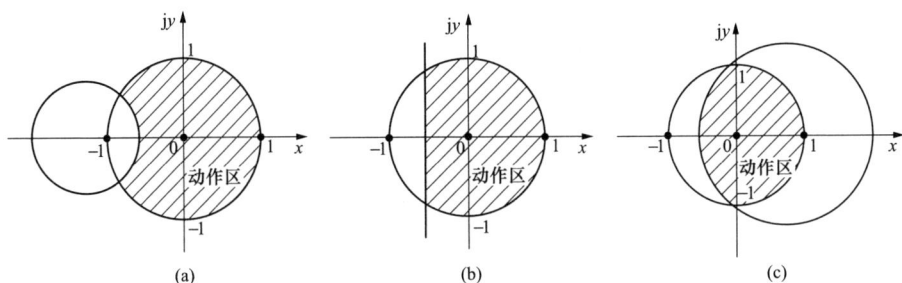

图 2-24　复平面上电流差动保护动作特性

（a）$k_n<1$；（b）$k_n=1$；（c）$k_n>1$

由于区外故障时，$\rho=-1$ 处于单位圆上（−1，0）处，保护动作边界距离该点越远，可靠性越高，同时动作区域与单位圆的重叠面积越大，灵敏性越高。

（1）在复平面上可以分析电流差动保护的动作性能。差动保护可以通过制动系数 k_m、k_n 的整定，灵活地调整差动保护的动作特性。

（2）随着系数 k_m、k_n 的增大，差动保护的动作边界从单位圆左侧向右移动，差动保护的动作区减小，不动区增大。

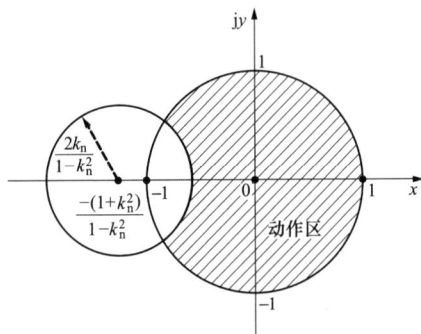

图 2-25　$k_n=k_m$ 时电流差动保护动作特性

（3）k_m、k_n 对差动保护动作区的形状和特性的影响有所不同。差动保护的制动性能主要由 k_m 决定；动作区的形状主要取决于 k_n 的选取。

对于突变量电流差动保护与零序电流差动保护原理，同样可以利用复平面进行分析。

对于零序电流差动保护，保护判据为

$$\left| \dot{I}_{m0} + \dot{I}_{n0} \right| > k_0 \left| \dot{I}_{m0} - \dot{I}_{n0} \right| \tag{2-25}$$

式中，$\dot{I}_{m0}$、$\dot{I}_{n0}$ 分别为线路两侧的零序电流；k_0 为制动系数。

以 $\dot{I}_{m0}$、$\dot{I}_{n0}$ 中幅值较大者为基准，令 $\left| \dot{I}_{m0} \right| = \max(\left| \dot{I}_{m0} \right|, \left| \dot{I}_{n0} \right|)$，式（2-25）可表示为

$$\left| 1 + \frac{\dot{I}_{n0}}{\dot{I}_{m0}} \right| > k_0 \left| 1 - \frac{\dot{I}_{n0}}{\dot{I}_{m0}} \right| \tag{2-26}$$

令 $\dot{I}_{n0} / \dot{I}_{m0} = \rho_0$，式（2-26）可表示为

$$\left|1+\rho_0\right| > k_0\left|1-\rho_0\right| \tag{2-27}$$

以 $\rho_0 = x_0 + jy_0$ 的实部和虚部分别作为横轴和纵轴，构建复平面如图 2-26 所示。图中 ρ_0 在复平面上是单位圆，线路两侧电流 $\dot{I}_{m0}$、$\dot{I}_{n0}$ 之间的幅值和相位关系均在单位圆内，在单位圆内可以表征线路的不同工况。

（1）线路外部故障，两侧零序电流幅值相等 $\left|\dot{I}_{m0}\right| = \left|\dot{I}_{n0}\right|$，相位相差 180°，$\rho_0 = -1$；处于单位圆上（−1，0）处。当线路两侧电流互感器的误差不一致时，使得两侧零序电流幅值不再相等，相位相差偏离 180°，ρ_0 运行点落在单位圆（−1，0）附近区域。

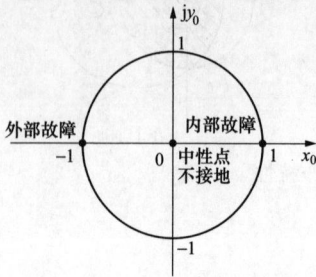

图 2-26　复平面上 ρ_0 的运行点

（2）线路内部故障时，ρ_0 的运行点位置与负荷电流无关，线路两侧电流方向接近相同，ρ_0 的运行点在单位圆内横轴的正方向，当线路两侧的电流幅值相等，$\left|\dot{I}_{m0}\right| = \left|\dot{I}_{n0}\right|$ 时，$\rho_0 = 1$，处于单位圆上（1，0）处。对于单侧系统中性点不接地情况，线路内部故障后，一侧电流接近 0，ρ_0 的运行点在单位圆内的原点（0，0）附近。

由于不受负荷电流的影响，线路内部故障后，ρ_0 的运行点位置在复平面的第一、四象限。

式（2-25）的通用形式可表示为

$$\left|\dot{I}_{m0} + \dot{I}_{n0}\right| > \left|k_{m0}\dot{I}_{m0} - k_{n0}\dot{I}_{n0}\right| \tag{2-28}$$

式中，$\dot{I}_{m0}$、$\dot{I}_{n0}$ 分别为线路两侧的电流相量；k_{m0} 和 k_{n0} 分别为 $\dot{I}_{m0}$、$\dot{I}_{n0}$ 的制动系数。

结合式（2-28），式（2-27）可表示为

$$\left|1+\rho_0\right| > \left|k_{m0} - k_{n0}\rho_0\right| \tag{2-29}$$

结合以上关于制动系数的分析，零序电流差动保护的动作边界与相电流差动保护类似，结合图 2-26，可获得式（2-24）的动作特性，如图 2-27 所示。

当 $k_{n0} = k_{m0} > 1$ 时，式（2-25）的动作特性如图 2-28 所示。动作边界为圆心为 $[-(1+k_n^2)/(1-k_n^2), 0]$，半径为 $2k_n/(k_n^2-1)$ 的圆。

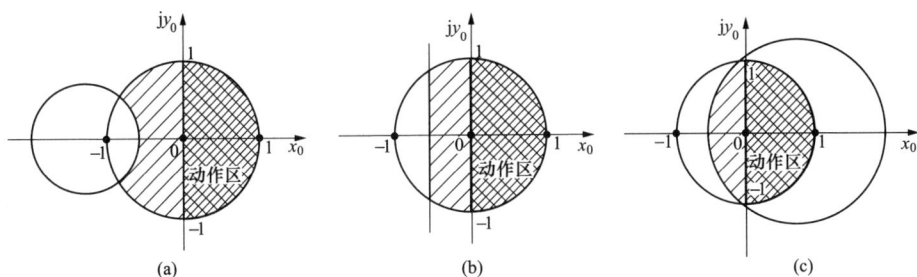

图 2-27 复平面上零序电流差动保护动作特性

(a) $k_{n0}<1$；(b) $k_{n0}=1$；(c) $k_{n0}>1$

对于突变量电流差动保护，保护判据为

$$\left|\Delta \dot{i}_{\mathrm{m}} + \Delta \dot{i}_{\mathrm{n}}\right| > k_{\Delta}\left|\Delta \dot{i}_{\mathrm{m}} - \Delta \dot{i}_{\mathrm{n}}\right| \qquad (2\text{-}30)$$

式中，$\Delta \dot{i}_{\mathrm{m}}$、$\Delta \dot{i}_{\mathrm{n}}$ 分别为线路两侧的突变量电流；k_{Δ} 为制动系数。

以 $\Delta \dot{i}_{\mathrm{m}}$、$\Delta \dot{i}_{\mathrm{n}}$ 中幅值较大者为基准，令 $\left|\Delta \dot{i}_{\mathrm{m}}\right| = \max(\left|\Delta \dot{i}_{\mathrm{m}}\right|,\left|\Delta \dot{i}_{\mathrm{n}}\right|)$，式（2-30）可表示为

$$\left|1 + \frac{\Delta \dot{i}_{\mathrm{n}}}{\Delta \dot{i}_{\mathrm{m}}}\right| > k_{\Delta}\left|1 - \frac{\Delta \dot{i}_{\mathrm{n}}}{\Delta \dot{i}_{\mathrm{m}}}\right| \qquad (2\text{-}31)$$

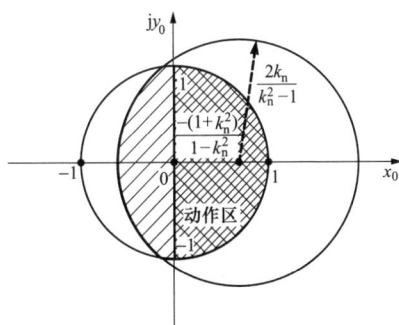

图 2-28 $k_{n0}=k_{m0}$ 时电流差动保护动作特性

令 $\Delta \dot{i}_{\mathrm{n}} / \Delta \dot{i}_{\mathrm{m}} = \rho_{\Delta}$，式（2-31）可表示为

$$\left|1 + \rho_{\Delta}\right| > k_{\Delta}\left|1 - \rho_{\Delta}\right| \qquad (2\text{-}32)$$

以 $\rho_{\Delta} = x_{\Delta} + \mathrm{j}y_{\Delta}$ 的实部和虚部分别作为横轴和纵轴，构建复平面如图 2-29 所示。图中 ρ_{Δ} 在复平面上是单位圆，线路两侧电流 $\Delta \dot{i}_{\mathrm{m}}$、$\Delta \dot{i}_{\mathrm{n}}$ 之间的幅值和相位关系均在单位圆内，在单位圆内可以表征线路的不同工况。

（1）线路外部故障，两侧突变量电流幅值相等 $\left|\Delta \dot{i}_{\mathrm{m}}\right| = \left|\Delta \dot{i}_{\mathrm{n}}\right|$，相位相差 180°，$\rho_{\Delta} = -1$；处于单位圆上（−1，0）处。当线路两侧电流互感器的误差不一致时，使得两侧突变量电流幅值不再相等，相位相差偏离 180°，ρ_{Δ} 运行点落在单位圆（−1，0）附近区域。

（2）线路内部故障时，ρ_{Δ} 的运行点位置与负荷电流无关，线路两侧突变量电流方向接近相同，ρ_{Δ} 的运行点在单位圆内横轴的正方向，当线路两侧的电流幅值相等 $\left|\Delta \dot{i}_{\mathrm{m}}\right| = \left|\Delta \dot{i}_{\mathrm{n}}\right|$ 时，$\rho_{\Delta} = 1$，处于单位圆上（1，0）处。

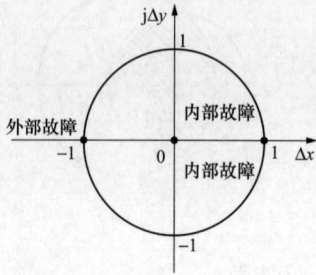

图 2-29   复平面上 ρ_Δ 的运行点

由于不受负荷电流的影响，线路内部故障后，ρ_Δ 的运行点位置在复平面的第一、四象限。

式（2-30）的通用形式可表示为

$$\left| \Delta \dot{i}_m + \Delta \dot{i}_n \right| > \left| k_{m\Delta} \Delta \dot{i}_m - k_{n\Delta} \Delta \dot{i}_n \right| \qquad (2\text{-}33)$$

式中，$\Delta \dot{i}_m$、$\Delta \dot{i}_n$ 分别为线路两侧的突变量电流相量；$k_{m\Delta}$ 和 $k_{n\Delta}$ 分别为 $\Delta \dot{i}_m$、$\Delta \dot{i}_n$ 的制动系数。

结合式（2-33），式（2-32）可表示为

$$\left| 1 + \rho_\Delta \right| > \left| k_{m\Delta} - k_{n\Delta} \rho_\Delta \right| \qquad (2\text{-}34)$$

结合以上关于制动系数的分析，突变量电流差动保护的动作边界与相电流差动保护类似，结合图 2-26，可获得式（2-34）的动作特性，如图 2-30 所示。

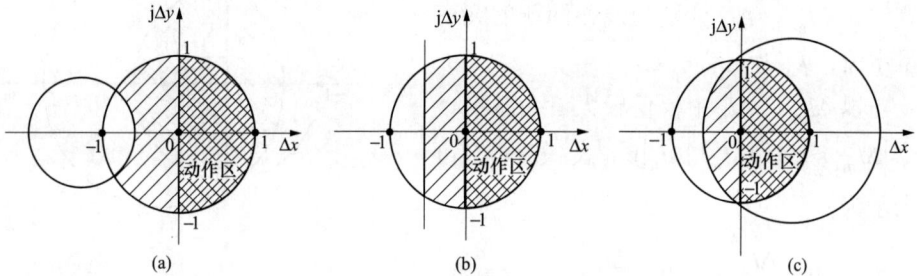

图 2-30   复平面上突变量电流差动保护动作特性

(a) $k_{n\Delta} < 1$；(b) $k_{n\Delta} = 1$；(c) $k_{n\Delta} > 1$

当 $k_{m\Delta} = k_{n\Delta} = 1$ 时，式（2-30）的动作特性如图 2-31 所示。动作边界是直线 $x = 0$。

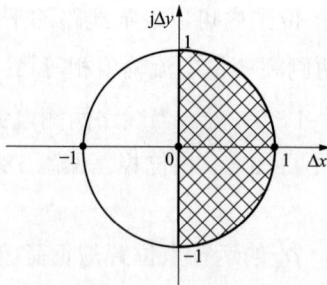

图 2-31 $k_{m\Delta} = k_{n\Delta} = 1$ 时电流差动保护动作特性

2.2.2　自适应电流差动保护原理

2.2.2.1　自适应电流差动保护原理一

自适应电流差动保护的保护判据如下

$$|\dot{I}_m + \dot{I}_n| > k\,|\,0.35\dot{I}_{max} - \dot{I}_{min}\,| \tag{2-35}$$

式中：$\dot{I}_{max}$ 为线路两侧电流中幅值较大的电流相量；$\dot{I}_{min}$ 为线路两侧电流中幅值较小的电流相量。

以 $\dot{I}_{max}$ 为基准值，令 $\rho_1 = \dot{I}_{min}/\dot{I}_{max}$，式（2-35）可表示为

$$|1 + \rho_1| > k\,|\,0.35 - \rho_1\,| \tag{2-36}$$

在复平面上，当 $k<1$ 时，式（2-35）的动作边界为圆心为 $[-(1+0.35k^2)/(1-k^2), 0]$，半径为 $(1.35k)/(1-k^2)$ 的圆，动作区域为圆外，如图 2-32 所示。

与图 2-25 相比，动作边界的圆心右移，动作半径减小，灵敏度提高，同时可靠性也相应提高。

将式（2-35）中的相电流用零序电流替代，可得自适应零序电流差动保护判据

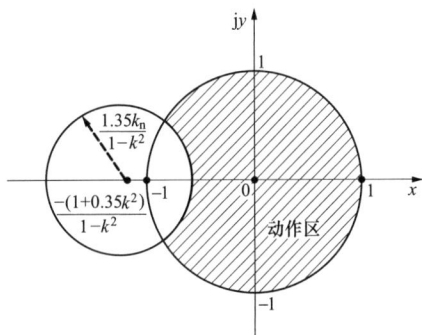

图 2-32　式（2-35）动作边界

$$|\dot{I}_{m0} + \dot{I}_{n0}| > k_0\,|\,0.35\dot{I}_{0max} - \dot{I}_{0min}\,| \tag{2-37}$$

式中，k_0 为制动系数。

将式（2-35）中的相电流用突变量电流替代，可得自适应突变量电流差动保护判据

$$|\Delta\dot{I}_m + \Delta\dot{I}_n| > k_\Delta\,|\,0.35\Delta\dot{I}_{max} - \Delta\dot{I}_{min}\,| \tag{2-38}$$

式中，k_Δ 为制动系数。

2.2.2.2　自适应电流差动保护原理二

自适应电流差动保护的保护判据如下

$$|\dot{I}_m + \dot{I}_n| > k \left| \frac{|\dot{I}_{\min}|}{|\dot{I}_{\max}|} \dot{I}_{\max} - \dot{I}_{\min} \right| \tag{2-39}$$

式中：$\dot{I}_{\max}$ 为线路两侧电流中幅值较大的电流相量；$\dot{I}_{\min}$ 为线路两侧电流中幅值较小的电流相量。

以 $\dot{I}_{\max}$ 为基准值，令 $\rho_1 = \dot{I}_{\min} / \dot{I}_{\max}$，则式（2-39）可表示为

$$|1 + \rho_1| > k \left| \frac{|\dot{I}_{\min}|}{|\dot{I}_{\max}|} - \rho_1 \right| \tag{2-40}$$

区内故障时，在复平面上，式（2-40）的动作边界为圆心为 $\left[-\left(1 + \frac{|\dot{I}_{\min}|}{|\dot{I}_{\max}|} k^2 \right) \right/$

$(1 - k^2), 0 \Big]$，半径为 $\left(\frac{|\dot{I}_{\min}|}{|\dot{I}_{\max}|} + 1 \right) k / (1 - k^2)$ 的圆，动作区域为圆外，如图 2-33（a）所

示。区外故障时，由于 $\frac{|\dot{I}_{\min}|}{|\dot{I}_{\max}|} = 1$，式（2-40）的动作边界为圆心为 $[-(1 + k^2) / (1 - k^2), 0]$，

半径为 $2k / (1 - k^2)$ 的圆，动作区域为圆外，与图 2-25 的动作边界相同，如图 2-33（b）所示。

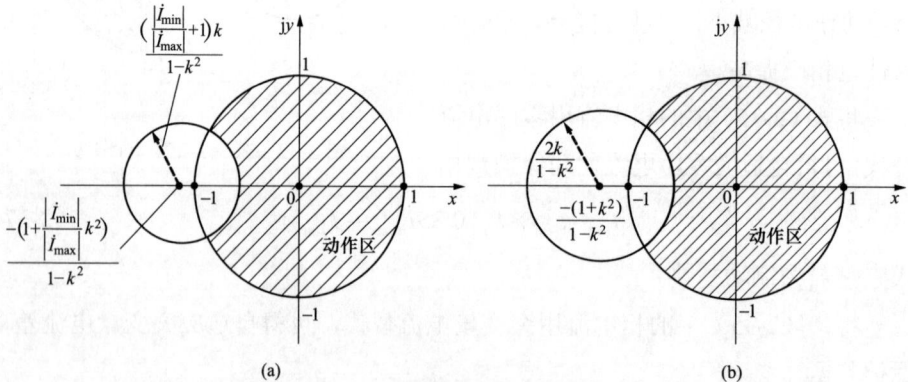

图 2-33 式（2-40）动作边界

（a）区内故障；（b）区外故障

相比图 2-25，线路内部故障时，自适应电流差动保护原理二灵敏度高于现有保护原理一，外部故障时，自适应电流差动保护原理二可靠性与现有保护原理一相同。

将式（2-39）中的相电流用零序电流替代，可得自适应零序电流差动保护判据

$$|\dot{I}_{m0}+\dot{I}_{n0}| > k_0 \left| \frac{|\dot{I}_{0\min}|}{|\dot{I}_{0\max}|} \dot{I}_{0\max} - \dot{I}_{0\min} \right| \qquad (2\text{-}41)$$

式中，k_0 为制动系数。

将式（2-39）中的相电流用突变量电流替代，可得自适应突变量电流差动保护判据

$$|\Delta\dot{i}_m+\Delta\dot{i}_n| > k_\Delta \left| \frac{|\dot{I}_{0\min}|}{|\dot{I}_{0\max}|} \Delta\dot{i}_{\max} - \Delta\dot{i}_{\min} \right| \qquad (2\text{-}42)$$

式中，k_Δ 为制动系数。

2.2.2.3　仿真结果

利用 RTDS 建立了仿真模型（如图 2-5 所示）验证判据 I 的动作性能。

（1）内部故障。电流差动保护的灵敏度用差动电流与制动电流之间的比值表示。

1）单相接地故障。图 2-34 为 F 点发生 A 相金属性接地故障时自适应电流差动保护原理仿真结果，由图可知，针对故障相 A 相，现有判据制动电流最大，自适应电流差动保护原理二制动电流最小，针对非故障相 B 相和 C 相，现有判据制动电流与自适应电流差动保护原理二制动电流大小相同。

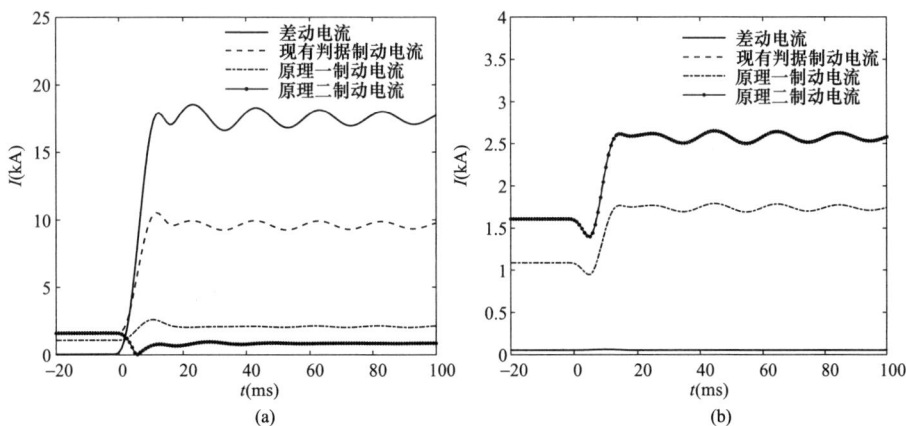

图 2-34　区内单相接地故障仿真结果（一）

（a）A 相仿真结果；（b）B 相仿真结果

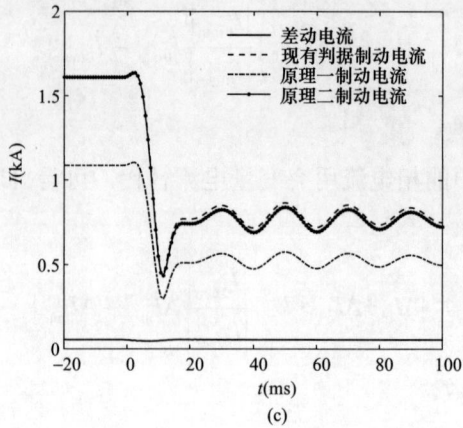

图 2-34   区内单相接地故障仿真结果（二）

（c）C 相仿真结果

图 2-35 为故障相 A 相电流差动保护的灵敏度，灵敏度用差动电流与制动电流之间的比值表示，图中自适应电流差动保护原理二的灵敏度最高。

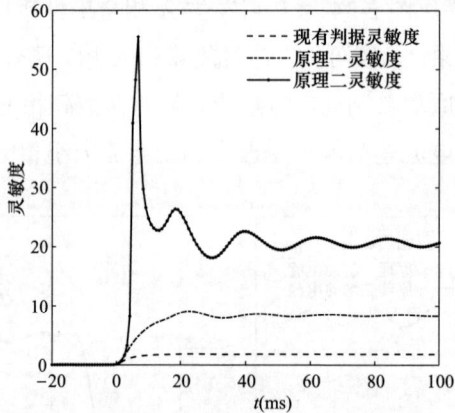

图 2-35   故障相灵敏度

2）不同过渡电阻。图 2-36 为 F 点发生 A 相经 500Ω 过渡电阻故障时自适应突变量电流差动保护原理仿真结果，由图可知，针对故障相 A 相，现有判据突变量制动电流最大，自适应突变量电流差动保护原理二制动电流最小，针对非故障相 B 相和 C 相，现有判据制动电流与自适应电流差动保护原理二制动电流大小相同。

(a)

(b)

(c)

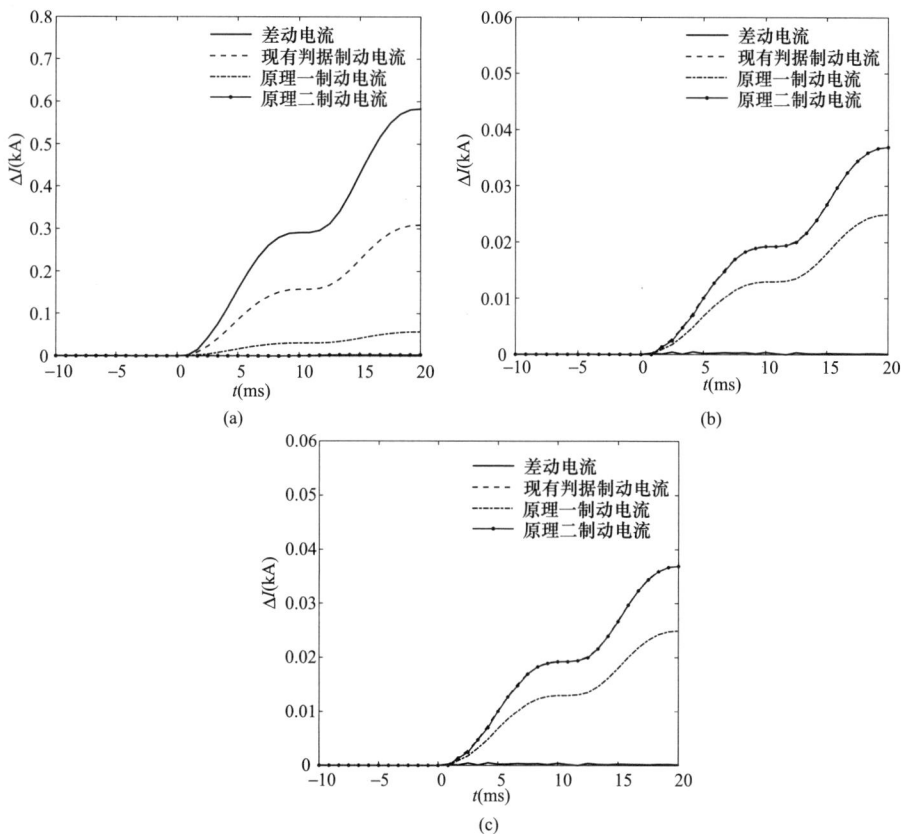

图 2-36　过渡电阻故障突变量判据仿真结果

（a）A 相仿真结果；（b）B 相仿真结果；（c）C 相仿真结果

图 2-37 为 F 点发生 A 相经 500Ω 过渡电阻故障时自适应零序电流差动保护原理仿真结果，图中，故障时刻为 0ms。由图可知，现有判据零序制动电流最大，自适应零序电流差动保护原理二制动电流最小。

3）不同负荷电流。图 2-38 为不同负荷电流情况下，F 点发生 A 相金属性接地故障时自适应电流差动保护原理仿真结果，图中，故障时刻为 0ms。由

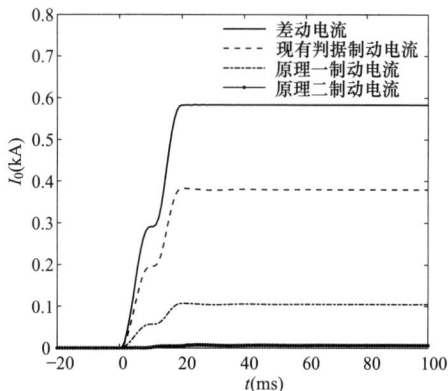

图 2-37　过渡电阻故障零序判据仿真结果

图可知，针对故障相 A 相，负荷电流增大后，差动电流变化不大，制动电流增大，在相同工况下自适应电流差动保护原理二制动电流最小。

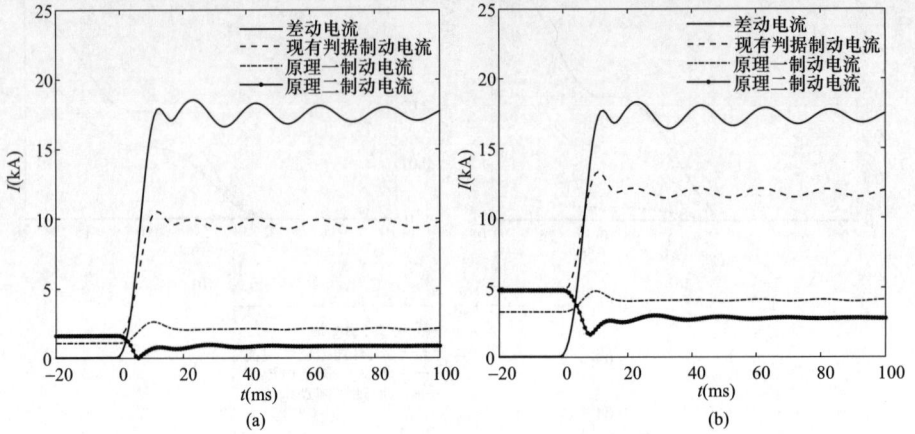

图 2-38   不同负荷电流情况下故障相仿真结果

（a）负荷电流 1kA；（b）负荷电流 3kA

图 2-39 为故障相 A 相电流差动保护的灵敏度，灵敏度用差动电流与制动电流之间的比值表示，由图 2-39 可知，负荷电流增大后，电流差动保护的灵敏度下降，在相同工况下自适应电流差动保护原理二灵敏度最高。

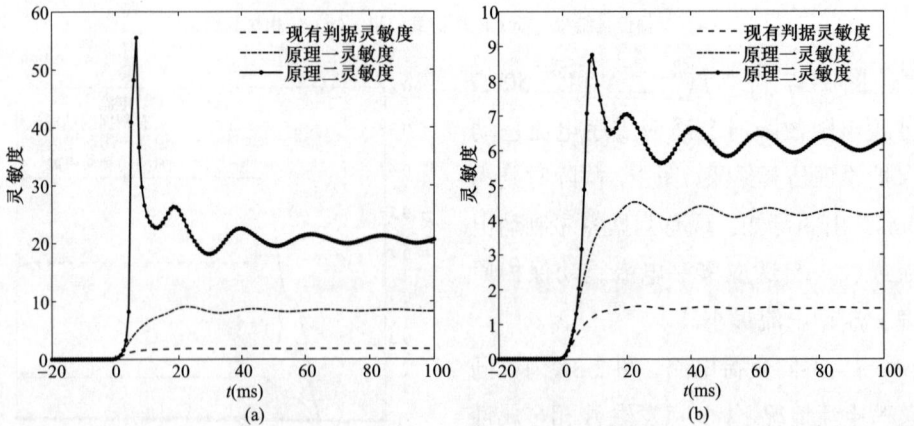

图 2-39   不同负荷电流情况下故障相灵敏度

（a）负荷电流 1kA；（b）负荷电流 3kA

（2）外部故障。

单相接地故障。图 2-40 为母线点发生 A 相金属性接地故障时自适应电流差动保护原理仿真结果，图中，故障时刻为 0ms。由图可知，现有判据制动电流与自适应电流差动保护原理二制动电流大小相同。

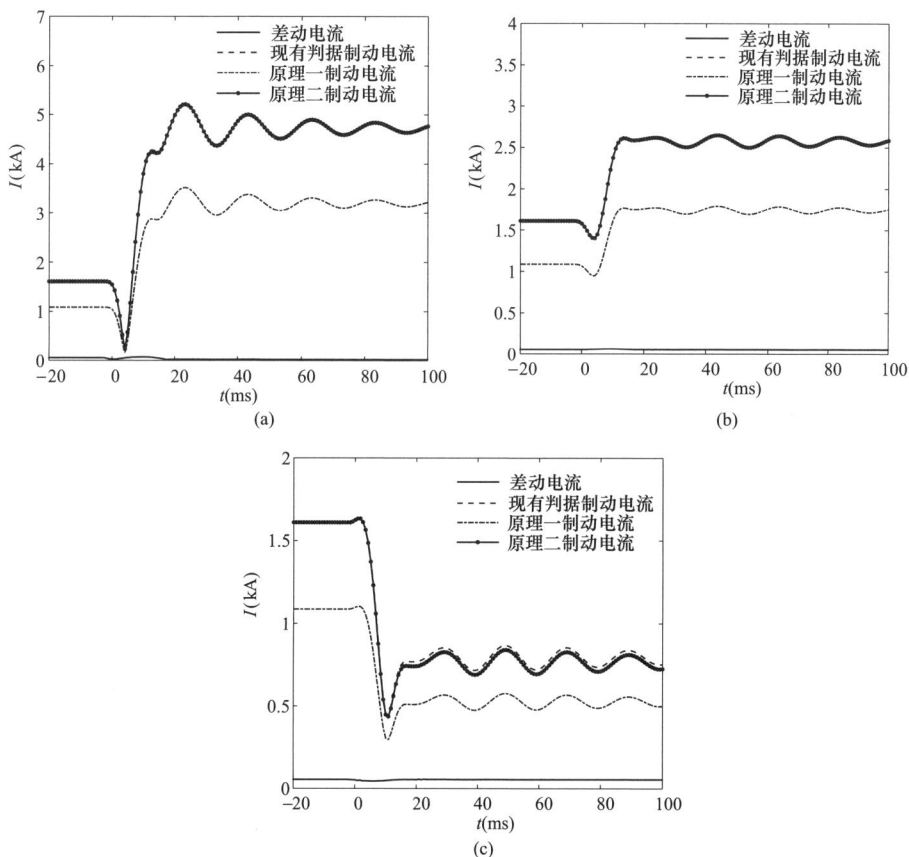

图 2-40　区外单相接地故障仿真结果

（a）A 相仿真结果；（b）B 相仿真结果；（c）C 相仿真结果

图 2-41 为电流差动保护的可靠性，可靠性用制动电流与差动电流之间的比值表示，由图可知，图中现有判据制动电流与自适应电流差动保护原理二的可靠性相同。

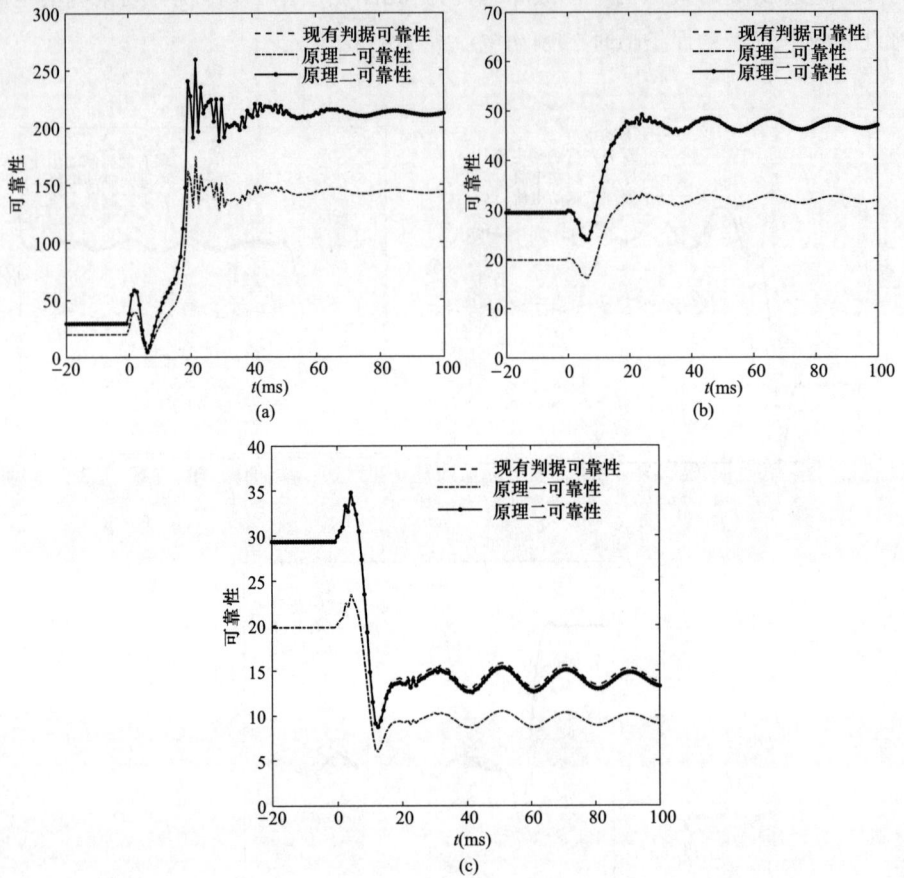

图 2-41　区外故障可靠性

（a）A 相仿真结果；（b）B 相仿真结果；（c）C 相仿真结果

　　将式（2-35）和式（2-39）中的相电流用突变量电流替代，可得自适应突变量电流差动保护仿真结果，如图 2-42 所示，故障时刻为 0ms。由图可知，现有判据制动电流与自适应电流差动保护原理二制动电流大小相同。

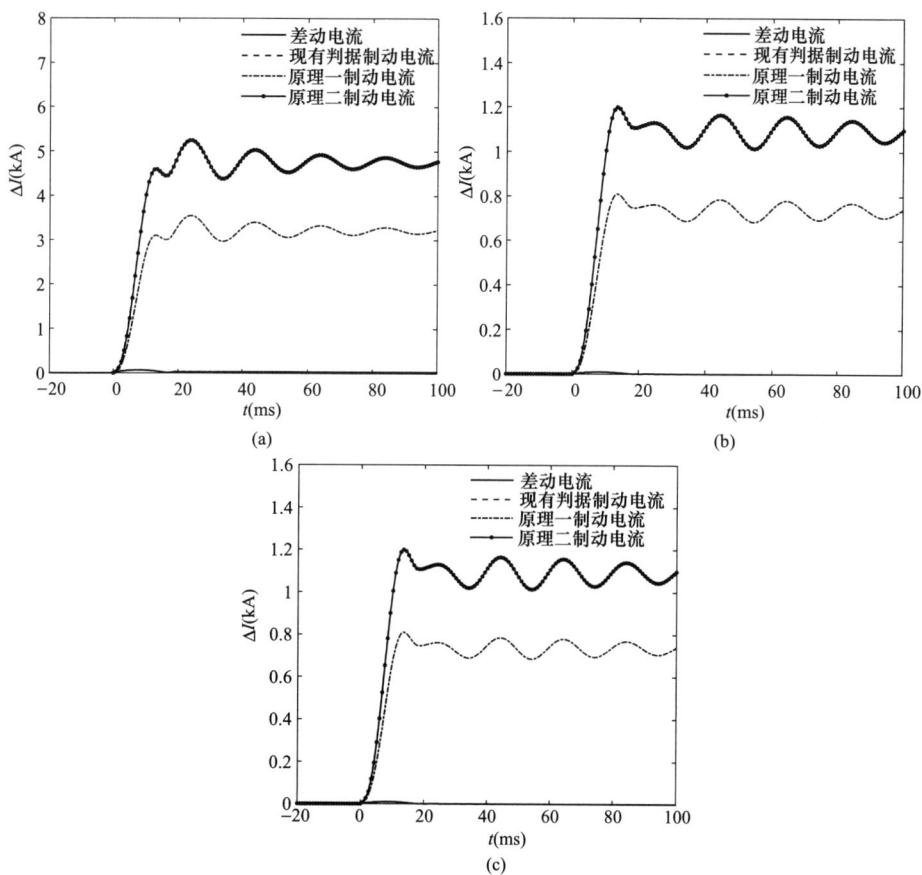

图 2-42　区外单相接地故障突变量判据仿真结果

（a）A 相仿真结果；（b）B 相仿真结果；（c）C 相仿真结果

将式（2-35）和式（2-39）中的相电流用零序电流替代，可得自适应零序电流差动保护仿真结果，如图 2-43 所示，故障时刻为 0ms。由图可知，现有判据零序制动电流与自适应零序电流差动保护原理二制动电流相同。

由上述分析可知，自适应电流差动保护原理二大幅提高了区内故障的灵敏度，同时对区外故障的可靠性没有影响。

本节提出了一种基于虚拟电流制动量的电流差动保护，利用两侧电流幅值比与相位关系构造虚拟制动电流，根据故障后电流自动调整制动电流的大小，在线路区外故障可靠性不降低的前提下，显著提高了线路区内故障时电流差动保护的灵敏度。

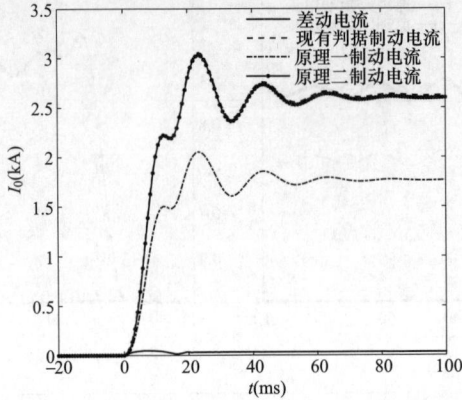

图 2-43　区外单相接地故障突变量判据仿真结果

2.3　零序电流差动保护选相原理

2.3.1　零序电流差动保护及选相元件作用

零序电流差动保护主要作用是切除输电线路发生经较大故障电阻接地故障，尤其是单相接地故障。零序电流差动保护具有不受负荷电流影响，识别接地故障灵敏度高等优点。零序电流差动保护的动作判据如式（2-43）所示

$$\left| \dot{I}_{m0} + \dot{I}_{n0} \right| > k_0 \left| \dot{I}_{m0} - \dot{I}_{n0} \right| \tag{2-43}$$

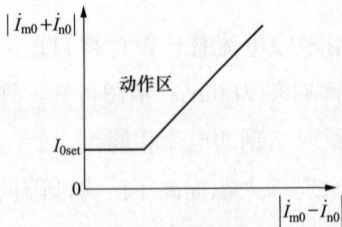

图 2-44　零序电流差动保护的动作特性曲线

式中，$\dot{I}_{m0}$、$\dot{I}_{n0}$ 分别为输电线路两侧的零序电流；k_0 为制动系数。

零序电流差动保护的动作特性如图 2-44 所示。图中，I_{0set} 为差动保护的动作门槛，曲线上方为零序电流差动保护的动作区。

由于 $\dot{I}_{m0} = (\dot{I}_{mA} + \dot{I}_{mB} + \dot{I}_{mC})/3$，$\dot{I}_{n0} = (\dot{I}_{nA} + \dot{I}_{nB} + \dot{I}_{nC})/3$，零序电流差动保护可以识别接地故障，但是无法确定故障

相别，需要利用选相元件确定故障相，实现单相接地故障时进行单相重合闸，快速恢复供电。常用的零序电流差动保护选相元件动作判据如式（2-44）所示

$$\left|\dot{I}_{\mathrm{m}\varphi}+\dot{I}_{\mathrm{n}\varphi}\right|>k\left|\dot{I}_{\mathrm{m}\varphi}-\dot{I}_{\mathrm{n}\varphi}\right| \tag{2-44}$$

式中，$\dot{I}_{\mathrm{m}\varphi}$、$\dot{I}_{\mathrm{n}\varphi}$ 分别为输电线路两侧的相电流；$\varphi=\mathrm{A}$，B，C；k 为制动系数。

根据故障叠加定理，式（2-44）可表示为

$$\left|\Delta\dot{I}_{\mathrm{m}\varphi}+\Delta\dot{I}_{\mathrm{n}\varphi}\right|>k\left|\Delta\dot{I}_{\mathrm{m}\varphi}-\Delta\dot{I}_{\mathrm{n}\varphi}+2\dot{I}_{\mathrm{load}}\right| \tag{2-45}$$

式中，$\Delta\dot{I}_{\mathrm{m}\varphi}$、$\Delta\dot{I}_{\mathrm{n}\varphi}$ 分别为输电线路两侧的相故障分量电流，$\dot{I}_{\mathrm{m}\varphi}=\Delta\dot{I}_{\mathrm{m}\varphi}+\dot{I}_{\mathrm{load}}$、$\dot{I}_{\mathrm{n}\varphi}=\Delta\dot{I}_{\mathrm{n}\varphi}-\dot{I}_{\mathrm{load}}$；$\dot{I}_{\mathrm{load}}$ 为输电线路负荷电流。

可见，故障选相元件式（2-45）受负荷电流影响，对于重负荷线路，$\dot{I}_{\mathrm{load}}$ 较大，线路发生经故障电阻接地故障时，动作量 $\left|\Delta\dot{I}_{\mathrm{m}\varphi}+\Delta\dot{I}_{\mathrm{n}\varphi}\right|$ 较小，制动量 $k\left|\Delta\dot{I}_{\mathrm{m}\varphi}-\Delta\dot{I}_{\mathrm{n}\varphi}+2\dot{I}_{\mathrm{load}}\right|$ 较大，导致选相元件无法识别故障相，零序电流差动保护切除三相线路，导致单相重合闸失败，影响供电可靠性。

2.3.2　单相接地故障时正序、负序和零序差动电流特征

2.3.2.1　对称分量法

利用对称分量法，可将 A、B、C 相电气量转换为正序、负序和零序分量，其中以 A 相为基准的正序、负序和零序电流为

$$\begin{cases} \dot{I}_{\mathrm{A}1}=\dfrac{1}{3}(\dot{I}_{\mathrm{FA}}+a^2\dot{I}_{\mathrm{FB}}+a\dot{I}_{\mathrm{FC}}) \\[2mm] \dot{I}_{\mathrm{A}2}=\dfrac{1}{3}(\dot{I}_{\mathrm{FA}}+a\dot{I}_{\mathrm{FB}}+a^2\dot{I}_{\mathrm{FC}}) \\[2mm] \dot{I}_{\mathrm{A}0}=\dfrac{1}{3}(\dot{I}_{\mathrm{FA}}+\dot{I}_{\mathrm{FB}}+\dot{I}_{\mathrm{FC}}) \end{cases} \tag{2-46}$$

式中，$a=-\dfrac{1}{2}+\mathrm{j}\dfrac{\sqrt{3}}{2}$，$a^2=-\dfrac{1}{2}-\mathrm{j}\dfrac{\sqrt{3}}{2}$。

以 B 相为基准的正序、负序和零序电流为

$$\begin{cases} \dot{I}_{B1} = \dfrac{1}{3}(\dot{I}_{FB} + a^2\dot{I}_{FC} + a\dot{I}_{FA}) \\[2mm] \dot{I}_{B2} = \dfrac{1}{3}(\dot{I}_{FB} + a\dot{I}_{FC} + a^2\dot{I}_{FA}) \\[2mm] \dot{I}_{B0} = \dfrac{1}{3}(\dot{I}_{FA} + \dot{I}_{FB} + \dot{I}_{FC}) \end{cases} \tag{2-47}$$

以 C 相为基准的正序、负序和零序电流为

$$\begin{cases} \dot{I}_{C1} = \dfrac{1}{3}(\dot{I}_{FC} + a^2\dot{I}_{FA} + a\dot{I}_{FB}) \\[2mm] \dot{I}_{C2} = \dfrac{1}{3}(\dot{I}_{FC} + a\dot{I}_{FA} + a^2\dot{I}_{FB}) \\[2mm] \dot{I}_{C0} = \dfrac{1}{3}(\dot{I}_{FA} + \dot{I}_{FB} + \dot{I}_{FC}) \end{cases} \tag{2-48}$$

以 A、B、C 相为基准的正序、负序及零序电流相位关系如图 2-45 所示。

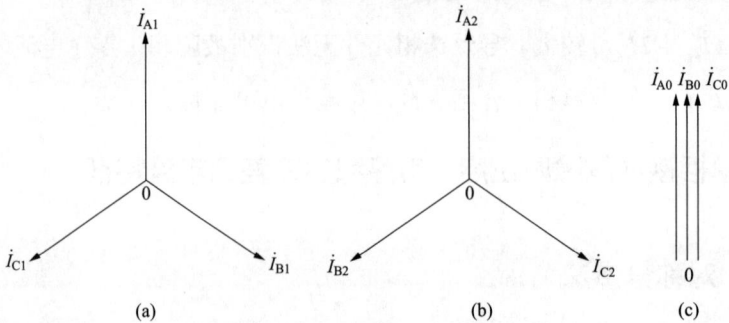

图 2-45　正序、负序及零序电流相位关系
（a）正序；（b）负序；（c）零序

2.3.2.2　单相接地故障

零序电流差动保护选相元件的任务是准确识别接地故障的故障相，首先分析输电线路发生不同类型接地故障时的序电流特征。

输电线路发生单相接地故障时，见图 2-46（以 A 相接地为例），故障点处相电流满足以下关系

$$\dot{I}_{FB} = 0, \dot{I}_{FC} = 0 \tag{2-49}$$

利用对称分量法，故障点处以 A 相为基准的序分量满足以下关系

$$\dot{I}_{A1} = \dot{I}_{A2} = \dot{I}_{A0} \tag{2-50}$$

输电线路发生单相接地故障时的故障等值网络如图 2-47 所示。

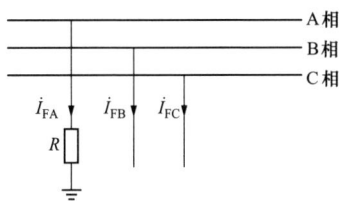

图 2-46　线路单相接地故障示意图　　　图 2-47　线路单相接地故障等值序网

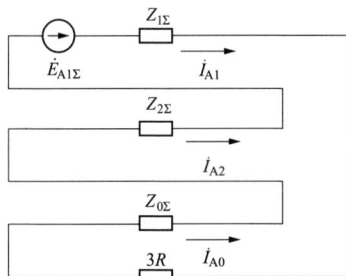

$\dot{I}_{A1}$、$\dot{I}_{A2}$、$\dot{I}_{A0}$ 相位关系如图 2-48 所示。

$\dot{I}_{B1}$、$\dot{I}_{B2}$、$\dot{I}_{B0}$ 相位关系如图 2-49 所示。

$\dot{I}_{C1}$、$\dot{I}_{C2}$、$\dot{I}_{C0}$ 相位关系如图 2-50 所示。

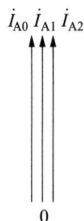

图 2-48　$\dot{I}_{A1}$、$\dot{I}_{A2}$、$\dot{I}_{A0}$ 相　　图 2-49　$\dot{I}_{B1}$、$\dot{I}_{B2}$、$\dot{I}_{B0}$ 相　　图 2-50　$\dot{I}_{C1}$、$\dot{I}_{C2}$、$\dot{I}_{C0}$
位关系（A 相接地）　　　位关系（A 相接地）　　　相位关系（A 相接地）

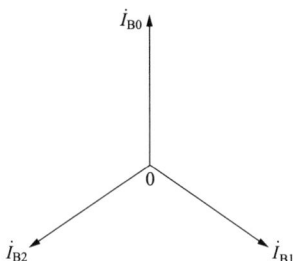

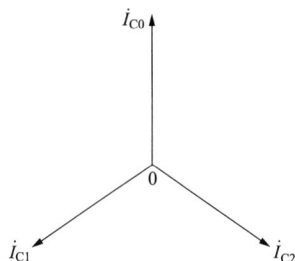

根据以上分析，线路发生单相接地故障时，故障点处故障相正序、负序及零序电流大小相等、方向相同，不受过渡电阻影响，三序电流差为 0；非故障相正序、负序及零序电流大小相等，相位相差 120°。

故障点处序电流与故障电阻之间的关系如下

$$\dot{I}_{A1} = \dot{I}_{A2} = \dot{I}_{A0} = \frac{\dot{E}_{A1\Sigma}}{Z_{1\Sigma} + Z_{2\Sigma} + Z_{0\Sigma} + 3R} \tag{2-51}$$

式中，$\dot{E}_{A1\Sigma}$ 为等值电源；$Z_{1\Sigma}$、$Z_{2\Sigma}$、$Z_{0\Sigma}$ 为等值阻抗；R 为故障电阻。

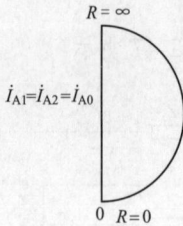

故障点处序电流随故障电阻的变化轨迹如图 2-51 所示，可见故障点处的正序、负序和零序电流的幅值与相位关系不受故障电阻的影响。

利用线路两侧的序电流可以计算出故障点处的序电流，计算公式如下

图 2-51　故障点处序电流随故障电阻的变化轨迹（A 相接地）

$$\begin{cases} \dot{I}_{\varphi1}=\dot{I}_{m\varphi1}+\dot{I}_{n\varphi1} \\ \dot{I}_{\varphi2}=\dot{I}_{m\varphi2}+\dot{I}_{n\varphi2} \\ \dot{I}_{\varphi0}=\dot{I}_{m\varphi0}+\dot{I}_{n\varphi0} \end{cases} \quad (2-52)$$

式中，$\dot{I}_{m\varphi1}$、$\dot{I}_{n\varphi1}$ 分别为线路两侧的正序电流；$\dot{I}_{m\varphi2}$、$\dot{I}_{n\varphi2}$ 分别为线路两侧的负序电流；$\dot{I}_{m\varphi0}$、$\dot{I}_{n\varphi0}$ 分别为线路两侧的零序电流，φ=A，B，C。

2.3.2.3　两相接地故障

以 BC 相经过渡电阻接地为例，故障点处相电流满足以下关系

$$\dot{I}_{FA} = 0 \quad (2-53)$$

故障点处以 A 相为基准的序分量满足以下关系

$$\dot{I}_{A1} = \dot{I}_{A2} + \dot{I}_{A0} \quad (2-54)$$

等值序网如图 2-52 所示。

故障电阻为 0Ω 时，故障点处以 A 相为基准的序分量满足以下关系

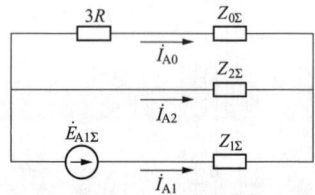

图 2-52　线路 BC 相接地故障等值序网

$$\begin{cases} \dot{I}_{A1} = \dfrac{\dot{E}_{A1\Sigma}}{Z_{1\Sigma}+[Z_{2\Sigma}//(Z_{0\Sigma}+3R)]} \\ \dot{I}_{A2} = \dfrac{\dot{E}_{A1\Sigma}}{Z_{1\Sigma}+[Z_{2\Sigma}//(Z_{0\Sigma}+3R)]} \times \dfrac{Z_{0\Sigma}+3R}{Z_{2\Sigma}+Z_{0\Sigma}+3R} \\ \dot{I}_{A0} = \dfrac{\dot{E}_{A1\Sigma}}{Z_{1\Sigma}+[Z_{2\Sigma}//(Z_{0\Sigma}+3R)]} \times \dfrac{Z_{2\Sigma}}{Z_{2\Sigma}+Z_{0\Sigma}+3R} \end{cases} \quad (2-55)$$

BC 相接地故障时，以 A 相为基准的正、负、零序的相量关系如图 2-53 所示。随着过渡电阻的增大，$\dot{I}_{A1}$、$\dot{I}_{A2}$、$\dot{I}_{A0}$ 沿圆弧运动，$\dot{I}_{A1}$、$\dot{I}_{A0}$ 逐渐减小，$\dot{I}_{A2}$

逐渐增大，当过渡电阻为无穷大（两相短路）时，$\dot{I}_{A1}=-\dot{I}_{A2}$，$\dot{I}_{A0}=0$。

BC 相经过渡电阻接地时，B 相正、负、零序的相量关系如图 2-54 所示。随着过渡电阻的增加，$\dot{I}_{B1}$、$\dot{I}_{B0}$ 逐渐减小，$\dot{I}_{B2}$ 逐渐增大，当过渡电阻为无穷大（两相短路）时，$\dot{I}_{B2}=e^{i\pi/3}\dot{I}_{B1}$，$\dot{I}_{B0}=0$。

BC 相经过渡电阻接地时，C 相正、负、零序的相量关系如图 2-55 所示。随着过渡电阻的增加，$\dot{I}_{C1}$、$\dot{I}_{C0}$ 逐渐减小，$\dot{I}_{C2}$ 逐渐增大；当过渡电阻为无穷大（两相短路）时，$\dot{I}_{C1}=e^{i\pi/3}\dot{I}_{C2}$，$\dot{I}_{C0}=0$。

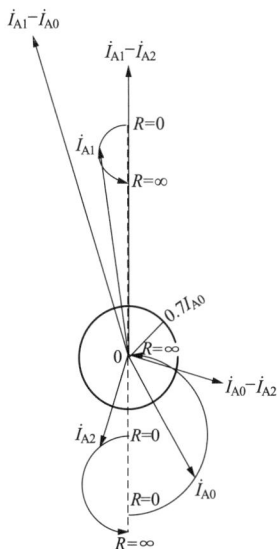

图 2-53　BC 相经过渡电阻接地
A 相电流相量图

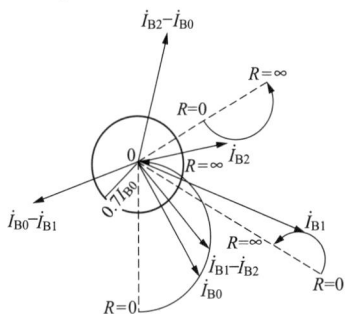

图 2-54　BC 相经过渡电阻接地
B 相电流相量图

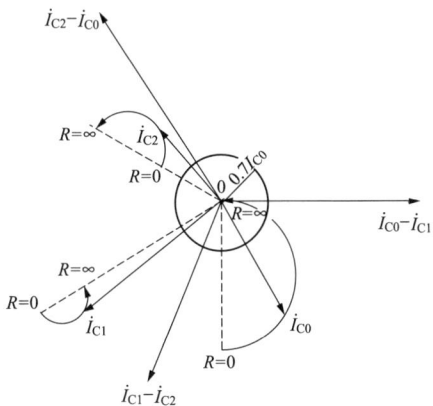

图 2-55　BC 相经过渡电阻接地
C 相电流相量图

2.3.3　零序电流差动保护选相方法

2.3.3.1　基于正、负、零序差流分量的选相元件

根据以上故障特征，提出了基于故障点处三序差流的选相元件，该选相元件适用于输电线路零序电流差动保护，主要功能是选出单相接地故障时的故障相，其中零序电流差动保护动作是本选相方法的必要条件，即只有零序电流差动保护动作，本选相结果才有效。

选相元件的判据为

$$\begin{cases} |\dot{I}_{\varphi 1} - \dot{I}_{\varphi 0}| < 0.7 I_{\varphi 0} \\ |\dot{I}_{\varphi 2} - \dot{I}_{\varphi 0}| < 0.7 I_{\varphi 0} \\ |\dot{I}_{\varphi 1} - \dot{I}_{\varphi 2}| < 0.7 I_{\varphi 0} \end{cases} \tag{2-56}$$

式中，$\dot{I}_{\varphi 0}$、$\dot{I}_{\varphi 1}$、$\dot{I}_{\varphi 2}$ 分别为零序差动电流、正序差动电流、负序差动电流，φ = A，B，C。

（1）单相接地故障（以 A 相接地故障为例）。

故障点处 A 相电流满足以下关系

$$\begin{cases} |\dot{I}_{A1} - \dot{I}_{A2}| = 0 \\ |\dot{I}_{A1} - \dot{I}_{A0}| = 0 \\ |\dot{I}_{A2} - \dot{I}_{A0}| = 0 \end{cases} \tag{2-57}$$

故障点处 B 相电流满足以下关系

$$\begin{cases} |\dot{I}_{B1} - \dot{I}_{B2}| = |(a^2 - a)\dot{I}_{A0}| = \sqrt{3} I_{A0} \\ |\dot{I}_{B1} - \dot{I}_{B0}| = |(a^2 - 1)\dot{I}_{A0}| = \sqrt{3} I_{A0} \\ |\dot{I}_{B2} - \dot{I}_{B0}| = |(a - 1)\dot{I}_{A0}| = \sqrt{3} I_{A0} \end{cases} \tag{2-58}$$

故障点处 C 相电流满足以下关系

$$\begin{cases} |\dot{I}_{C1} - \dot{I}_{C2}| = |(a - a^2)\dot{I}_{A0}| = \sqrt{3} I_{A0} \\ |\dot{I}_{C1} - \dot{I}_{C0}| = |(a - 1)\dot{I}_{A0}| = \sqrt{3} I_{A0} \\ |\dot{I}_{C2} - \dot{I}_{C0}| = |(a^2 - 1)\dot{I}_{A0}| = \sqrt{3} I_{A0} \end{cases} \tag{2-59}$$

综上，故障相 A 相满足式（2-56）的选相判据，非故障相（B、C 相）不满足选相判据。

（2）两相接地故障（BC 相接地故障为例）。

故障电阻为 0Ω 时，故障点处 A 相电流满足以下关系

$$\begin{cases} |\dot{I}_{A1} - \dot{I}_{A2}| = I_{A0} |1 + 2(Z_{0\Sigma} / Z_{2\Sigma})| \\ |\dot{I}_{A1} - \dot{I}_{A0}| = I_{A0} |2 + (Z_{0\Sigma} / Z_{2\Sigma})| \\ |\dot{I}_{A2} - \dot{I}_{A0}| = I_{A0} |(Z_{0\Sigma} / Z_{2\Sigma}) - 1| \end{cases} \quad (2\text{-}60)$$

由于 $\dot{I}_{A1}$ 与 $\dot{I}_{A0}$ 的夹角大于 90°，所以 $|\dot{I}_{A1} - \dot{I}_{A0}| > I_{A0}$。类似地，$|\dot{I}_{A1} - \dot{I}_{A2}| > I_{A0}$。

故障点处 B 相电流满足以下关系

$$\begin{cases} |\dot{I}_{B1} - \dot{I}_{B2}| = I_{A0} |a^2 - Z_{0\Sigma} / Z_{2\Sigma}| \\ |\dot{I}_{B1} - \dot{I}_{B0}| = I_{A0} |a - a^2(Z_{0\Sigma} / Z_{2\Sigma})| \\ |\dot{I}_{B2} - \dot{I}_{B0}| = I_{A0} |a(Z_{0\Sigma} / Z_{2\Sigma}) - 1| \end{cases} \quad (2\text{-}61)$$

故障点处 C 相电流满足以下关系

$$\begin{cases} |\dot{I}_{C1} - \dot{I}_{C2}| = I_{A0} |a - Z_{0\Sigma} / Z_{2\Sigma}| \\ |\dot{I}_{C1} - \dot{I}_{C0}| = I_{A0} |a^2 - a(Z_{0\Sigma} / Z_{2\Sigma})| \\ |\dot{I}_{C2} - \dot{I}_{C0}| = I_{A0} |a^2(Z_{0\Sigma} / Z_{2\Sigma}) - 1| \end{cases} \quad (2\text{-}62)$$

由于 $\dot{I}_{C2}$ 与 $\dot{I}_{C0}$ 的夹角大于 90°，所以 $|\dot{I}_{C2} - \dot{I}_{C0}| > I_{C0}$。由式（2-60）～式（2-62）可得，两相金属性接地时，三相均不满足式（2-56）。

根据图 2-54 和图 2-55，两相经故障电阻接地时，随着故障电阻的增大，$I_{0\Sigma}$ 不断减小，非故障相 A 相的 $\dot{I}_{A1}$ 与 $\dot{I}_{A0}$、$\dot{I}_{A2}$ 夹角大于 90°，$|\dot{I}_{A1} - \dot{I}_{A0}| > 0.7I_{A0}$ 且 $|\dot{I}_{A1} - \dot{I}_{A2}| > 0.7I_{A0}$，故障滞后相 C 相的 $\dot{I}_{C2}$ 与 $\dot{I}_{C0}$ 夹角大于 90°，$|\dot{I}_{C2} - \dot{I}_{C0}| > 0.7I_{C0}$，对于故障超前相 B 相

$$|\dot{I}_{B1} - \dot{I}_{B2}| = \left| -\frac{1}{2} \frac{\dot{U}_{FA[0]}}{Z_{1\Sigma}} - j\frac{\sqrt{3}}{2} \frac{\dot{U}_{FA[0]}}{6R + 2Z_{0\Sigma} + Z_{1\Sigma}} \right| \quad (2\text{-}63)$$

$$0.7I_{B0} = 0.7 \left| -\frac{\dot{U}_{FA[0]}}{6R + 2Z_{0\Sigma} + Z_{1\Sigma}} \right| \quad (2\text{-}64)$$

式中，$\dot{U}_{FA[0]}$ 为故障点 A 相故障前电压；R 为故障电阻；$Z_{1\Sigma}$ 为正序阻抗；$Z_{0\Sigma}$ 为零序阻抗。

比较式（2-63）和式（2-64）可得，$|\dot{I}_{B1} - \dot{I}_{B2}| > 0.7I_{B0}$。即两相经过渡电阻接地时，三相均不同时满足式（2-56）。

该选相判据具有以下特点：

（1）任何接地故障不可能选中两相，选中相一定是故障电流最大相。

（2）准确选中单相接地故障相。

（3）任何接地故障不可能选中非故障相。

（4）不可能选中两相金属性接地故障。

2.3.3.2 基于序分量差流幅值及相位的选相元件

基于序分量差流幅值及相位的选相元件的判据如下

$$\begin{cases} \left| \dot{I}_{\varphi 2} - \dot{I}_{\varphi 0} \right| < 0.7 I_{\varphi 0} \\ -45° < \arg \dfrac{\dot{I}_{\varphi 1}}{\dot{I}_{\varphi 2}} < 75° \end{cases} \tag{2-65}$$

式中：$\dot{I}_{\varphi 0}$、$\dot{I}_{\varphi 1}$、$\dot{I}_{\varphi 2}$ 分别为零序差动电流、正序差动电流、负序差动电流，φ=A，B，C。

判据分别利用故障点处负序及零序差流幅值关系、故障点处负序及正序电流相位关系。式（2-65）的动作逻辑如图 2-56 所示。

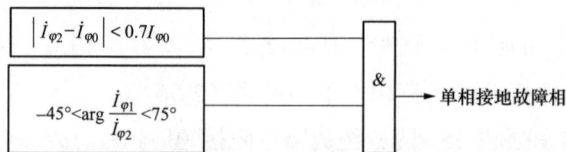

图 2-56 式（2-65）的动作逻辑

（1）单相接地故障。

以 A 相接地为例，故障点处 A 相电流满足以下关系

$$\begin{cases} \left| \dot{I}_{A2} - \dot{I}_{A0} \right| = 0 \\ \arg \dfrac{\dot{I}_{A1}}{\dot{I}_{A2}} = 0 \end{cases} \tag{2-66}$$

满足式（2-65）选相判据。

故障点处 B 相电流满足以下关系

$$\begin{cases} \left| \dot{I}_{B2} - \dot{I}_{B0} \right| > 0.7 I_{B0} \\ \arg \dfrac{\dot{I}_{B1}}{\dot{I}_{B2}} = 120° \end{cases} \tag{2-67}$$

不满足式（2-65）选相判据。

故障点处 C 相电流满足以下关系

$$
\begin{cases}
\left| \dot{I}_{C2} - \dot{I}_{C0} \right| > 0.7 I_{C0} \\[2mm]
\arg \dfrac{\dot{I}_{C1}}{\dot{I}_{C2}} = -120°
\end{cases}
\tag{2-68}
$$

不满足式（2-65）选相判据。

综上，单相接地故障时选相元件可以正确选出故障相。

（2）两相接地故障。

以 BC 相接地故障为例，当故障电阻为 0Ω 时，故障点处 A 相电流满足以下关系

$$
\begin{cases}
\left| \dot{I}_{A2} - \dot{I}_{A0} \right| < 0.7 I_{A0} \\[2mm]
\arg \dfrac{\dot{I}_{A1}}{\dot{I}_{A2}} = 180°
\end{cases}
\tag{2-69}
$$

不满足式（2-65）选相判据。

故障点处 B 相电流满足以下关系

$$
\begin{cases}
\left| \dot{I}_{B2} - \dot{I}_{B0} \right| = I_{B0} \left| (Z_{0\Sigma} / Z_{2\Sigma}) e^{j120°} - 1 \right| > 0.7 I_{B0} \\[2mm]
\arg \dfrac{\dot{I}_{B1}}{\dot{I}_{B2}} > -45°
\end{cases}
\tag{2-70}
$$

不满足式（2-65）选相判据。

故障点处 C 相电流满足以下关系

$$
\begin{cases}
\left| \dot{I}_{C2} - \dot{I}_{C0} \right| > 0.7 I_{C0} \\[2mm]
\arg \dfrac{\dot{I}_{C1}}{\dot{I}_{C2}} < 70°
\end{cases}
\tag{2-71}
$$

不满足式（2-65）选相判据。

综上，以 BC 相接地故障为例，当故障电阻为 0Ω 时，选相元件不动作。

随着故障电阻增大，非故障相 A 相，$\dot{I}_{A1}$、$\dot{I}_{A0}$ 逐渐减小，$\dot{I}_{A2}$ 逐渐增大，当故障电阻为无穷大时，$\dot{I}_{A1} = -\dot{I}_{A2}$，$\dot{I}_{A0} = 0$，$\dot{I}_{A2}$ 与 $\dot{I}_{A1}$ 的夹角始终大于 90°，不满足式（2-65）中的判据 2，选相元件不动作。

对于故障相 B 相，$\dot{I}_{B1}$、$\dot{I}_{B0}$ 逐渐减小，$\dot{I}_{B2}$ 逐渐增大，当故障电阻为无穷大时，$\dot{I}_{B2} = e^{i\pi/3}\dot{I}_{B1}$，$\dot{I}_{0\Sigma} = 0$，选相元件不动作。

对于故障相 C 相，$\dot{I}_{C2}$、$\dot{I}_{C0}$ 的相位差增大，且始终大于 90°，$\left|\dot{I}_{C2} - \dot{I}_{C0}\right| > 0.7I_{C0}$，选相元件不动作。

综上，输电线路发生两相接地故障时，选相元件不动作。

2.3.3.3 仿真验证

为了验证选相方法的性能，利用 RTDS 搭建了仿真系统（见图 2-57）。电压等级 750kV，线路长度 200km，线路参数为：$R_1 = 0.01216\Omega/km$，$X_1 = 0.268\Omega/km$，$Y_1 = 2.2341M\Omega \cdot km$，$R_0 = 0.2729\Omega/km$，$X_0 = 0.84\Omega/km$，$Y_0 = 0.3423M\Omega \cdot km$，系统阻抗为 $Z_m = 9.4\angle 88°\Omega$，$Z_n = 9.4\angle 88°\Omega$，故障点位于线路中点。电容电流补偿方式为两侧各补偿 1/2 电容电流，保护位于 1 和 2 处。

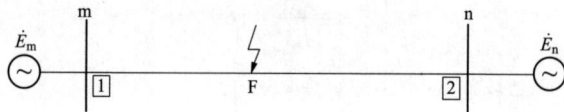

图 2-57 仿真系统

（1）基于正、负、零序差流分量的选相元件。分别对不同接地故障类型、不同过渡电阻、不同系统阻抗、不同电容电流补偿方式、不同负荷电流下选相元件的性能进行了仿真验证。

图 2-58 为 A 相经 300Ω 过渡电阻接地时的仿真结果，故障时刻为 0ms。如图可知，只有 A 相满足选相判据，B、C 相不满足选相判据。

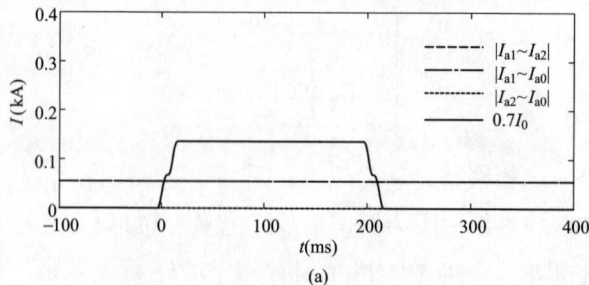

图 2-58 A 相接地故障仿真结果（一）

（a）A 相仿真结果

(b)

(c)

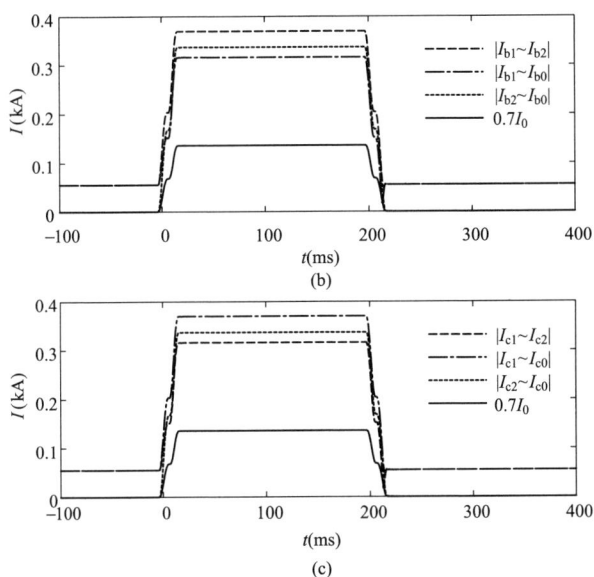

图 2-58　A 相接地故障仿真结果（二）

（b）B 相仿真结果；（c）C 相仿真结果

图 2-59 为 BC 相接地时仿真结果，图中，故障时刻为 0ms，由图可知，A、B、C 三相均不满足选相判据。

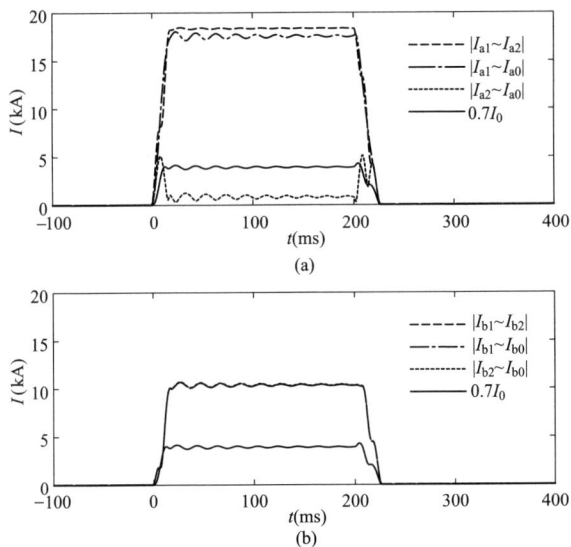

(a)

(b)

图 2-59　BC 相接地故障仿真结果（一）

（a）A 相仿真结果；（b）B 相仿真结果

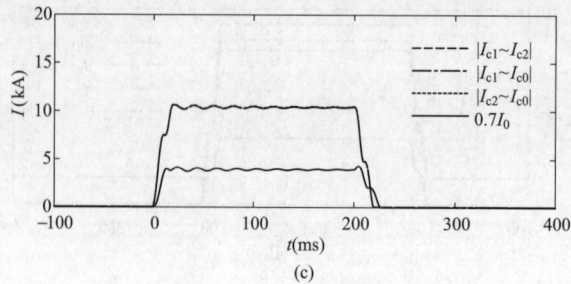

图 2-59 BC 相接地故障仿真结果（二）

（c）C 相仿真结果

表 2-1 为不同类型接地故障（过渡电阻 300Ω）的仿真结果。

表 2-1   不同类型故障的仿真结果   kA

故障类型	相别	$\|\dot{I}_{\varphi1\Sigma}-\dot{I}_{2\Sigma}\|$	$\|\dot{I}_{\varphi1\Sigma}-\dot{I}_{0\Sigma}\|$	$\|\dot{I}_{\varphi2\Sigma}-\dot{I}_{0\Sigma}\|$	$0.7I_{0\Sigma}$	故障相
A 相接地故障	A	0.02	0.02	0.01	0.33	A
	B	0.85	0.85	0.85	0.33	
	C	0.85	0.85	0.85	0.33	
B 相接地故障	A	0.85	0.85	0.85	0.33	B
	B	0.02	0.02	0.02	0.33	
	C	0.85	0.85	0.85	0.33	
C 相接地故障	A	0.85	0.85	0.85	0.33	C
	B	0.85	0.85	0.85	0.33	
	C	0.02	0.02	0.02	0.33	
AB 相接地故障	A	11.2	11.2	11.2	0.3	—
	B	12.2	12.2	12.2	0.3	
	C	24.0	12.0	12.0	0.3	
BC 相接地故障	A	24.0	12.0	12.0	0.3	—
	B	11.5	11.5	11.5	0.3	
	C	12.2	12.2	12.2	0.3	
CA 相接地故障	A	12.2	12.2	12.2	0.3	—
	B	24.0	12.0	12.0	0.3	
	C	11.5	11.5	11.5	0.3	

表 2-2 为 A 相经不同过渡电阻接地时的选相结果，随着过渡电阻的增大，

零序分量会减小，提出的选相方法具有很强的耐过渡电阻能力，单相经 700Ω 接地时，仍能正确选相。

表 2-2　　　　　　　　　不同过渡电阻的仿真结果　　　　　　　　kA

R（Ω）	$\|\dot{I}_{\varphi1\Sigma}-\dot{I}_{2\Sigma}\|$	$\|\dot{I}_{\varphi1\Sigma}-\dot{I}_{0\Sigma}\|$	$\|\dot{I}_{\varphi2\Sigma}-\dot{I}_{0\Sigma}\|$	$0.7I_{0\Sigma}$	选相结果
0	0.05	0.05	0.05	3.6	AG*
300	0.02	0.02	0.01	0.33	AG
700	0.02	0.02	0.00	0.15	AG

表 2-3 为不同运行方式下 A 相接地（过渡电阻 300Ω）的仿真结果，系统阻抗 1 为两侧系统阻抗为 $Z_m = Z_n$ =9.4∠88°Ω，运行方式 2 对应的系统阻抗为 Z_m =9.4∠88°Ω，Z_n =12.5∠88°Ω。由表 2-3 可得，运行方式对选相方法影响很小。

表 2-3　　　　　　　　　不同运行方式的仿真结果　　　　　　　　kA

运行方式	$\|\dot{I}_{\varphi1\Sigma}-\dot{I}_{2\Sigma}\|$	$\|\dot{I}_{\varphi1\Sigma}-\dot{I}_{0\Sigma}\|$	$\|\dot{I}_{\varphi2\Sigma}-\dot{I}_{0\Sigma}\|$	$0.7I_{0\Sigma}$	选相结果
1	0.02	0.02	0.01	0.33	AG
2	0.02	0.02	0.00	0.34	AG

表 2-4 为不同电容电流补偿方式下 A 相接地（过渡电阻 300Ω）的仿真结果，补偿方式 1 为不补偿，补偿方式 2 为两侧各补 50%，补偿方式 3 为两侧各补偿 30%，补偿方式 4 为 m 侧补偿 50%，n 侧补偿 30%，表 2-4 中，不补偿电容电流时，选相失败，补偿电容电流后，可以正确选相，并且本选相方法具有较大的裕度，当线路两侧补偿存在误差时，仍可以正确选相。

表 2-4　　　　　　　　　不同补偿方式的仿真结果　　　　　　　　kA

补偿方式	$\|\dot{I}_{\varphi1\Sigma}-\dot{I}_{2\Sigma}\|$	$\|\dot{I}_{\varphi1\Sigma}-\dot{I}_{0\Sigma}\|$	$\|\dot{I}_{\varphi2\Sigma}-\dot{I}_{0\Sigma}\|$	$0.7I_{0\Sigma}$	选相结果
1	0.37	0.37	0.01	0.34	失败
2	0.02	0.02	0.01	0.33	AG
3	0.13	0.13	0.01	0.34	AG
4	0.06	0.06	0.06	0.34	AG

表 2-5 为不同负荷下 A 相接地（过渡电阻 300Ω）的仿真结果。当功角增大

---

* AG 表示 A 相接地故障，A 代表 A 相，G 代表接地。

到 40°时，判据 $|\dot{I}_m + \dot{I}_n| > k|\dot{I}_m - \dot{I}_n|$ $(k = 0.3)$ 的制动电流为 1.8kA，动作电流 1.07kA，选相失败。由表 2-5 可知，本选相方法不受负荷电流的影响。

表 2-5   不同负荷下仿真结果   kA

功角（°）	$\|\dot{I}_{\varphi1\Sigma} - \dot{I}_{2\Sigma}\|$	$\|\dot{I}_{\varphi1\Sigma} - \dot{I}_{0\Sigma}\|$	$\|\dot{I}_{\varphi2\Sigma} - \dot{I}_{0\Sigma}\|$	$0.7I_{0\Sigma}$	选相结果
10	0.02	0.02	0.01	0.33	AG
40	0.02	0.02	0.01	0.25	AG

（2）基于序分量差流幅值及相位的选相元件。

图 2-60 为线路 A 相金属性接地故障时线路两侧三相电流。

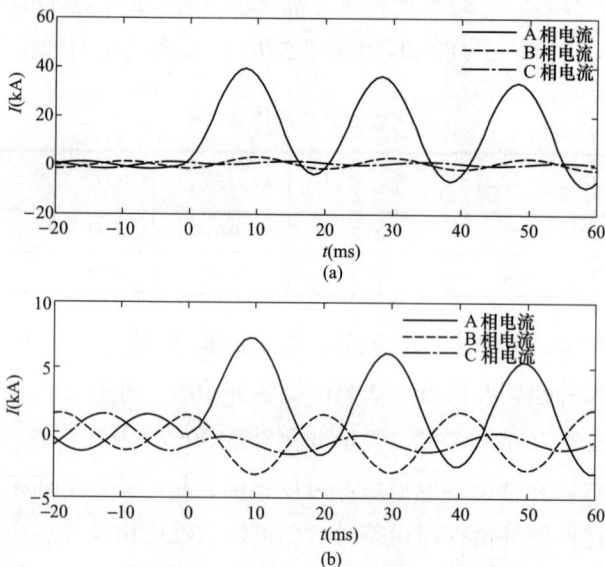

图 2-60   线路 MN 两侧三相电流值

（a）M 侧电流；（b）N 侧电流

图 2-61 为线路 A 相金属性接地故障的相幅值判据和相位判据的仿真结果，图 2-61（a）为幅值判据，利用负序电流差动电流与零序差动电流相近原理，图 2-61（b）为相位判据，利用正序差动电流与负序差动电流二者之间的相位关系选相。图中黄色曲线为故障相 A 相仿真结果，绿色曲线为 B 相仿真结果，红色曲线为 C 相仿真结果。可见，A 相仿真结果满足幅值判据和相位判据，B 相和 C 相仿真结果不满足幅值判据和相位判据，根据图 2-56 所示逻辑框图，选相元

件能够准确识别 A 相为故障相。

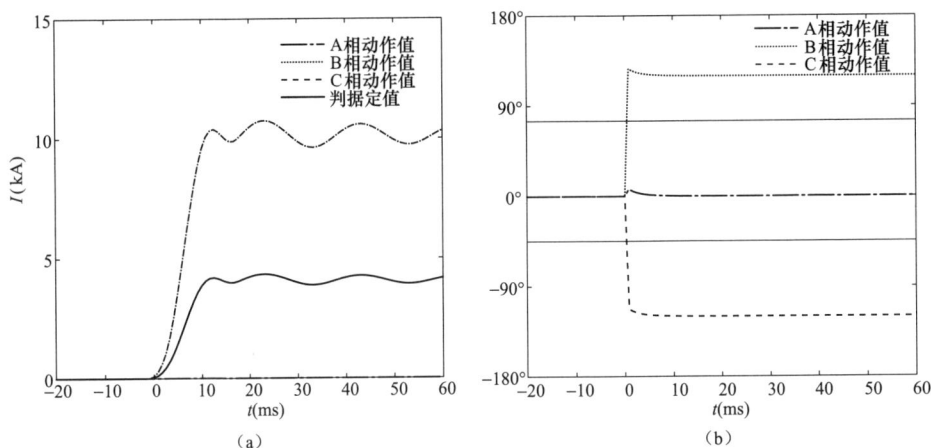

图 2-61　故障相 A 相仿真结果
（a）幅值判据；（b）相位判据

图 2-62 为线路 A 相金属性经 500Ω 故障电阻接地故障时线路两侧三相电流。

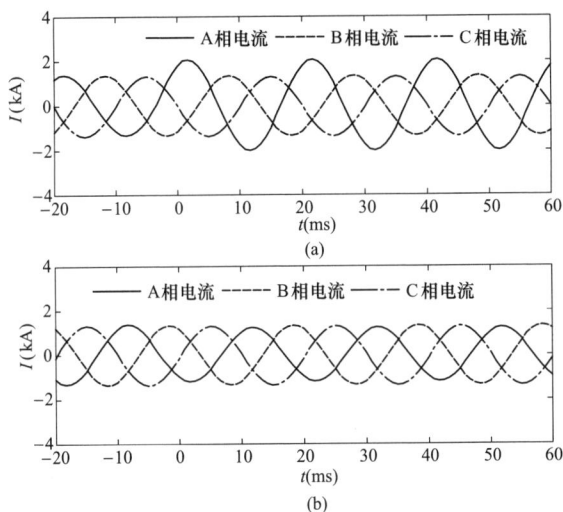

图 2-62　线路 MN 两侧三相电流值（AG）
（a）M 侧电流；（b）N 侧电源

图 2-63 为线路 A 相金属性经 500Ω 故障的相幅值判据和相位判据的仿真结果，图 2-63（a）为幅值判据，利用负序电流差动电流与零序差动电流相近原理，图 2-63（b）为相位判据，利用正序差动电流与负序差动电流二者之间的相位关

系选相。图 2-63 中黄色曲线为故障相 A 相仿真结果，绿色曲线为 B 相仿真结果，红色曲线为 C 相仿真结果。可见，A 相仿真结果满足幅值判据和相位判据，B 相和 C 相仿真结果不满足幅值判据和相位判据，根据图 2-56 所示逻辑框图，选相元件能够准确识别 A 相为故障相。

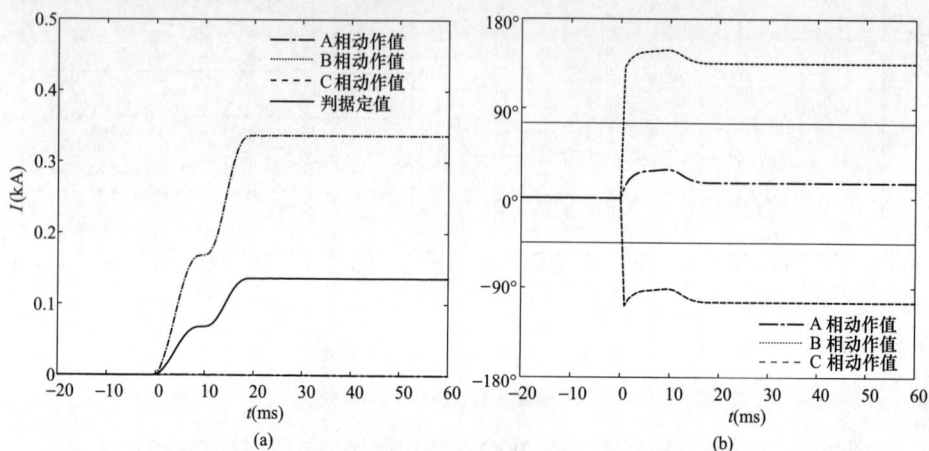

图 2-63　故障相 A 相仿真结果
（a）幅值判据；（b）相位判据

2.4　串补线路电流差动保护原理

2.4.1　串补装置

典型串补装置的示意图如图 2-64 所示。主要由串联电容器（C）、保护用的金属氧化物限压器（MOV）、阻尼回路（D）、可触发火花间隙（GAP）、旁路开关（BPS）等组成。图 2-64 中，MOV 的作用是在串补电容出现过电压的情况下，通过自身的导通吸收多余能量。使串补电容电压限制在其过电压保护水平值下。并联在 MOV 两端的火花间隙 GAP 的作用是当 MOV 流过电流瞬时值超过其保护定值，或 MOV 吸收的能量超过其定值时，瞬时触发。以保护 MOV 设备不受损坏。并联在 GAP 最外层的旁路开关 BPS 的作用是在火花间隙触发后，及时将串补电容和 MOV 旁路，将串补装置暂时或永久退出运行。

首先，MOV 在导通后呈现非线性电阻特征。加装 MOV 的串补模型如图 2-65 所示，可以利用串联模型进行等效。

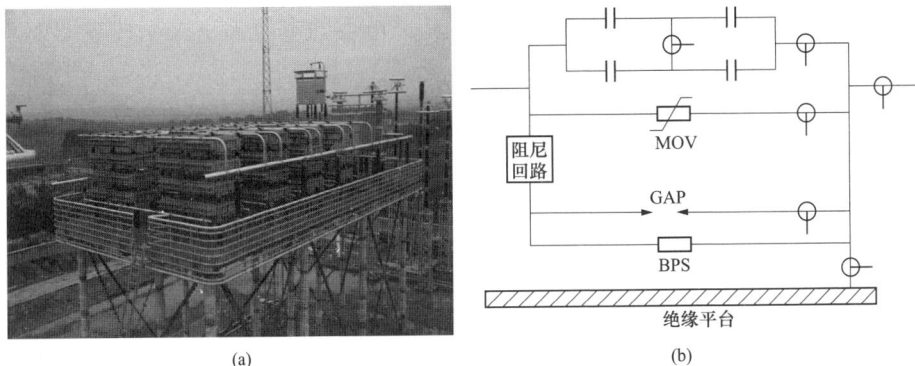

图 2-64　典型串补装置示意图

（a）串补装置；（b）结构示意图

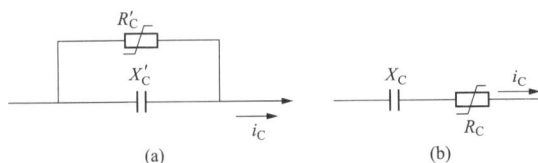

图 2-65　MOV 模型及串联等值模型

（a）加装 MOV 的串补装置；（b）串联等值模型

　　加装 MOV 的串补装置等效电阻和电抗与流过电容的电流大小关系曲线如图 2-66 所示，随着流过电容器的电流增大，串补装置的等效电阻会先增大后减小，等效电抗呈容性，且单调减小。

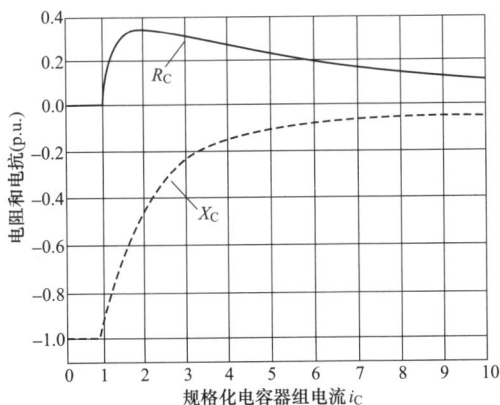

图 2-66　串补与 MOV 等效电阻、电抗与电流 i_C 的关系曲线

复平面上 MOV 等效电阻和电抗与流过电容的电流大小关系曲线图如图2-67 所示。由图可见：

（1）当流过串补装置的电流为串补装置的额定电流时，等效支路对外表现为纯容性特征。

（2）当流过串补装置的电流增大为 1.9 倍串补装置的额定电流时，等效支路对外表现为阻容性特征，并且电阻性特征为最大，容抗值减为串补电容容抗值的 0.5 倍，电阻增大为串补电容容抗值的 0.34 倍。

（3）当流过串补装置的电流增大为 10 倍串补装置的额定电流时，等效支路对外依然表现为阻容性特征，但其等值阻抗已明显减小，接近于 0。

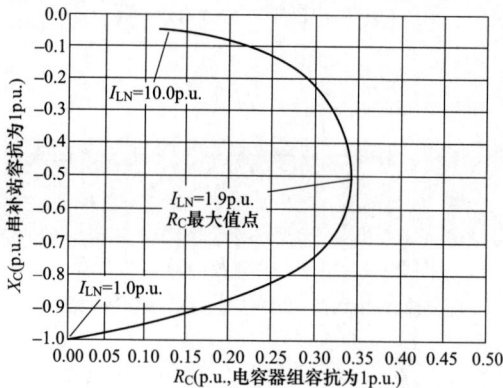

图 2-67　复平面上串补与 MOV 等效电阻、电抗与电流 i_C 的关系曲线

串补一般安装于线路的一侧或者中部，如图 2-68 所示。

图 2-68　串补安装位置
（a）线路一侧；（b）线路中部

2.4.2　串补装置接入后电气特征变化

2.4.2.1　电流反向

在线路串补侧发生故障时会发生电流反向，故障等值网络如图 2-69 所示，

为便于分析，不计 MOV 及空气间隙的影响。故障后保护安装处的电流和电压关系如下

$$\dot{I}_{\mathrm{M}} = \frac{\dot{E}_{\mathrm{M}}}{X_{\mathrm{SM}} - X_{\mathrm{C}}} \qquad （2\text{-}72）$$

式中，X_{SM} 为 M 侧系统等效感抗；X_{C} 为串补等效容抗；$\dot{E}_{\mathrm{M}}$ 为 M 侧系统等效电动势。

当 $X_{\mathrm{SM}} < X_{\mathrm{C}}$ 时，电流 $\dot{I}_{\mathrm{M}}$ 反向。

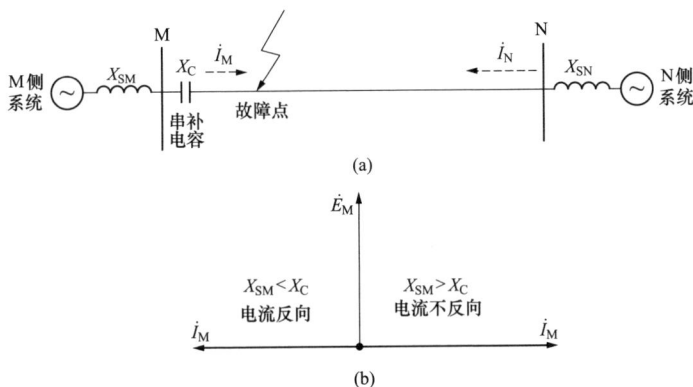

图 2-69　电流反向示意图
（a）故障等值网络；（b）电流、电压相位关系

根据以上分析，串补线路发生电流反向时：

（1）产生电流反向的原因是串补容抗大于系统等效感抗；

（2）电流反向出现在线路串补侧，且与故障点位置有关；

（3）随着系统容量不断增大，系统等值感抗减小，发生电流反向的概率增加，当串补容抗大于系统等值零序感抗时，零序电流也会发生反向；

（4）线路故障后若 MOV 导通或 GAP 击穿，不会发生电流反向，线路发生经过渡电阻接地故障时，故障电流小，MOV 未导通或部分导通情况下会发生电流反向。

2.4.2.2　电压反向

串补线路故障后会发生电压反向，电压反向与故障点、电压互感器、串补三者之间的位置密切相关。

电压互感器位于串补两侧，分别为线路 TV 和母线 TV，串补线路 F1 点发生故障时（如图 2-70 所示），故障后线路侧电压 $\dot{U}_{线路}$ 为

$$\dot{U}_{线路} = \dot{I}_{M} X_{F1} \tag{2-73}$$

母线侧电压 $\dot{U}_{母线}$ 为

$$\dot{U}_{母线} = \dot{I}_{M}(X_{F1} - X_{C}) \tag{2-74}$$

式中，X_{F1} 为 F1 到保护安装处的线路感抗。

当 $X_{F1} < X_{C}$ 时，$\dot{U}_{母线}$ 电压反向。

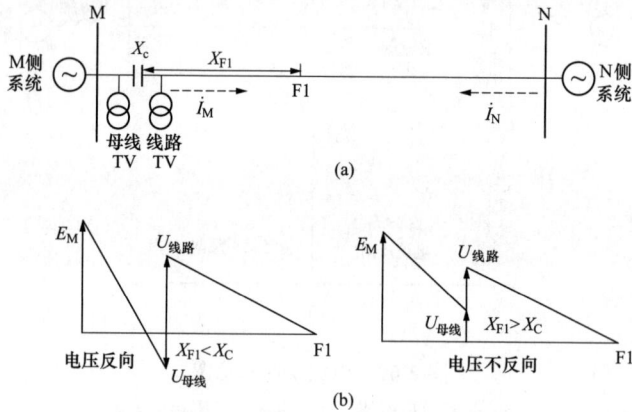

图 2-70　正向故障电压反向

（a）等效网络；（b）电压分布

串补线路 F2 点发生故障时（如图 2-71 所示），故障后线路侧电压为

$$\dot{U}_{线路} = -\dot{I}_{M}(X_{F2} - X_{C}) \tag{2-75}$$

母线侧电压为

$$\dot{U}_{母线} = -\dot{I}_{M} X_{F2} \tag{2-76}$$

式中，X_{F2} 为 F2 到保护安装处的线路感抗。

根据以上分析，串补线路发生电压反向时：

（1）产生电压反向的原因是故障点到保护安装处之间的感抗小于串补容抗；

（2）电压反向出现在线路串补侧，且与故障点、电压互感器位置有关，故障与电压互感器分别处于串补两侧时，会发生电压反向；

（3）线路故障后若 MOV 导通或 GAP 击穿，不会发生电压反向，线路发生

经过渡电阻接地故障时，故障电流小，MOV 未导通或部分导通情况下，会发生电压反向；

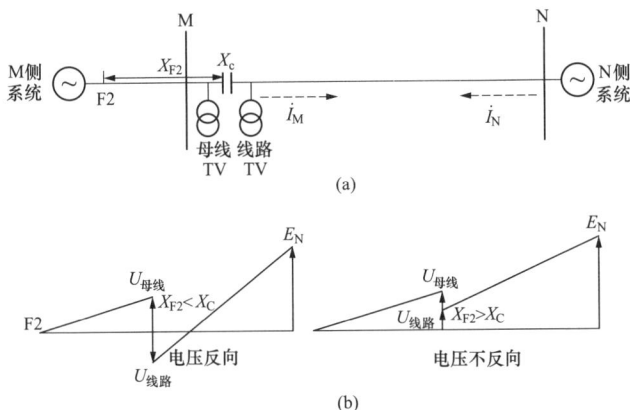

图 2-71　反向故障电压反向

（a）等效网络；（b）电压分布

（4）随着系统容量不断增加，当串补容抗大于系统等值零序感抗时，零序电流也会发生反向。

2.4.3　串补接入对线路保护原理的影响

2.4.3.1　电流差动保护

电流差动保护的动作判据如下

$$\left| \dot{I}_{\mathrm{m}} + \dot{I}_{\mathrm{n}} \right| > k \left| \dot{I}_{\mathrm{m}} - \dot{I}_{\mathrm{n}} \right|$$

电流差动保护动作特性如图 2-72 所示，差动电流 $\left| \dot{I}_{\mathrm{m}} + \dot{I}_{\mathrm{n}} \right|$ 大于制动电流 $k \left| \dot{I}_{\mathrm{m}} - \dot{I}_{\mathrm{n}} \right|$，保护正确动作。

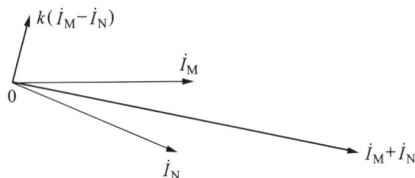

图 2-72　电流差动保护动作特性

串补线路故障后产生的电流反向影响电流差动保护的动作性能。电流差动保护判据为

$$\left| \dot{I}'_{\mathrm{m}} + \dot{I}_{\mathrm{n}} \right| > k \left| \dot{I}'_{\mathrm{m}} - \dot{I}_{\mathrm{n}} \right|$$

式中，$\dot{I}'_m$ 为反向电流。

电流反向后线路两侧的电流相位关系及保护动作特性如图 2-73 所示。

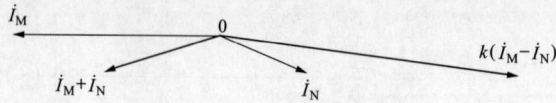

图 2-73　电流差动保护动作特性

可见，线路内部故障电流反向后，电流差动保护的差动电流减小，制动电流增大，当差动电流小于制动电流时，电流差动保护拒动。

2.4.3.2　距离保护

保护安装处测量阻抗为

$$Z = \frac{\dot{U}}{\dot{I}}$$

式中，对于接地距离继电器，$\dot{U} = \dot{U}_i (i = A,B,C)$，$\dot{I} = \dot{I}_i + 3K\dot{I}_0 (i = A,B,C)$，对于相间距离继电器，$\dot{U} = \dot{U}_{ij} (ij = AB,BC,CA)$，$\dot{I} = \dot{I}_{ij} (ij = AB,BC,CA)$。

以图 2-70 为例，串补线路正向 F1 故障时，测量阻抗的变化轨迹如图 2-74 所示。

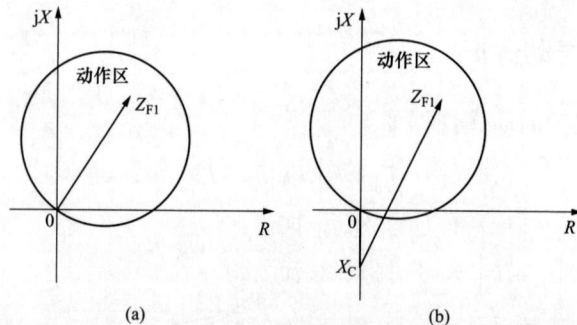

图 2-74　串补线路正向 F1 故障测量阻抗的变化轨迹

（a）线路侧 TV；（b）母线侧 TV

以图 2-71 为例，串补线路反向 F2 故障时，串补侧测量阻抗的变化轨迹如图 2-75 所示。

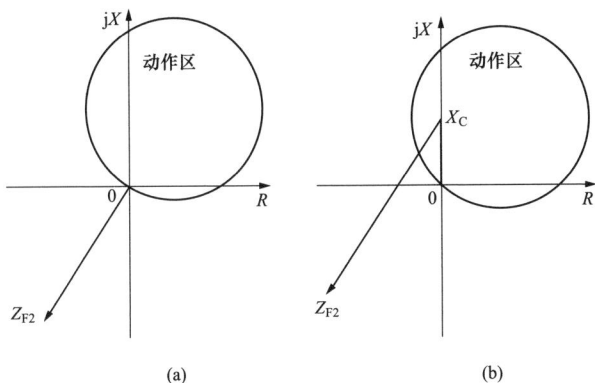

图 2-75 串补线路反向 F2 故障测量阻抗的变化轨迹

（a）线路侧 TV；（b）母线侧 TV

由图 2-75 可见：

（1）线路正向故障时，采用线路 TV，测量阻抗不受电压反向影响，采用母线 TV 时，测量阻抗会发生突变，对于距离保护Ⅰ段，当串补侧距离保护的测量阻抗位于距离保护动作区之外时，距离保护会拒动。

（2）线路反向故障时，采用母线 TV，测量阻抗不受电压反向影响，采用线路 TV 时，测量阻抗会发生突变，对于距离保护Ⅰ段，当串补侧距离保护的测量阻抗位于距离保护动作区之内时，距离保护会误动。对于串补线路非串补侧距离保护，电压反向会导致测量阻抗进入距离Ⅰ段的动作区，造成距离保护Ⅰ段越级动作。

2.4.3.3 零序方向元件

零序方向元件基于线路故障后保护背侧等值系统的阻感性特征，利用正、反向故障时零序电流方向不同识别故障方向，动作判据如下

$$\alpha < \frac{3\dot{U}_0}{3\dot{I}_0} < \beta$$

式中，$3\dot{U}_0$、$3\dot{I}_0$ 分别为保护安装处的零序电流和零序电压；α、β 为零序方向元件的动作边界。

动作特性如图 2-76 所示，正向故障时，零序电流超前于零序电压，反向故障时，零序电流滞后于零序电压。

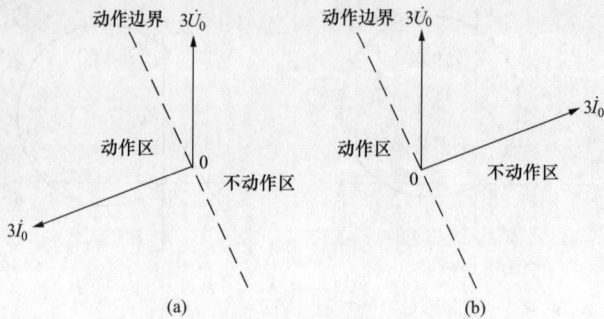

图 2-76 零序方向元件动作特性
（a）正向故障；（b）反向故障

对于串补线路故障后发生电流反向时，采用不同位置的电压互感器对零序方向元件影响不同，采用母线侧电压互感器时，零序方向元件不受电流反向的影响，采用线路侧电压互感器时，零序方向元件会将正方向故障误判为反方向故障，如图 2-77 所示。

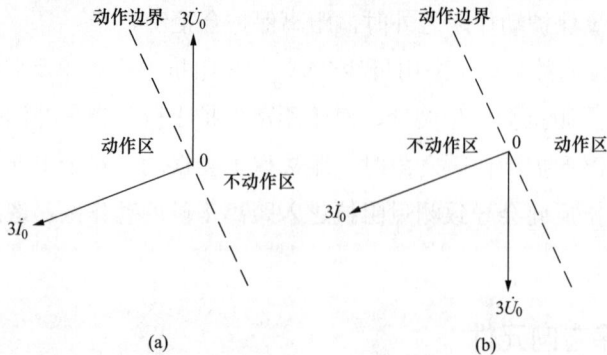

图 2-77 串补线路零序方向元件动作特性
（a）母线侧 TV；（b）线路侧 TV

2.4.4 串补线路电流差动保护

2.4.4.1 降低制动系数

根据 2.4.3.1 分析，串补线路故障后产生电流反向时可能会导致电流差动保护拒动，为了提高电流差动保护的灵敏性，可以减小制动系数，电流差动保护的判据为

$$\left| \dot{I}_{\mathrm{M}} + \dot{I}_{\mathrm{N}} \right| > k_1 \left| \dot{I}_{\mathrm{M}} - \dot{I}_{\mathrm{N}} \right|$$

式中，k_1 为减小后的制动系数。

图 2-78 为制动系数减小前后电流差动保护的动作特性分析，可见减小制动系数可以扩大保护的动作区，但是导致动作边界接近（-1，0）点，区外故障时，保护的可靠性会降低。

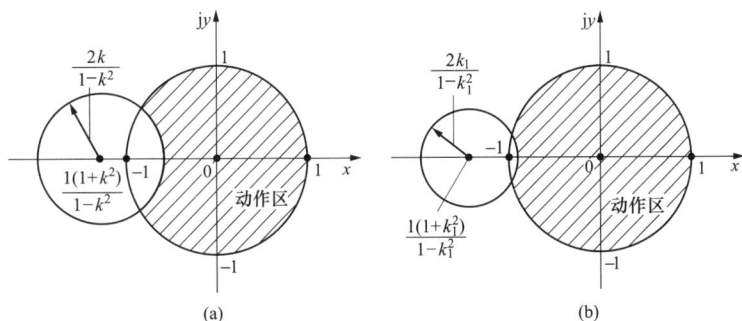

图 2-78 制动系数减小前后电流差动保护的动作特性

（a）制动系数减小前；（b）制动系数减小后

2.4.4.2 比幅式电流差动保护

串补线路故障后产生电流反向时，线路两侧的电流分别为

串补侧：
$$\dot{I}_{\mathrm{M}} = \frac{\dot{E}_{\mathrm{M}}}{X_{\mathrm{SM}} - X_{\mathrm{C}} + X_{\mathrm{FM}}}$$

非串补侧：
$$\dot{I}_{\mathrm{N}} = \frac{\dot{E}_{\mathrm{N}}}{X_{\mathrm{SN}} + X_{\mathrm{FN}}}$$

比较二者，可以看出，串补侧电流大于非串补侧电流，利用二者的幅值关系可以构造比幅式电流差保护，动作判据为

$$\begin{cases} \left| \dot{I}_{\mathrm{M}} + \dot{I}_{\mathrm{N}} \right| > I_{\mathrm{set}} \\ \left| \dot{I}_{\mathrm{M}} \right| > k_{\mathrm{set}} \left| \dot{I}_{\mathrm{N}} \right| \end{cases}$$

2.4.4.3 仿真验证

为了验证选相方法的性能，利用 RTDS 搭建了仿真系统（见图 2-79）。电压

等级 500kV，线路长度 200km，线路参数为：R_1=0.0196Ω/km，X_1=0.28Ω/km，Y_1=2.2358MΩ·km，R_0=0.1828Ω/km，X_0=0.86Ω/km，Y_0=0.346MΩ·km，系统阻抗为 Z_m=5∠88°Ω，Z_n=20∠88°Ω，故障点位于线路中点。并联电抗器电容电流补偿方式为两侧各补偿 1/2 电容电流，保护位于 1 和 2 处。线路安装串补装置，串补度为 50%。

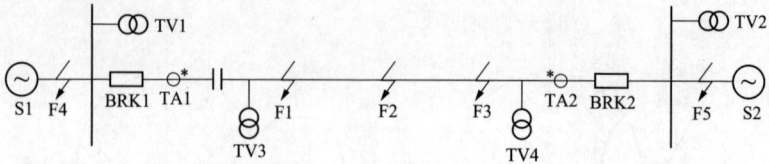

图 2-79　仿真系统

（1）串补线路出口故障电流反向。图 2-80 为串补线路出口 A 相经 10Ω 过渡电阻接地故障，图 2-80（a）为母线电压与保护安装处电流采样值，图 2-80（b）为故障相 A 相母线电压超前保护安装处电流的角度，图中，故障时刻为 0ms，故障后故障相母线电压滞后保护安装处电流约 90°。

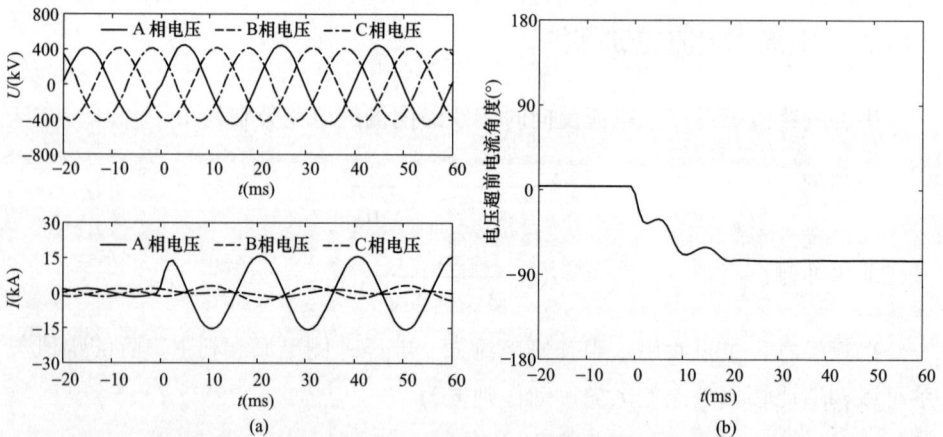

图 2-80　串补线路出口故障电压反向
（a）母线电压与保护安装处电流采样值；（b）母线电压超前保护安装处电流角度

图 2-81 为常规线路出口 A 相经 10Ω 过渡电阻故障，图 2-81（a）为母线电压与保护安装处电流采样值，图 2-81（b）为故障相 A 相母线电压超前保护安装处电流的角度，图中，故障时刻为 0ms，故障后故障相母线电压超前保护安

装处电流。

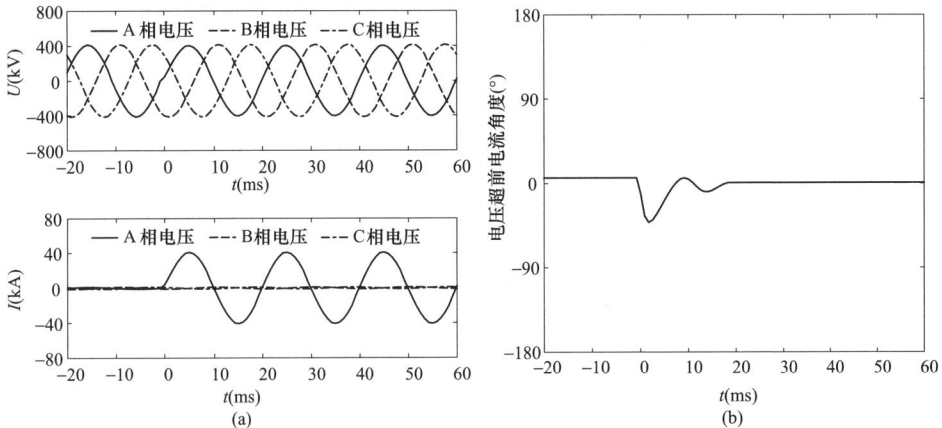

图 2-81　常规线路出口故障

（a）母线电压与保护安装处电流采样值；（b）母线电压超前保护安装处电流角度

将图 2-80 与图 2-81 进行对比可知，常规线路出口故障，保护安装处的电流滞后于电压；而串补线路出口故障，保护安装处的电流超前电压；即串补线路保护安装处的电流相位反向。

（2）串补线路出口故障电压反向。图 2-82 为串补线路出口 5%处 A 相金属性接地故障，图 2-82（a）为母线电压与线路电压采样值，图 2-82（b）为故障相 A 相母线电压超前线路电压的角度，图中，故障时刻为 0ms，故障后母线电压超前线路电压约 180°，母线电压与线路电压反向。

图 2-83 为串补线路中点处 A 相金属性接地故障，图 2-83（a）为母线电压与线路电压采样值，图 2-83（b）为故障相 A 相母线电压超前线路电压的角度，图中，故障时刻为 0ms，故障后母线电压超前线路电压约 20°，母线电压与线路电压同向。

将图 2-82 与图 2-83 进行对比，可知，串补线路出口故障母线电压与线路电压反向，而串补线路中点故障母线电压与线路电压同向，即故障点到保护安装处的线路感抗大小直接影响故障后电压相位，当 $X_{F1} < X_C$ 时，会出现电压反向。

（3）串补线路电流差动保护。图 2-84 为串补线路出口 A 相经 10Ω 过渡电阻接地故障，图中，故障时刻为 0ms，可知如采用现有判据保护拒动，降低制动电流后保护可靠动作。

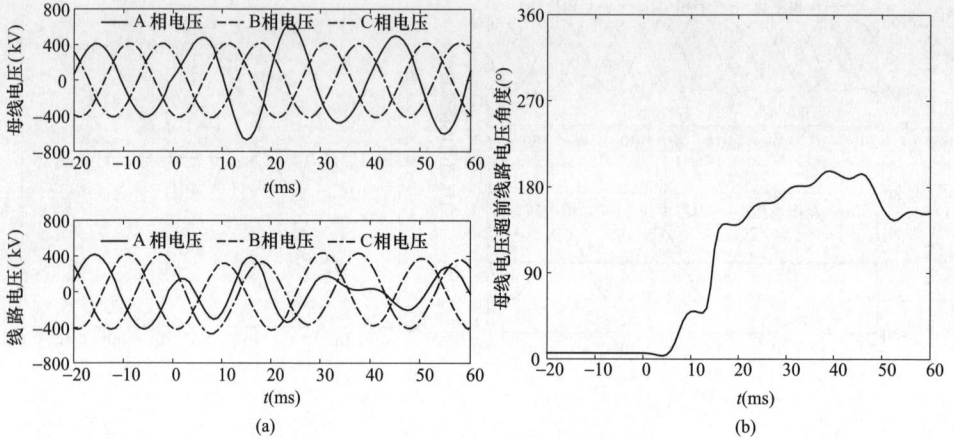

图 2-82   串补线路出口 5%处故障电压反向

（a）母线电压与线路电压采样值；（b）母线电压超前线路电压角度

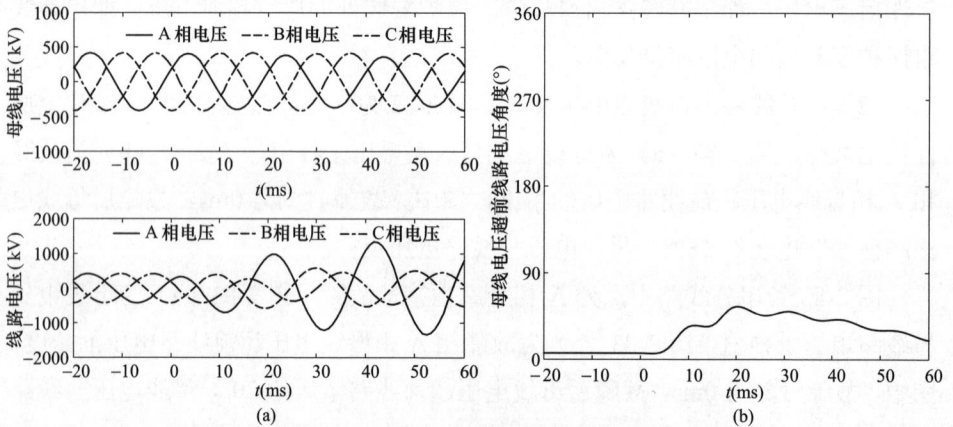

图 2-83   串补线路中点处故障电压

（a）母线电压与线路电压采样值；（b）母线电压超前线路电压角度

图 2-85 为串补线路出口 A 相经 10Ω 过渡电阻接地故障，图中，故障时刻为 0ms，差动电流大于低制动系数制动电流，且串补侧电流大于 K 倍非串补侧电流，比幅判据满足动作条件，比幅式电流差动保护可靠动作。

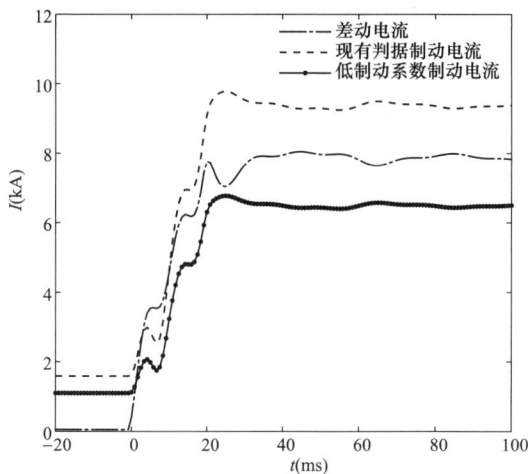

图 2-84　串补线路电流差动保护

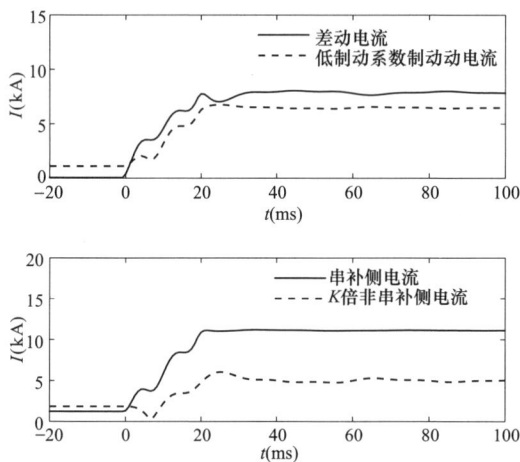

图 2-85　串补线路电流差动保护

2.5　GIL—架空混合线路保护技术

2.5.1　气体绝缘输电线路（GIL）

气体绝缘输电线路（Gas-Insulated transmission Lines，GIL）是一种采用大截面导体和接地外壳同轴布置、绝缘子支撑，采用压缩 SF_6 或其他气体绝缘的电气设备，又称刚性气体绝缘输电线路，见图 2-86。

图 2-86   气体绝缘输电线路

(a) 示意图；(b) 现场图

GIL 采用分相绝缘，输电回路由三条离相管道组成，各相由长度为 12～18m 的标准模块组合而成。各模块外壳及导体均采用高强度、高导电性能的铝合金材料，为同心结构，中间充填绝缘气体。导体的连接采用插接形式，插头及插座分别为铝镀银/铜镀银材质，以降低接触电阻。导体由支柱绝缘子和盆式绝缘子支撑，绝缘子材料为环氧树脂。GIL 特点如下：

（1）单位长度的对地电容大于架空线路，小于高压电缆。GIL 导体与接地外壳之间的间距比架空线各相线对地间距要小得多，且内部填充介电常数很高的 SF_6 或 $SF_6 + N_2$ 混合气体作为绝缘介质，使 GIL 单位长度的对地电容要大于架空线路单位长度的对地电容。

接地外壳的屏蔽作用使 GIL 的相间电容为零，因此，GIL 的正序电容和零序电容相等，均为对地电容值。

与高压电缆相比，GIL 采用了 SF_6 气体作为绝缘介质，其电容比电缆的小，适用于超高压和特高压长距离输电。

（2）GIL 损耗低于架空线。同一电压等级下 GIL 的导体和外壳截面大、电阻小、损耗低，这可以显著降低和节约运营成本。

2.5.2   GIL—架空混合线路保护方案

2.5.2.1   保护配置

（1）GIL—架空混合线分区差动保护配置方案为"大差"＋"小差"，如图 2-87 所示。

1）在混合线路两侧各配置一套分相电流差动保护，称为"大差"；

2）在 GIL 两侧各装设一套分相电流差动保护，称为"小差动"；

3）在 GIL 区段两侧装设远跳装置，用于跳闸信号远传。

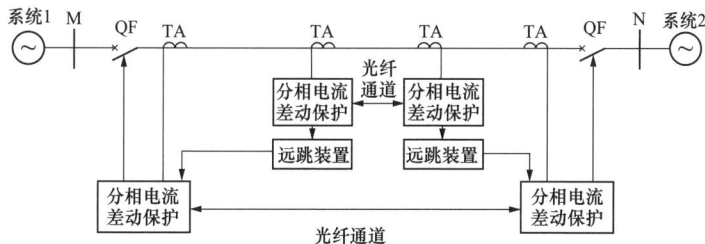

图 2-87　GIL—架空混合线路差动保护配置示意图

（2）GIL—架空混合线路"大差"和"小差"的动作逻辑如图 2-88 所示：

1）"大差"和"小差"同时动作，判断为 GIL 区段故障；

2）"大差"动作，"小差"不动作，判断为架空线区段故障；

3）"大差"和"小差"均不动作，判断为混合线路区外故障。

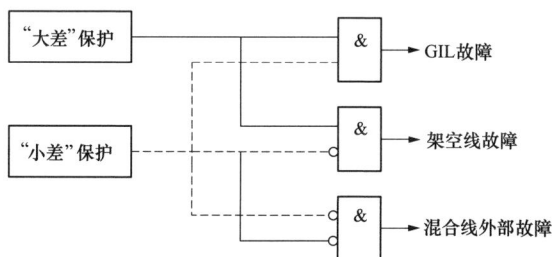

图 2-88　GIL—架空混合线路差动保护动作逻辑

对于"大差"，由于混合线路参数不均匀，架空线路与 GIL 分布电容差异较大，需要进行电容电流补偿。将混合线路架空线区段和 GIL 区段的电容等效于线路两侧，然后根据混合线路两侧测量点处的实测电压分别计算混合线路两侧的电容电流。混合线路两侧的电容电流利用线路的各序网络进行计算，输电线路的正序、负序和零序 PI 型等效电路如图 2-89 所示。图中，Z_{L1}、Z_{L2}、Z_{L0} 分别为混合线路中架空线区段的正序、负序和零序集中阻抗，Z_{G1}、Z_{G2}、Z_{G0} 分别为 GIL 区段的正序、负序和零序集中阻抗；Y_{L1}、Y_{L2}、Y_{L0} 分别为架空线区段的正序、负序和零序集中导纳，Y_{G1}、Y_{G2}、Y_{G0} 分别为 GIL 区段的正序、负序和零序集中导纳。

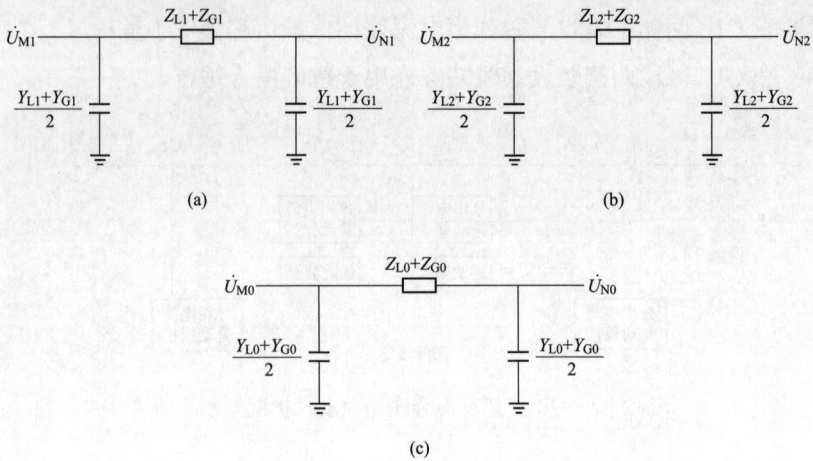

(a)   (b)

(c)

图 2-89   GIL—架空混合线路各序 PI 型等效电路

（a）正序等效网络；（b）负序等效网络；（c）零序等效网络

以 A 相为基准，M 侧的正、负、零序电容电流分别为

$$\dot{I}_{Mc1} = \dot{U}_{M1}\frac{Y_{L1} + Y_{G1}}{2} \tag{2-77}$$

$$\dot{I}_{Mc2} = \dot{U}_{M2}\frac{Y_{L2} + Y_{G2}}{2} \tag{2-78}$$

$$\dot{I}_{Mc0} = \dot{U}_{M0}\frac{Y_{L0} + Y_{G0}}{2} \tag{2-79}$$

由于正序导纳和负序导纳相等，即 $Y_{L1} = Y_{L2}$、$Y_{G1} = Y_{G2}$，则 M 侧 A 相电容电流为

$$
\begin{aligned}
\dot{I}_{MAc} &= \dot{I}_{Mc1} + \dot{I}_{Mc2} + \dot{I}_{Mc0} \\
&= (\dot{U}_{M1} + \dot{U}_{M2} + \dot{U}_{M0} - \dot{U}_{M0})\frac{Y_{L1} + Y_{G1}}{2} + \dot{U}_{M0}\frac{Y_{L0} + Y_{G0}}{2} \\
&= (\dot{U}_{MA} - \dot{U}_{M0})\frac{Y_{L1} + Y_{G1}}{2} + \dot{U}_{M0}\frac{Y_{L0} + Y_{G0}}{2}
\end{aligned} \tag{2-80}
$$

M 侧 B、C 相电容电流为

$$
\begin{aligned}
\dot{I}_{MBc} &= \alpha^2 \dot{I}_{Mc1} + \alpha \dot{I}_{Mc2} + \dot{I}_{Mc0} \\
&= (\alpha^2 \dot{U}_{M1} + \alpha \dot{U}_{M2} + \dot{U}_{M0} - \dot{U}_{M0})\frac{Y_{L1} + Y_{G1}}{2} + \dot{U}_{M0}\frac{Y_{L0} + Y_{G0}}{2} \\
&= (\dot{U}_{MB} - \dot{U}_{M0})\frac{Y_{L1} + Y_{G1}}{2} + \dot{U}_{M0}\frac{Y_{L0} + Y_{G0}}{2}
\end{aligned} \tag{2-81}
$$

$$\dot{I}_{\mathrm{MCc}} = \alpha \dot{I}_{\mathrm{Mc1}} + \alpha^2 \dot{I}_{\mathrm{Mc2}} + \dot{I}_{\mathrm{Mc0}}$$

$$= (\alpha \dot{U}_{\mathrm{M1}} + \alpha^2 \dot{U}_{\mathrm{M2}} + \dot{U}_{\mathrm{M0}} - \dot{U}_{\mathrm{M0}}) \frac{Y_{\mathrm{L1}} + Y_{\mathrm{G1}}}{2} + \dot{U}_{\mathrm{M0}} \frac{Y_{\mathrm{L1}} + Y_{\mathrm{G1}}}{2} \quad (2\text{-}82)$$

$$= (\dot{U}_{\mathrm{MC}} - \dot{U}_{\mathrm{M0}}) \frac{Y_{\mathrm{L1}} + Y_{\mathrm{G1}}}{2} + \dot{U}_{\mathrm{M0}} \frac{Y_{\mathrm{L1}} + Y_{\mathrm{G1}}}{2}$$

同理，可以计算出 N 侧的各相电容电流

$$\dot{I}_{\mathrm{NAc}} = (\dot{U}_{\mathrm{NA}} - \dot{U}_{\mathrm{N0}}) \frac{Y_{\mathrm{L1}} + Y_{\mathrm{G1}}}{2} + \dot{U}_{\mathrm{N0}} \frac{Y_{\mathrm{L0}} + Y_{\mathrm{G0}}}{2} \quad (2\text{-}83)$$

$$\dot{I}_{\mathrm{NBc}} = (\dot{U}_{\mathrm{NB}} - \dot{U}_{\mathrm{N0}}) \frac{Y_{\mathrm{L1}} + Y_{\mathrm{G1}}}{2} + \dot{U}_{\mathrm{N0}} \frac{Y_{\mathrm{L0}} + Y_{\mathrm{G0}}}{2} \quad (2\text{-}84)$$

$$\dot{I}_{\mathrm{NCc}} = (\dot{U}_{\mathrm{NA}} - \dot{U}_{\mathrm{N0}}) \frac{Y_{\mathrm{L1}} + Y_{\mathrm{G1}}}{2} + \dot{U}_{\mathrm{N0}} \frac{Y_{\mathrm{L0}} + Y_{\mathrm{G0}}}{2} \quad (2\text{-}85)$$

最后用 m 侧和 n 侧的测量点处的电流减去经上述运算后得到的电容电流即可得到补偿后的两侧电流

$$\dot{I}'_{\mathrm{M}} = \dot{I}_{\mathrm{M}} - \dot{I}_{\mathrm{Mc}} \quad (2\text{-}86)$$

$$\dot{I}'_{\mathrm{N}} = \dot{I}_{\mathrm{N}} - \dot{I}_{\mathrm{Nc}} \quad (2\text{-}87)$$

"大差"保护判据为

$$\left| \dot{I}'_{\mathrm{M}} + \dot{I}'_{\mathrm{N}} \right| = k \left| \dot{I}'_{\mathrm{M}} - \dot{I}'_{\mathrm{N}} \right| \quad (2\text{-}88)$$

2.5.2.2　仿真结果

利用 RTDS 建立了 GIL—架空混合线路的仿真模型，采样率是 24 点/周波。线路仿真模型如图 2-90 所示，系统参数见表 2-6 和表 2-7，分别在架空线路段、GIL 段、母线设置多个故障点进行仿真。架空线 1 段长度为 269km，架空线 2 段长度为 65km，GIL 线路长度为 6km。电流互感器变比为 3000A/1A。

表 2-6		架 空 双 回 线 路 参 数				Ω/km
塔型	序参数	电阻	电阻	电阻	电阻	电阻
同塔双回	正序	9.91×10^{-3}	0.24756	0.01453	0.05723	0.185857
	零序	0.181604	0.8051	7.25×10^{-3}	—	

表 2-7		GIL 双 回 线 路 参 数				Ω/km
塔型	序参数	电阻	电阻	电阻	电阻	电阻
同塔双回	正序	2.91×10^{-3}	0.082	0.03871	0.02611	0.07746
	零序	0.081253	0.3144	0.0251	—	

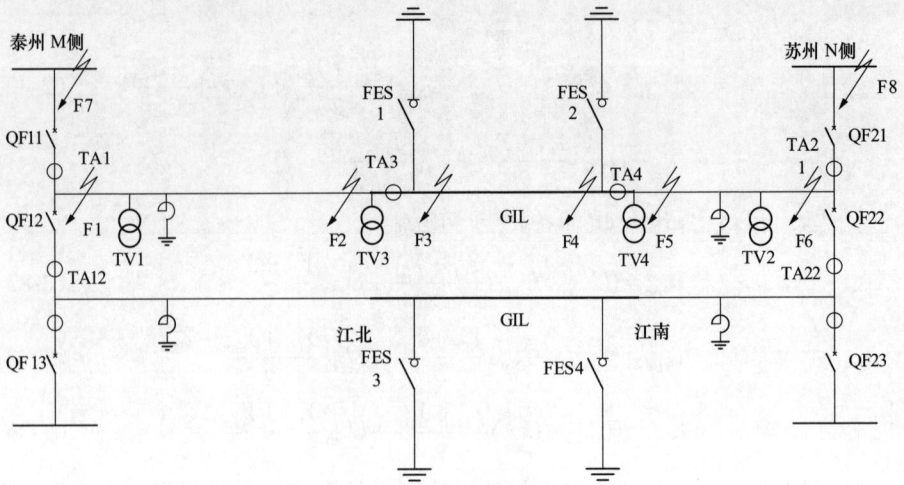

图 2-90　仿真系统示意图

　　（1）架空线路故障仿真。在 GIL—架空混合线路仿真模型中的架空线路段 F1 点发生 A 相单相接地故障后，架空线路两侧电流（二次值）如图 2-91 所示，架空线路电流差动保护动作情况如图 2-92 所示，GIL 两侧电流（二次值）如图 2-93 所示，GIL 电流差动保护动作情况如图 2-94 所示。架空线路电流差动保护 A 相动作，GIL 电流差动保护不动作，线路两侧保护装置 A 相跳闸。

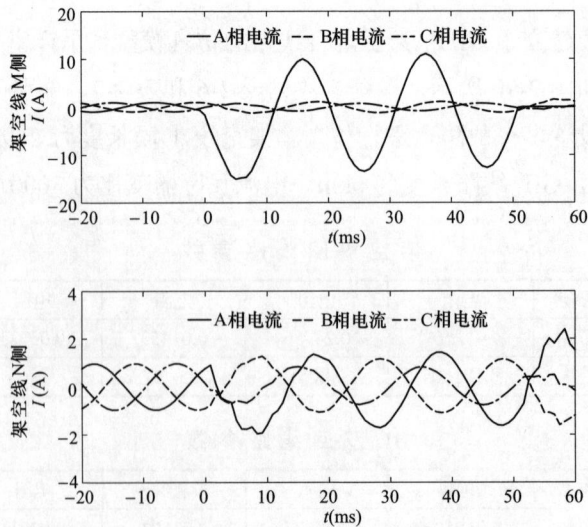

图 2-91　架空线路两侧电流

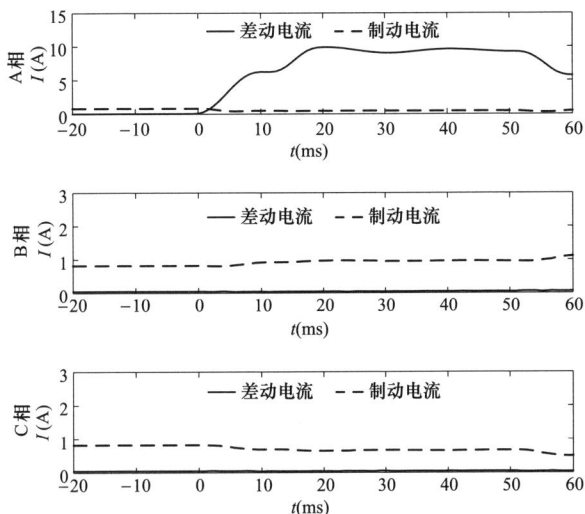

图 2-92　架空线路电流差动保护动作结果

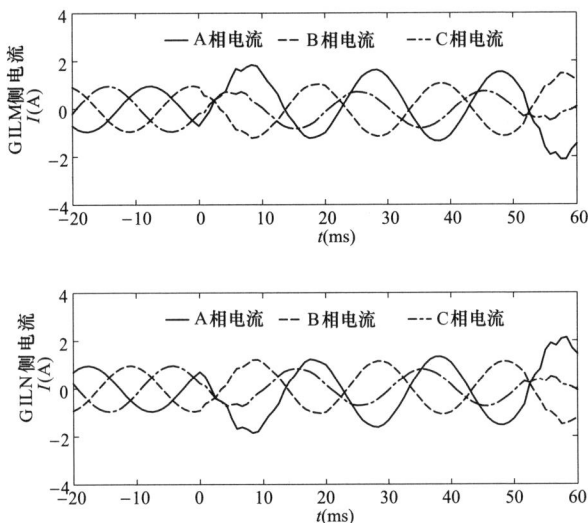

图 2-93　GIL 两侧电流

（2）GIL 故障仿真。在 GIL—架空混合线路仿真模型中的 GIL 段 F3 点发生 A 相单相接地故障后，架空线路两侧电流（二次值）如图 2-95 所示，架空线路电流差动保护动作情况如图 2-96 所示，GIL 两侧电流（二次值）如图 2-97 所示，GIL 电流差动保护动作情况如图 2-98 所示。架空线路电流差动保护 A 相动作，

GIL 电流差动保护 A 相动作,线路两侧保护装置三相跳闸。

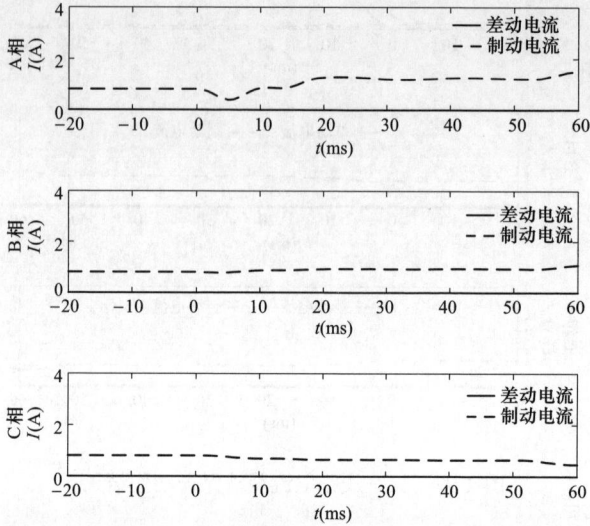

图 2-94 GIL 电流差动保护动作结果

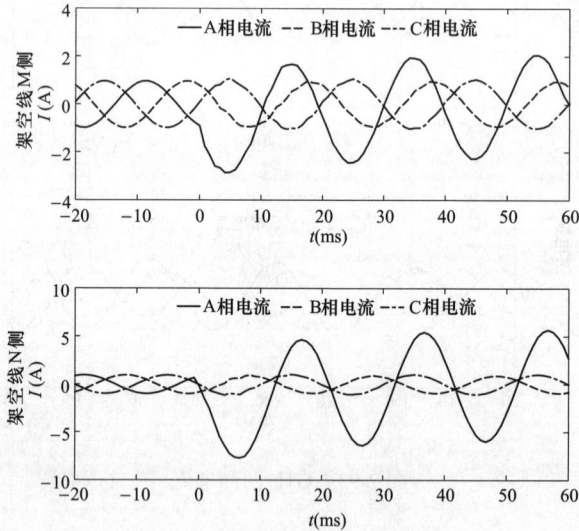

图 2-95 架空线路两侧电流

(3)区外故障仿真。在 GIL—架空混合线路仿真模型中的区外 F7 点发生 ACB 三相短路后,架空线路两侧电流(二次值)如图 2-99 所示,架空线路电流差动保护动作情况如图 2-100 所示，GIL 两侧电流（二次值）如图 2-101 所示，GIL 电流差动保护动作情况如图 2-102 所示。架空线路电流差动保护不动作，GIL 电流差动保护不动作，线路两侧保护装置不动作。

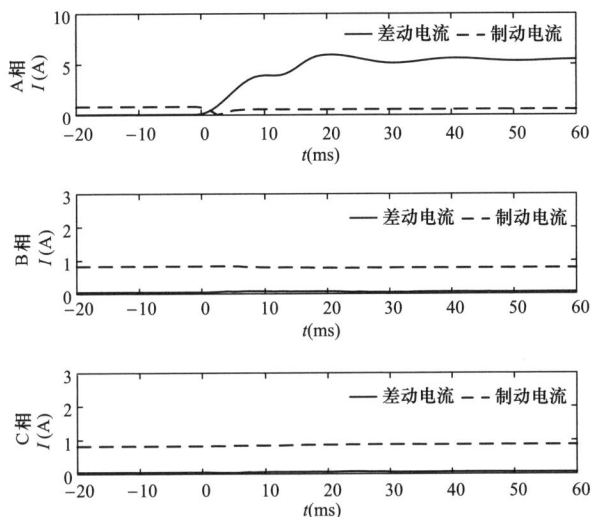

图 2-96　架空线路电流差动保护动作结果

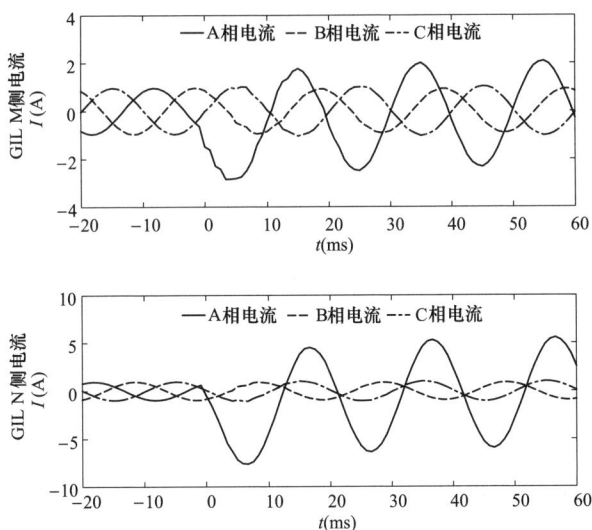

图 2-97　GIL 两侧电流

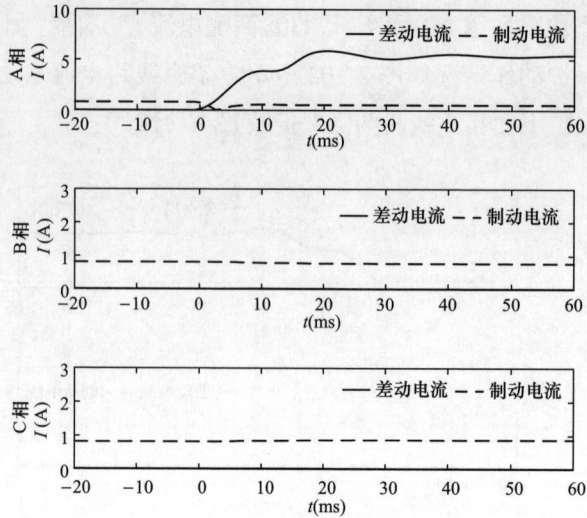

图 2-98 GIL 电流差动保护动作结果

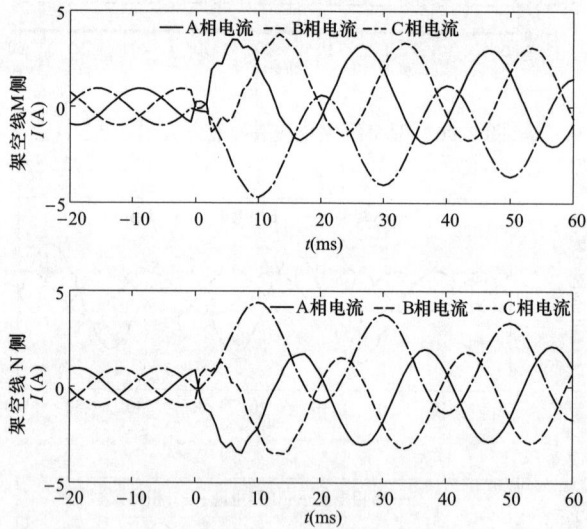

图 2-99 架空线路两侧电流

2.5.3 GIL—架空混合线路重合闸方案

GIL—架空混合线路的不同区段发生不同类型故障，要求 GIL 区段发生故障时三相永远跳闸，重合闸闭锁，避免重合对 GIL 管廊造成二次伤害；架空线区段发生单相故障时，故障相跳闸，重合闸开放，发生多相故障时，三相永远跳闸，重合闸闭锁。

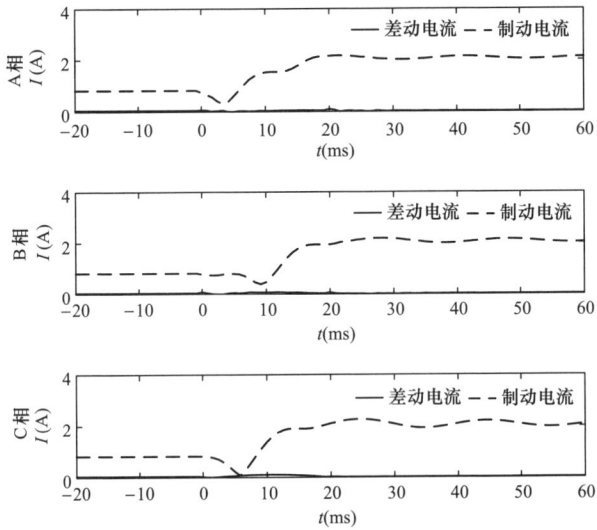

图 2-100　架空线路电流差动保护动作结果

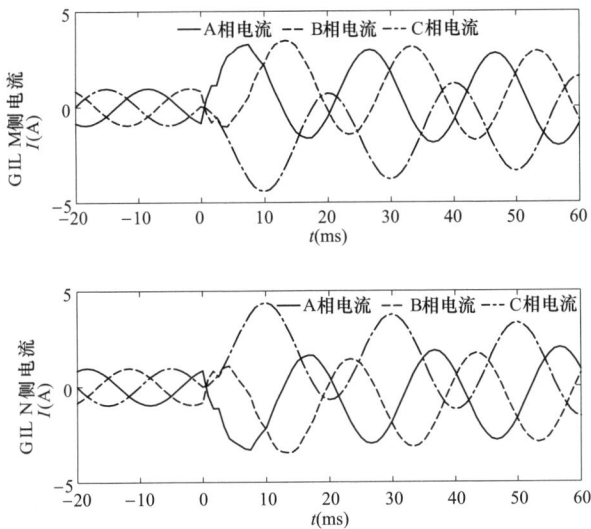

图 2-101　GIL 两侧电流

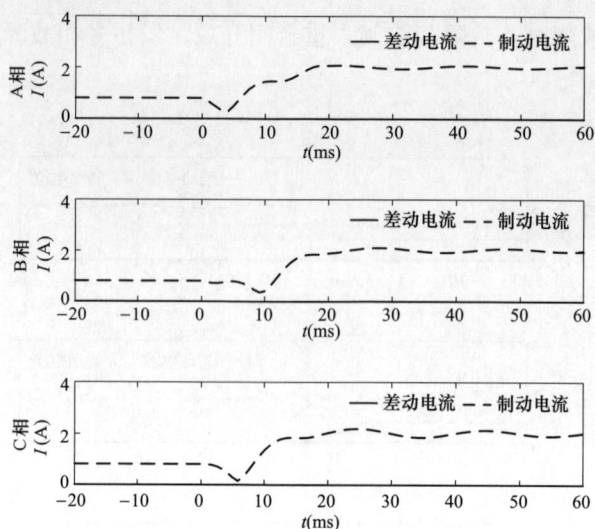

图 2-102   GIL 电流差动保护动作结果

实际情况中还需考虑传输信号的延时，由于 GIL 两侧"小差"之间的通信信道比两侧"大差"之间通信信道短，故认为"小差"通信时间比"大差"通信时间短。此外，远跳装置向两侧"大差"传送跳闸信号也存在延时，并且无法确定远跳信号传输时间和"大差"通信时间的先后顺序，故在实际情况中需对这两种情况分别考虑。考虑远跳信号传输时间与"大差"通信信号传输时间之间的先后关系，GIL—架空混合线路重合闸策略如图 2-103 所示。

（1）当远跳信号传输时间大于"大差"通信信号传输时间时。当"大差"检测到区内发生单相故障时，此时没有收到远跳信号，则驱使故障相的断路器跳闸。然后经 0.5s 的重合闸延时，若在此过程中收到了远跳信号，说明是 GIL 区段内发生单相故障，此时跳另外两相断路器，然后闭锁重合闸；若在重合闸延时过程中没有收到远跳信号，则说明是架空线区段发生单相故障（因为远跳信号的传输时间远小于 0.5s 的重合闸延时，若远跳装置发送远跳信号则在 0.5s 的重合闸延时中一定会传送至两侧"大差"），进行单相重合闸。

当"大差"检测到区内发生多相故障时，此时没有收到远跳信号，驱使三相断路器跳闸，并且闭锁重合闸。

（2）当远跳信号传输时间小于"大差"通信信号传输时间时。当两侧"大差"收到单相或者多相远跳信号，但是"大差"还没有检测到区内故障，此时设置 10ms 的等待延时，若在 10ms 延时中"大差"检测到区内故障，则驱使三相断路器跳闸，同时闭锁重合闸；若在 10ms 延时中"大差"仍然没有检测到区内故障，且远跳信号还存在，可确定是 GIL 区段发生单相或多相故障，驱使三相断路器跳闸，同时闭锁重合闸；若在 10ms 延时等待中远跳信号消失，则说明是远跳信号是受到干扰后发出的，区内没有发生故障，此时不进行跳闸。

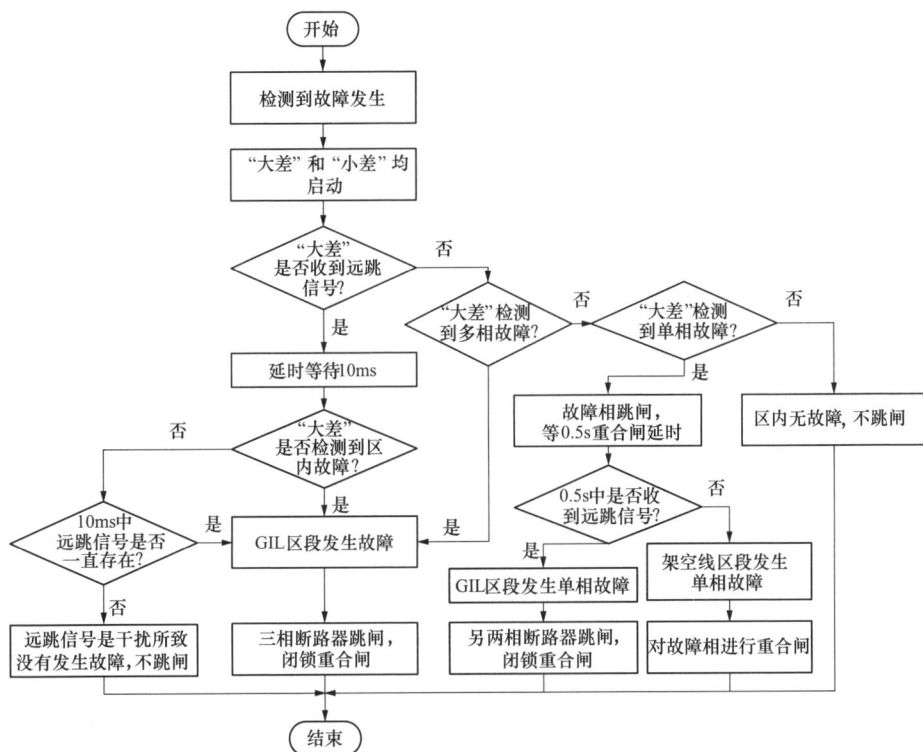

图 2-103　GIL—架空混合线路重合闸策略

2.5.4　双回线 GIL 感应电流快速释放装置控制策略

当 GIL 段发生单相接地故障时，线路"小差"保护三相跳闸并闭锁重合闸，避免重合对 GIL 管廊造成二次伤害。但两侧断路器三相跳开后，由于输电线的另外一回或多回线正常运行时传输功率大，其电容和电感的耦合作用，会在故障线路中产生一定的感应电压使故障点存在持续的感应电流，导致 GIL 击穿。

2.5.4.1 GIL 释放装置工作方式

对于 GIL—架空混合线路，高压架空输电线路相间耦合作用强，当 GIL 发生接地故障后，产生的感应电流数值较大、潜供电弧不易熄灭，需要通过感应电流释放装置快速关合来有效抑制潜供电弧，感应电流快速释放装置安装在 GIL 两端，如图 2-104 所示。

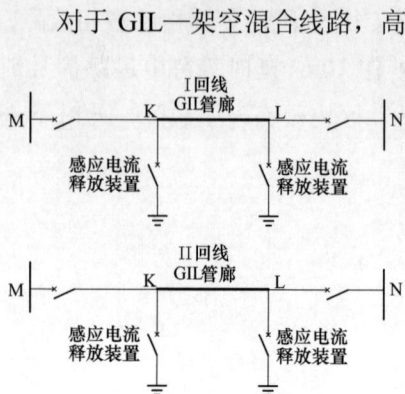

图 2-104 双回线 GIL 管廊示意图

2.5.4.2 感应电流计算分析

（1）静电感应电流。静电感应电流是当停运回路线路接地开关断开时，另一回线路运行，停运回路的感应电流快速释放装置 K 或 L 接通时流过开关的容性电流。以 I 回路 A 相接地为例，II 回线路对其产生静电感应作用的示意图如图 2-105 所示。图中，I 回线停运，II 回线路正常工作时，II 回路的三相电压分别为 $\dot{U}_A$、$\dot{U}_B$、$\dot{U}_C$；C_{AA}、C_{BA}、C_{CA} 分别为 II 回线各相与 I 回线 A 相的单位长度线路的相间电容，C_0 为故障相单位长度的对地电容，HSGS（High Speed Grounding Switch）为感应电流快速释放装置。

I 回线 A 相的静电感应电流 $\dot{I}_{SC}$ 的大小可表达为

$$\dot{I}_{SC} = \mathrm{j}\omega l(C_{AA}\dot{U}_A + C_{BA}\dot{U}_B + C_{CA}\dot{U}_C) \tag{2-89}$$

式中，l 为线路长度。

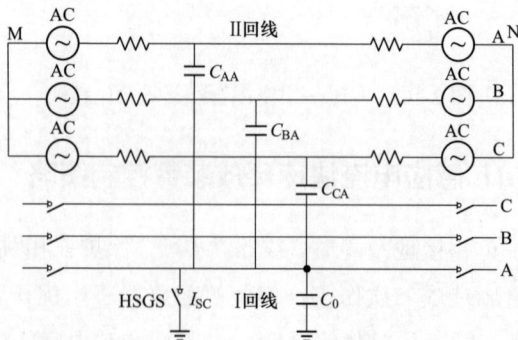

图 2-105 静电感应分布图

（2）电磁感应电流。电磁感应电流是当停运回路输电线路一侧的接地开关关合时，另一回线路运行，停运回路的感应电流快速释放装置一侧接通时流过开关的感性电流。以Ⅰ回路 A 相接地为例，Ⅱ回线路对其产生电磁感应作用的示意图如图 2-106 所示。

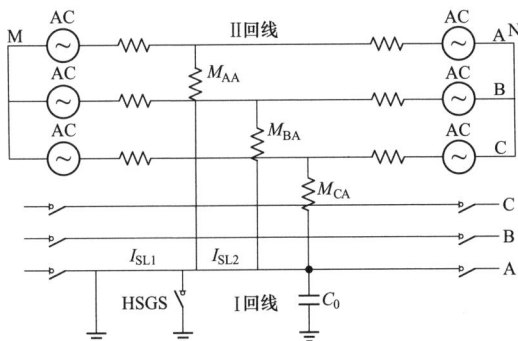

图 2-106　电磁感应分布图

图 2-106 中，Ⅰ回线停运，Ⅱ回线路正常工作时，Ⅱ回路的三相电流分别为 $\dot{I}_A$、$\dot{I}_B$、$\dot{I}_C$；M_{AA}、M_{BA}、M_{CC} 分别为Ⅱ回线各相与Ⅰ回线 A 相的单位长度线路的互感，x 为故障点距离线路 M 端的距离。$\dot{I}_{sL1}$、$\dot{I}_{sL2}$ 分别为故障点两侧的电磁感应电流，则故障点的电磁感应电流为 $\dot{I}_{sL} = \dot{I}_{sL1} - \dot{I}_{sL2}$。

$$\dot{I}_{sL1} = \frac{j\omega M_{AA}x\dot{I}_A + j\omega M_{BA}x\dot{I}_B + j\omega M_{CA}x\dot{I}_C}{j\omega Lx + 1/(j\omega C_0 x)} \tag{2-90}$$

$$\dot{I}_{sL2} = \frac{j\omega M_{AA}(l-x)\dot{I}_A + j\omega M_{BA}(l-x)\dot{I}_B + j\omega M_{CA}(l-x)\dot{I}_C}{j\omega L(l-x) + 1/[j\omega C_0(l-x)]} \tag{2-91}$$

电磁感应电流的大小与故障点所在的位置有关，当故障点位于线路的首、末端时，电磁感应电流最大

$$\dot{I}_{sLmax} = \frac{j\omega l(M_{AA}\dot{I}_A + M_{BA}\dot{I}_B + M_{CA}\dot{I}_C)}{j\omega lL + 1/(j\omega lC_0)} \tag{2-92}$$

故障相上的感应电动势 E_m 为

$$\dot{E}_m = j\omega l(M_{AA}\dot{I}_A + M_{BA}\dot{I}_B + M_{CA}\dot{I}_C) \tag{2-93}$$

2.5.4.3　释放装置合闸控制策略

感应电流快速释放装置在故障切除后开始进行控制合闸，需要根据线路两

端的模拟量、断路器位置，GIL 管廊的两侧的模拟量及 GIL 管廊两侧线路小差
保护动作行为进行控制。合闸控制策略逻辑如图 2-107 所示。

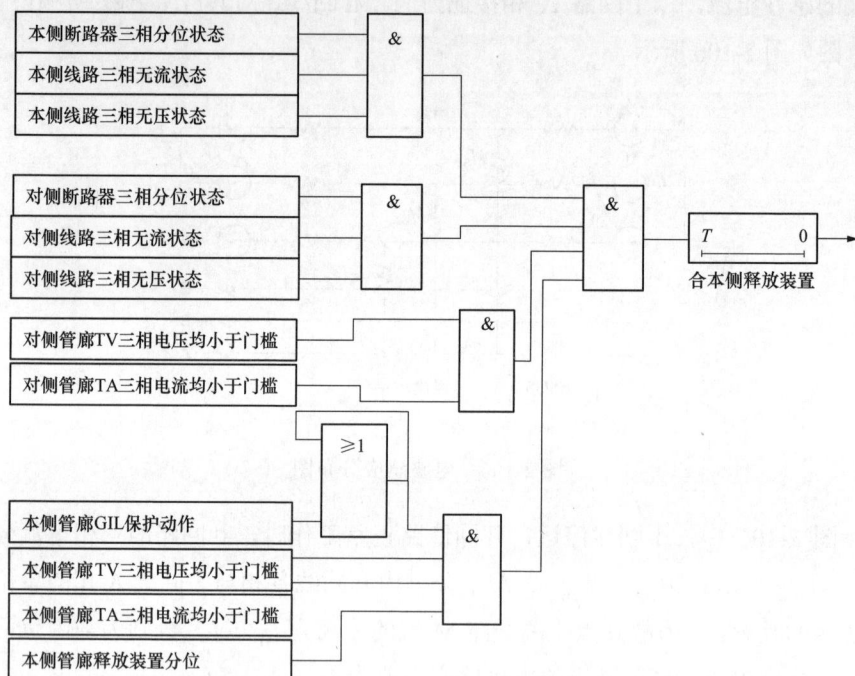

图 2-107　合闸控制策略逻辑图

在合闸策略中设定主机和辅机，主机安装于 GIL 两侧，采集 GIL 段的模拟
量、释放装置的位置和 GIL 管理线路"小差"的动作行为；辅机安装于线路两
侧，采集模拟量和开关量，两台主机之间、各侧主机和辅机之间通过光纤进行
信息传输。线路两侧和 GIL 管廊两侧的信息均参与逻辑运算。主机配置合闸控
制策略和合闸失灵告警启动功能，辅机配置失灵动作功能。

在合闸策略中，线路各侧辅机判别条件如下：

条件 1：线路两侧断路器的三相跳位无电流状态，无电流门槛为 $0.1I_n$；

条件 2：采集线路两侧 TV，三相电压均小于定值，定值按躲过最大感应电
压整定。

各侧主机判别条件如下：

条件 1：本侧 GIL 管廊 GIL 小差保护动作且故障切除后动作返回；

条件 2：本侧 GIL 管廊感应电流快速释放装置三相均处于分位状态；

条件 3：本侧 GIL 管廊 TV 三相电压均小于定值，定值按躲过最大感应电压整定；

条件 4：本侧 GIL 管廊 TA 三相电流均小于定值，定值按躲最大感应电流整定。

当 GIL 管廊本侧主机满足主机条件 1～4，对侧主机满足条件 2～4，线路两侧辅机满足条件 1～2 时，本侧主机经过确认延时 T 实现控制合闸出口，其中延时 T 需要躲过线路故障切除后断路器断开延时及可能出现的拍频电压，一般取 2～3s。

2.6 电流互感器饱和识别技术

2.6.1 电流互感器饱和机理

电流互感器由相互绝缘的一次绕组、二次绕组、铁芯以及架构、壳体、接线端子等组成，其工作原理与变压器基本相同，一次绕组匝数较少，直接串联于电源线中，二次绕组匝数较多，与仪表、继电器、送变电等电流线圈的二次负荷串联形成闭合回路。电流互感器饱和的成因是：由于其铁芯为铁磁材料，铁芯中磁通与磁感应强度呈非线性关系，一次电流通过铁芯传变至二次侧，形成二次电流，正常运行情况下，铁芯不饱和，励磁阻抗大，励磁电流很小，一次电流与二次电流呈线性关系；随着一次电流增大（故障情况下），铁芯饱和，励磁阻抗减小，励磁电流增大，二次电流减小。电流互感器饱和后二次电流发生畸变，不能准确反映一次电气量特征。

电流互感器的铁芯由高导磁率材质构成，其内部存在着由安培电流产生的自发磁化区域，相当于一块小磁铁，称为磁畴。磁化前，这些磁畴杂乱地排列着，磁性互相抵消，对外界不显示磁性。若将铁磁材料放入外磁场中，在外磁场作用下，磁畴受到磁力的作用发生旋转，并沿磁场的方向排列整齐，铁磁材料就显示出较强的磁性。

原始磁化曲线：将未磁化的铁磁材料进行磁化，当磁场强度 H 由 0 开始逐渐增加时，磁感应强度 B 也随之增加，磁感应强度 B 与磁场强度 H 的关系曲线即为原始磁化曲线，如图 2-108 所示。对于铁磁材料而言，$B = f(H)$ 曲线为非线性曲线。可以看出，当外磁场强度 H 由 0 逐渐增大时，磁感应强度 B 增加较慢，如图 2-108 中 Oa 段（起始段），然后，磁感应强度 B 随着 H 的增大而迅速增长，如图 2-108 中 ab 段（直线段），之后 B 增长逐渐放缓，并趋于饱和，如

图 2-108 中 bc 段（饱和段），达到饱和后，磁化曲线基本上成为与非铁磁材料 $B = \mu_0 H$ 特性相平行的直线，如图 2-108 中 cd 段（过饱和段）。图 2-108 中 b 点为膝点，c 为饱和点。

由于铁磁材料的磁化曲线非线性，所以磁导率 $\mu = B / H$ 也随 H 的变化而变化，如图 2-109 所示，可以看出，在磁化曲线的直线段，磁导率 μ 随磁场强度的增加而迅速增大，进入饱和区后，磁场强度增大，磁导率急速

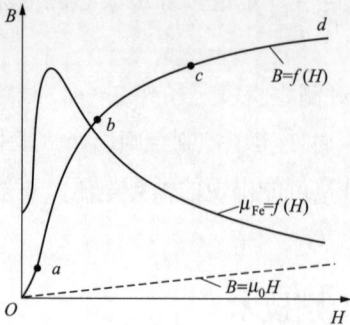

图 2-108　铁磁材料的起始磁化曲线

下降；至过饱和区，磁导率基本保持为一常数。

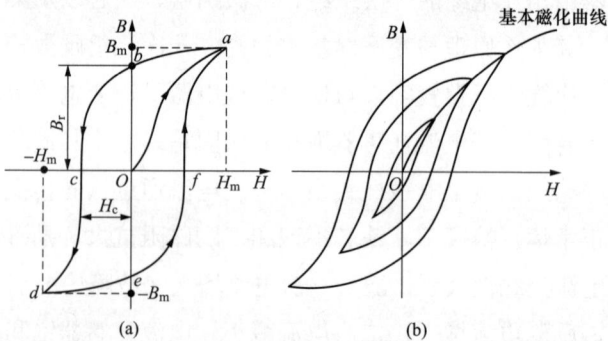

图 2-109　磁化曲线示意图
（a）磁滞回线（b）基本磁化曲线

由于磁感应强度 B 正比于磁通 φ，磁场强度 H 正比于励磁磁动势 F 或励磁电流 i，所以只要适当改变 $B = f(H)$ 全线的标尺，磁化曲线就可以用 $\varphi = f(i)$ 来表示。

为了充分利用铁磁材料，并使磁路具有较高的磁导率，使得磁路内得到同样的磁通量时所需激磁电流较小，设计电机和变压器时，通常把 B 值选择在 b（称为膝点）附近。

磁滞回线：若将铁磁材料进行周期性磁化，B 和 H 之间的变化关系就会变

成如图 2-109（a）中曲线"*abcdefa*"所示。由图 2-109 可见，当 H 开始从零增加到 H_m 时，B 相应地从零增加到 B_m；以后如逐渐减小磁场强度 H，B 值将沿曲线 ab 下降。当 $H=0$ 时，B 并不等于零，而等于 B_r，这种去掉外磁场之后，铁磁材料内仍然保留的磁通密度 B_r，称为剩余磁通密度，简称剩磁。要使 B 值从 B_r 减小到零，必须加上相应的反向外磁场，此反向磁场强度称为矫顽力，用 H_c 表示。B_r 和 H_c 是铁磁材料的两个重要参数。铁磁材料所具有的这种磁通密度 B 的变化滞后于磁场强度 H 变化的现象，称为磁滞。呈现磁滞现象的 *B-H* 闭合回线，称为磁滞回线。

基本磁化曲线：对同一铁磁材料，选择不同的磁场强度 H 进行反复磁化，可得一系列大小不同的磁滞回线，如图 2-109（b）所示。再将各磁滞回线的顶点连接起来，所得的曲线称为基本磁化曲线或平均磁化曲线。

电流互感器的等效电路如图 2-110 所示，图中 Z_1 为电流互感器的一次侧阻抗，Z_2' 为电流互感器二次侧阻抗（折算到一次侧），Z_{fh} 为电流互感器负载，Z_m 为电流互感器的励磁阻抗。

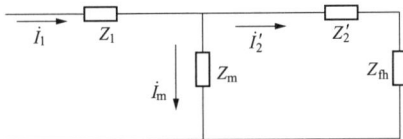

图 2-110　电流互感器等效电路

由图 2-110 可得

$$\dot{U}_2 = \dot{I}_m Z_m = \dot{I}_2'(Z_2' + Z_{fh}) \tag{2-94}$$

$$\dot{I}_1 = \dot{I}_m + \dot{I}_2' \tag{2-95}$$

$$\dot{I}_2' = \frac{\dot{I}_1 Z_m}{Z_m + Z_2' + Z_{fh}} \tag{2-96}$$

$$\dot{I}_m = \frac{\dot{I}_1(Z_2' + Z_{fh})}{Z_m + Z_2' + Z_{fh}} \tag{2-97}$$

在电流互感器未饱和时有

$$\frac{L_m}{Z_2}\frac{di_m}{dt} + i_m = i_1 \tag{2-98}$$

式中，$Z_2 = Z_2' + Z_{fh}$。

假设 $i_1 = I_1 \cos \omega t$，将其代入式（2-97），可得励磁电流 i_m 如式（2-99）所示

$$i_m = I_1 \cos[\arctan(\omega \tau_2)]\cos[\omega t - \arctan(\omega \tau_2)] \\ - I_1 \cos^2[\arctan(\omega \tau_2)]e^{-t/\tau_2} \tag{2-99}$$

式中，I_1 为一次电流峰值，$\tau_2 = L_m / R_2$ 为时间常数。令 $\arctan(\omega\tau_2) = \alpha$，则式（2-99）可简化为

$$i_m = I_1 \cos\alpha \times \cos(\omega t - \alpha) - I_1 \cos^2\alpha \times e^{-t/\tau_2} \tag{2-100}$$

由式（2-100）可知，励磁电流由两部分组成，第一项为周期分量，第二项为衰减的非周期分量。

对于直流分量，$\omega = 0$，$\alpha = 0$，$i_m = I_1 - I_1 e^{-t/\tau_2}$，当非周期分量衰减完毕，$i_m = I_1$，可见，直流分量基本全部通过励磁回路，此直流电流产生的恒定磁通将成为部分励磁磁通。如其幅值大到一定程度，再与剩磁叠加，可能会导致变压器磁通的增加而达到饱和，从而影响励磁电流的幅值。此外，直流偏磁电流在电气回路上流过励磁回路，也使得励磁电流中直流分量有所增加。

图 2-111 为磁通为正弦波时磁路饱和时励磁电流波形，当磁通随时间正弦变化且磁路饱和时，由于磁路的非线性，励磁电流波形发生畸变，成为尖顶波。如果将励磁电流波形进行分解，除了基波外，还包含其他奇次谐波，其中以三次谐波最大，磁路越饱和，励磁电流的波形尖顶越严重，谐波也越显著。但无论励磁电流波形尖顶有多严重，它的基波相位始终与磁通的相位相同。

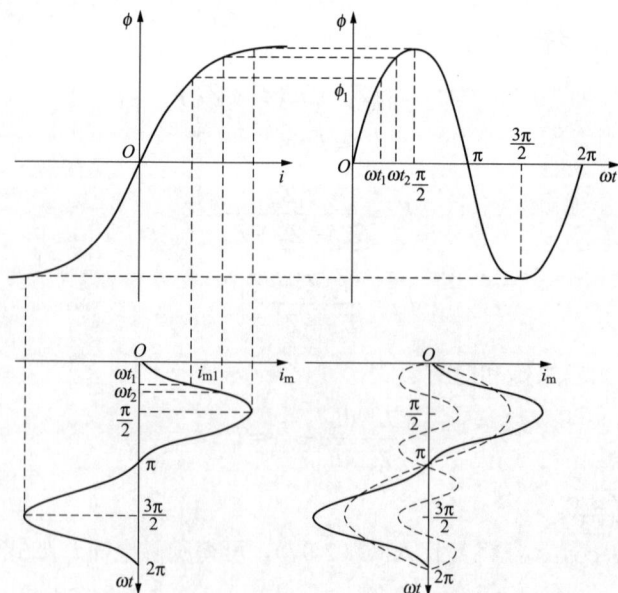

图 2-111   磁通为正弦波时磁路饱和对电流波形的影响

（1）当铁芯不饱和时，Z_m 很大且基本不变，i_m 很小。

（2）当 i_1 增大后，铁芯开始饱和，则 Z_m 迅速下降，i_m 增加。i_1 中的直流分量会加速饱和。

（3）当 i_1 大到一定程度时，电流互感器进入饱和状态，I_2' 变小，i_m 增大。

（4）当电流互感器严重饱和时，Z_m 急剧减少至接近零，i_1 全部变成 i_m，I_2' 接近于 0。

正常运行情况下，负荷电流不会造成 TA 饱和，TA 饱和与故障发生时刻、故障产生的直流分量及 TA 剩磁有关。

2.6.2 电流互感器二次电流特征

通过对电流互感器饱和机理的分析得到电流互感器二次电流的主要特征如下：

（1）故障开始阶段，电流互感器存在线性传递区，二次电流与一次电流满足线性关系，线性传递区的大小与电流互感器饱和速度有关。

（2）电流互感器饱和后，二次电流发生畸变，畸变程度与电流互感器饱和深度有关。

电流互感器保护造成二次电流畸变会影响电流差动保护动作的可靠性，因此，电流差动保护均应配置 TA 饱和闭锁判据。不同工况下，二次电流的采样值突变量特征如下：

（1）正常情况下。以线路为例（如图 2-112 所示），线路两侧电流一、二次采样值分别为 $i_{m.1}(t)$、$i_{n.1}(t)$、$i_{m.2}(t)$、$i_{n.2}(t)$。

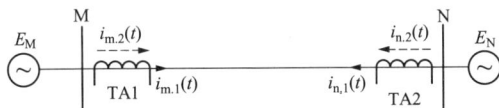

图 2-112 正常系统示意图

一、二次电流突变量计算公式为

$$\Delta i_{m.1}(t) = i_{m.1}(t) - i_{m.1}(t-N) \tag{2-101}$$

$$\Delta i_{n.1}(t) = i_{n.1}(t) - i_{n.1}(t-N) \tag{2-102}$$

$$\Delta i_{m.2}(t) = i_{m.2}(t) - i_{m.2}(t-N) \tag{2-103}$$

$$\Delta i_{n.2}(t) = i_{n.2}(t) - i_{n.2}(t-N) \tag{2-104}$$

式中，N 为一周波采样点数。

分别以 $\Delta i_{m.1}(t)$ 和 $\Delta i_{n.1}(t)$、$\Delta i_{m.2}(t)$ 和 $\Delta i_{n.2}(t)$ 为横纵坐标建立采样值坐标平面（如图 2-113 所示），正常情况下，$\Delta i_{m.1}(t) = \Delta i_{n.1}(t) = 0$，$\Delta i_{m.2}(t) = \Delta i_{n.2}(t) = 0$，（$\Delta i_{m.1}(t)$，$\Delta i_{n.1}(t)$）、（$\Delta i_{m.2}(t)$，$\Delta i_{n.2}(t)$）处于采样值坐标平面原点位置。

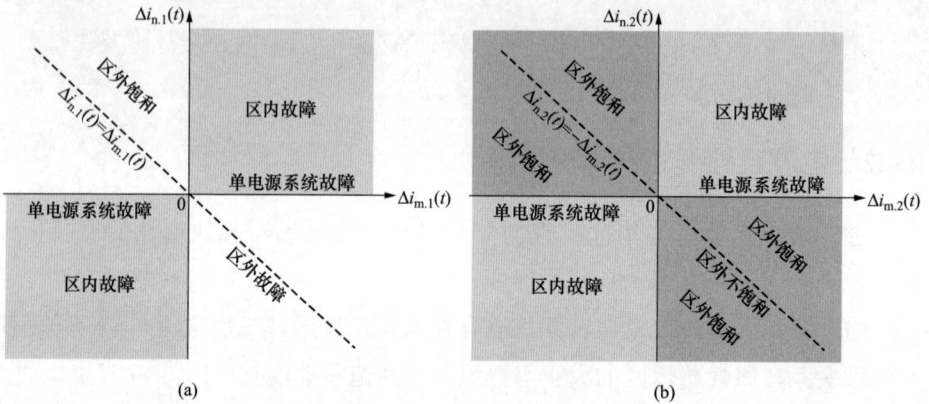

图 2-113　采样值平面
（a）一次采样值；（b）二次采样值

（2）区内故障。区内故障时，故障网络及故障附加网络如图 2-114 所示，区内故障时，$\Delta i_{m.1}(t) \cdot \Delta i_{n.1}(t) > 0$，$\Delta i_{m.2}(t) \cdot \Delta i_{n.2}(t) > 0$。（$\Delta i_{m.1}(t)$，$\Delta i_{n.1}(t)$）、（$\Delta i_{m.2}(t)$，$\Delta i_{n.2}(t)$）在采样值坐标平面上（图 2-113 中）位于第 I、III 象限。

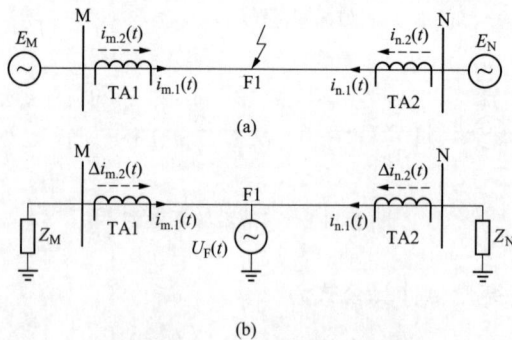

图 2-114　区内故障系统示意图
（a）故障网络；（b）附加网络

（3）区外故障。区外故障时，故障网络及故障附加网络如图 2-115 所示，区外故障时，$\Delta i_{m.1}(t) \cdot \Delta i_{n.1}(t) < 0$，$\Delta i_{m.2}(t) \cdot \Delta i_{n.2}(t) < 0$。（$\Delta i_{m.1}(t)$，$\Delta i_{n.1}(t)$)、($\Delta i_{m.2}(t)$，$\Delta i_{n.2}(t)$)在采样值坐标平面上（图 2-113 中）位于第 II、IV 象限。

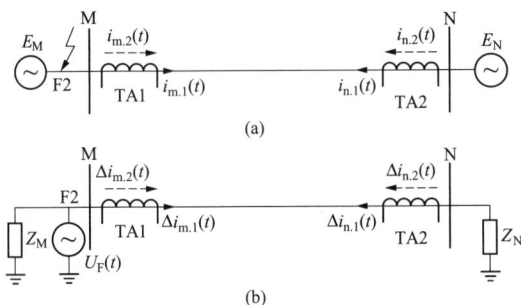

图 2-115 区外故障系统示意图
（a）故障网络；（b）附加网络

（4）单电源系统故障。单电源系统故障时，故障网络及故障附加网络如图 2-116 所示，单电源系统故障时，$\Delta i_{m.1}(t) \neq 0$，$\Delta i_{m.2}(t) \neq 0$，$\Delta i_{n.1}(t) = 0$，$\Delta i_{n.2}(t) = 0$。[$\Delta i_{m.1}(t)$，$\Delta i_{n.1}(t)$]、[$\Delta i_{m.2}(t)$，$\Delta i_{n.2}(t)$]在采样值坐标平面上（图 2-113 中）水平轴上。

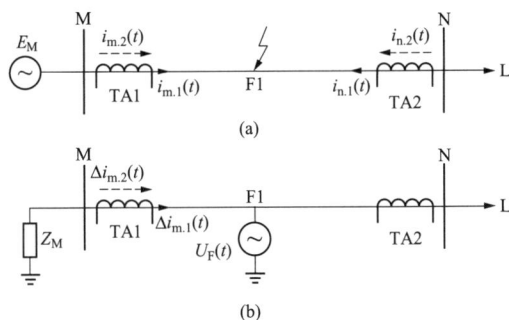

图 2-116 单电源系统故障示意图
（a）故障网络；（b）附加网络

2.6.3 利用采样值突变量的电流互感器识别方法

2.6.3.1 饱和识别判据数据预处理

正常运行情况下，负荷电流不会造成 TA 饱和，TA 饱和与故障发生时刻、故障产生的直流分量及 TA 剩磁有关，本文利用电流突变量采样值构造 TA 饱和识别判据。

以线路为例（如图 2-117 所示），线路两侧电流突变量采样值分别为 $\Delta i_m(t)$ 和 $\Delta i_n(t)$。以 $\Delta i_m(t)$ 与 $\Delta i_n(t)$ 为横、纵坐标建立坐标平面，如图 2-118 所示。

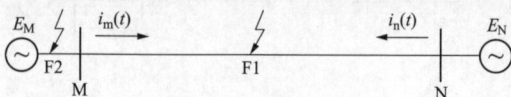

图 2-117   故障系统示意图

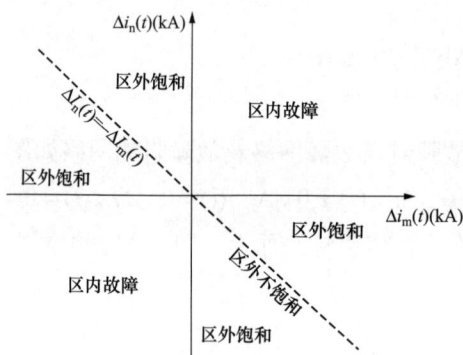

图 2-118   区内外故障电流突变量采样值特征

$\Delta i_m(t)$ 与 $\Delta i_n(t)$ 不变号。

经过上述处理，得到平面如图 2-119 所示，从图中可得，经过数据预处理，达到了两个目的：①将 $\max(|\Delta i_m(t)|,$ $|\Delta i_n(t)|)$ 置于 y 轴，消去Ⅲ、Ⅳ象限；②将区内、外故障特征集中在［45°，135°］。以上预处理也可以理解为以 y 轴为极化，区分区内外故障及电流互感器饱和。

经过以上处理后，得到 x 轴数据 $\Delta i_x(t)$ 与 y 轴数据 $\Delta i_y(t)$，对 $\Delta i_x(t)$、$\Delta i_y(t)$ 进行逐点积分。

进行电流互感器饱和识别前，需要进行数据预处理，分为以下几步：

（1）保护启动后，对于每一个采样点，首先选横、纵坐标轴，即 x、y 轴。若 $|\Delta i_m(t)| > |\Delta i_n(t)|$，则将 $\Delta i_m(t)$ 置于 y 轴，$\Delta i_n(t)$ 置于 x 轴；否则，$\Delta i_n(t)$ 置于 y 轴，$\Delta i_m(t)$ 置于 x 轴。

（2）进一步，若 y 轴数据小于 0，$\Delta i_m(t)$ 与 $\Delta i_n(t)$ 同时变号，不改变区内、外故障特征；若 y 轴数据大于 0，

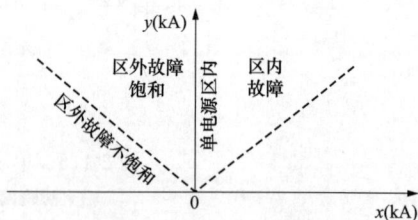

图 2-119   数据预处理后的采样值积分平面

$$\begin{cases} \Delta i_{X\Sigma}(N) = \displaystyle\sum_{n=-2}^{N} \Delta i_{x}(n) \\ \Delta i_{Y\Sigma}(N) = \displaystyle\sum_{n=-2}^{N} \Delta i_{y}(n) \end{cases} \qquad (2\text{-}105)$$

以 $\Delta i_{X\Sigma}(N)$ 为横坐标，$\Delta i_{Y\Sigma}(N)$ 为纵坐标在平面上描点，结果如下：

1）区内故障时，当 $\Delta i_{m}(t) = \Delta i_{n}(t)$，积分结果在 I 象限 $x=y$ 上单调增大；当 $\Delta i_{m}(t) \neq \Delta i_{n}(t)$，积分结果在（45°，90°）范围内单调增大。

2）区外故障电流互感器不饱和时，$\Delta i_{m}(t) = -\Delta i_{n}(t)$，积分结果在 II 象限 $x = -y$ 上单调增；电流互感器饱和时，积分结果在（90°，135°）范围内单调增大。

3）对于单侧电源，$\Delta i_{m}(t) = 0$ 或 $\Delta i_{n}(t) = 0$，积分结果在 y 轴上单调增大。

2.6.3.2　识别区域边界的确定

根据以上分析，对于故障特征平面，将平面分成 3 个区（如图 2-120 所示）：区内故障（I 区）、区外故障（II 区）、区外故障 TA 饱和（III 区）。3 个区域的划分由两条直线确定，分别为

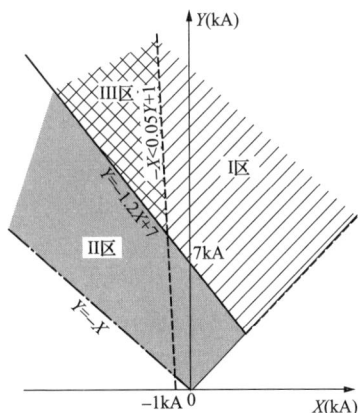

$$y = -1.2x + 7 \qquad (2\text{-}106)$$
$$-x = 0.05y + 1 \qquad (2\text{-}107)$$

各区域的识别判据如下：

（1）区内故障（I 区）识别判据

$$-\Delta i_{X\Sigma}(N) < 0.05\Delta i_{Y\Sigma}(N) + 1 \qquad (2\text{-}108)$$

图 2-120　故障分区示意图

（2）区外故障（II 区）识别判据

$$\Delta i_{Y\Sigma}(N) < -1.2\Delta i_{X\Sigma}(N) + 7 \qquad (2\text{-}109)$$

（3）区外故障 TA 饱和（III 区）识别判据

$$\begin{cases} \Delta i_{Y\Sigma}(N) > -1.2\Delta i_{X\Sigma}(N) + 7 \\ -\Delta i_{X\Sigma}(N) > 0.05\Delta i_{Y\Sigma}(N) + 1 \end{cases} \qquad (2\text{-}110)$$

对于区外故障造成的电流互感器饱和。无论饱和多快，总是先区外故障，后电流互感器饱和。积分轨迹先沿第 II 象限 $x=-y$ 单调增，再向上翘进入 III 区，即区外饱和积分轨迹进入 III 区的路径一定是从 II 区进入 III 区。

对于区内短路造成的电流互感器饱和，无论饱和多快，总是先区内短路，后电流互感器饱和。积分轨迹先在第 I 象限内单调增，再向上翘。

2.6.3.3　电流互感器饱和的识别

保护启动后，立即逐点进行突变量采样值积分。

对电流采样值突变量进行逐点积分，并进行以下判断：

（1）若位于区内故障（I区），直接开放保护；

（2）若位于区外故障（II区），持续积分、持续闭锁，直至积满；

（3）若位于区外故障 TA 饱和（III区），停止积分，立即闭锁差动保护，确定进入 III 区的时刻 t_{BH}，等待积满时间，计算全波傅氏差流 $I_{\Sigma max}$。

积分完毕后，分为 3 种结果：直接开放、在 II 区、曾经进入过 III 区且记忆 t_{BH} 和 $I_{\Sigma max}$。t_{BH} 和 $I_{\Sigma max}$ 可以衡量区外短路电流互感器的饱和程度，其中 t_{BH} 反映饱和速度，$I_{\Sigma max}$ 反映饱和深度。

电流互感器饱和识别方法流程图如图 2-121 所示。

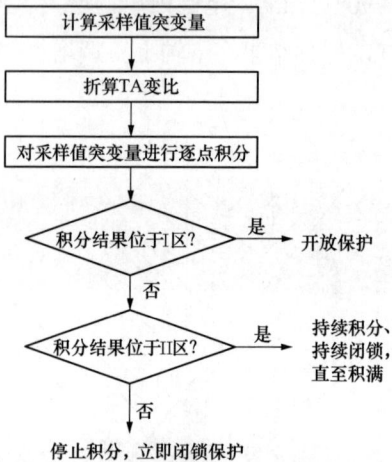

图 2-121　TA 饱和识别流程图

2.6.3.4　仿真验证

利用 RTDS 建立了输电线路仿真模型，采样率是 24 点/频率。线路仿真模型 1 如图 2-122 所示，系统参数见表 2-8，故障点为 F1 和 F2。电流互感器变比为 500A/1A。线路长度 10km。

表 2-8　　　　　　　　　　仿 真 系 统 参 数

线路长度	10km	电压等级	1000kV
线路参数		系统参数	
Z_1	$0.0076+j0.263\Omega/km$	Z_{M1}	$50\Omega/85°$
Z_0	$0.154+j0.831\Omega/km$	Z_{M0}	$50\Omega/85°$

线路长度	10km	电压等级	1000kV
线路参数		系统参数	
X_{C1}	0.2279MΩ·km	Z_{N1}	50Ω/85°
X_{C0}	0.3423MΩ·km	Z_{N0}	50Ω/85°

3/2 断路器接线线路模型如图 2-123 所示，线路长度 200km，系统参数见表 2-9。故障点为 F1 和 F4。

图 2-122　仿真系统示意图

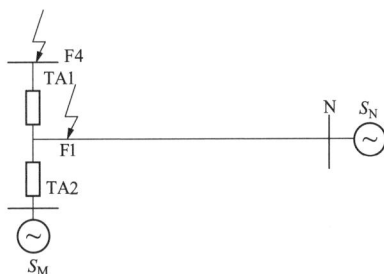

图 2-123　仿真系统示意图

表 2-9　　　　　　　　　　　　仿 真 系 统 参 数

线路长度	200km	电压等级	1000kV
线路参数		系统参数	
Z_1	0.0076+j0.263Ω/km	Z_{M1}	10Ω/85°
Z_0	0.154+j0.831Ω/km	Z_{M0}	10Ω/85°
X_{C1}	0.2279MΩ·km	Z_{N1}	5Ω/85°
X_{C0}	0.3423MΩ·km	Z_{N0}	5Ω/85°

（1）双端线路模型区外故障。双端线路模型中 F2 点发生三相短路后，线路两侧电流（二次值）如图 2-124 所示。从图 2-124 中可得，区外故障后，M 侧的电流互感器三相饱和造成 M 侧三相电流发生畸变。

图 2-125 为电流互感器饱和识别判据得到的仿真结果。从图 2-125 中可得，区外故障后，三相电流突变量采样值积分从Ⅱ区（区外故障）进入Ⅲ区（区外饱和），三相进入Ⅲ区的时刻 t_{BH} 分比为 t_{BH_A} =10.8ms，t_{BH_B} =17.5ms，t_{BH_C} =10.8ms；三相差流最大值 $I_{\Sigma max}$ （一次值）分别为：$I_{\Sigma max\_A}$ =23.27kA，$I_{\Sigma max\_B}$ =27.27kA，$I_{\Sigma max\_C}$ =70.31kA。

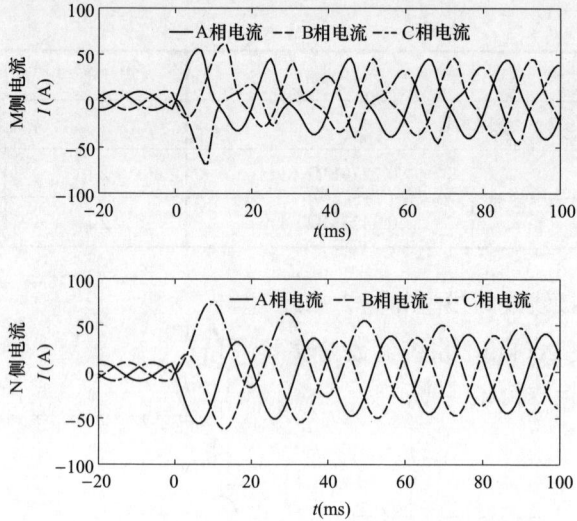

图 2-124 区外 F2 点故障电流互感器饱和后电流波形

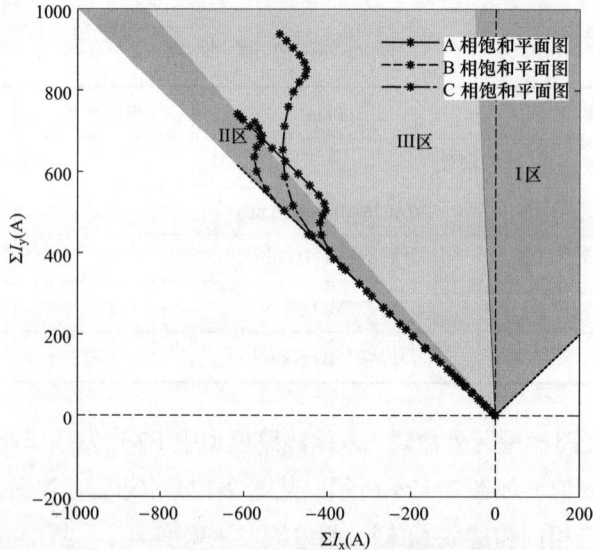

图 2-125 电流互感器饱和识别仿真结果

（2）双端线路模型区内故障。双端线路模型中 F1 点发生三相短路后，线路两侧电流（二次值）如图 2-126 所示。从图 2-126 中可得，区内故障后，M 侧电流互感器饱和，导致三相电流发生畸变。

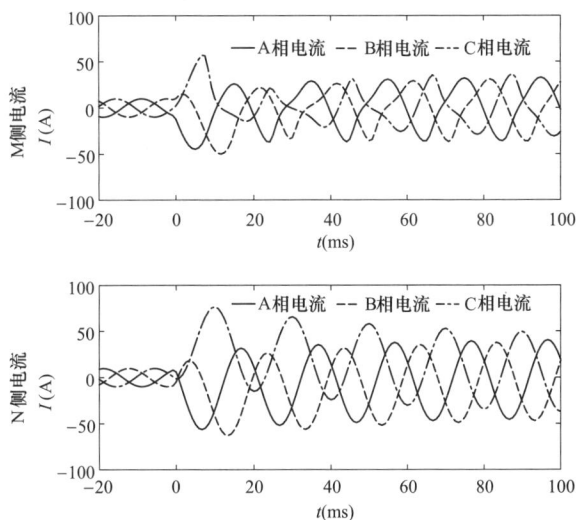

图 2-126　F1 点区内故障电流互感器饱和后电流波形

图 2-127 为利用本文提出的电流互感器饱和识别判据得到的仿真结果。从图 2-127 中可得，区内故障后，三相电流突变量采样值积分在 I 区。

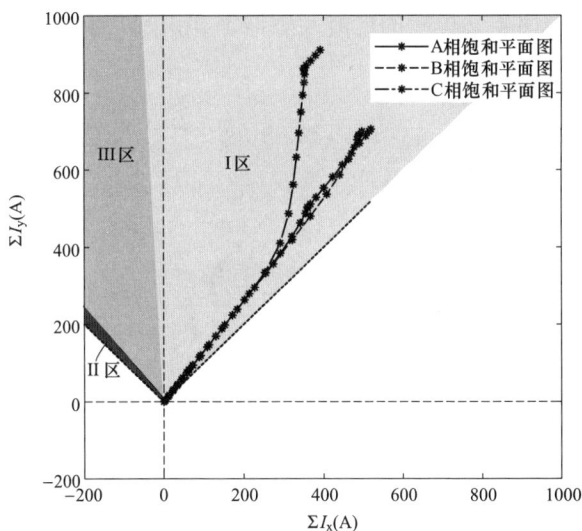

图 2-127　电流互感器饱和识别仿真结果

（3）3/2 断路器接线模型区外故障。3/2 断路器接线模型中 F4 点发生三相短路后，线路两侧电流（二次值）如图 2-128 所示，从图中可得，区外故障后，

TA1 和 TA2 饱和造成 M 侧三相电流发生畸变。

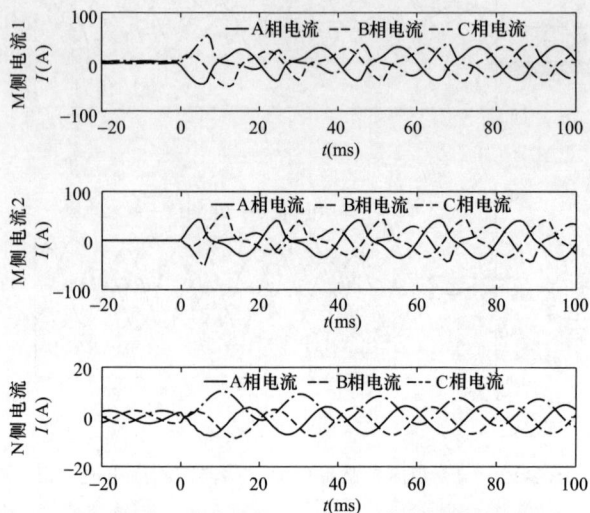

图 2-128　F4 区外故障电流互感器饱和后电流波形

图 2-129 为利用本文提出的电流互感器饱和识别判据得到的仿真结果。从

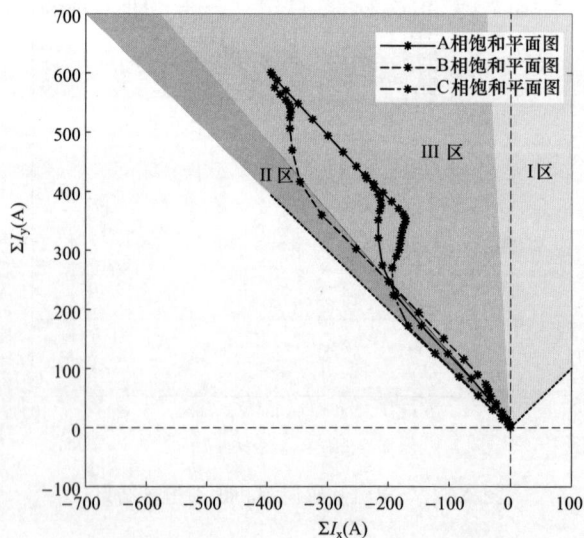

图 2-129　F4 区外故障电流互感器饱和识别仿真结果

图 2-129 中可得，区外故障后，三相电流突变量采样值积分从 II 区（区外故障）进入 III 区（区外饱和）。三相进入 III 区的时刻分别为：$t_{\mathrm{BH\_A}} = 0\mathrm{ms}$，$t_{\mathrm{BH\_B}} = 0\mathrm{ms}$，$t_{\mathrm{BH\_C}} = 7.5\mathrm{ms}$；三相差流最大值 $I_{\Sigma\mathrm{max}}$（一次值）分别为：$I_{\Sigma\mathrm{max\_A}} = 27.75\mathrm{kA}$，$I_{\Sigma\mathrm{max\_B}} = 30.93\mathrm{kA}$，$I_{\Sigma\mathrm{max\_C}} = 27.77\mathrm{kA}$。

第 3 章　同塔输电线路保护技术

3.1　同塔同压输电线路保护技术

同塔输电技术可以节省占地，提高输电通道的电力输送能力，在负荷中心或输电走廊紧缺地区得到广泛应用，同塔输电分为同塔同压输电、同塔混压输电，由于同塔输电线路之间存在零序互感，会影响输电线路距离保护与零序方向元件的动作性能，本章分析同塔同压输电线路、同塔混压输电线路不同类型故障后保护的动作性能。

3.1.1　同塔同压输电线路故障对零序方向元件影响分析

3.1.1.1　线路横向故障零序方向元件动作性能分析

（1）横向故障零序分量特征。同塔同压输电线路结构如图 3-1 所示，以同

图 3-1　同塔同压输电线路

（a）同塔双回输电线路；（b）同塔四回输电线路

塔双回线为例进行分析，同塔同压输电线路的零序等值网络如图 3-2 所示。图
中，Z_{M0}、Z_{N0} 分别为 M、N 侧系统零序阻抗，Z_{I0}、Z_{II0} 分别为 I、II 回线零序阻抗，Z_{m0} 为双回线之间的零序互阻抗。

当同塔输电线路一回发生不对称横向故障时，零序等值网络如图 3-3（a）所示，其中不对称横向故障包括单相接地故障、两相短路故障、两相接地故障。零序电压分布如图

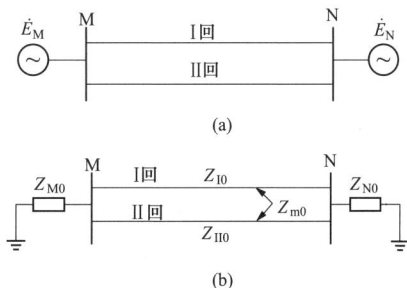

图 3-2　同塔同压双回线零序等值网络
（a）同塔双回输电线路示意图；（b）零序等值网络

3-3（b）所示。可见，对于故障线路 II 回，故障点 F 处零序电压最大，线路两侧系统中性点处零序电压为 0，零序电流从故障点流向线路两侧。对于非故障线路 I 回，线路两侧零序电压与故障线路两侧零序电压相同，零序电流为穿越性电流，由线路零序电压较高一侧流向零序电压较低一侧。图中，各电气量计算公式如下

$$\dot{I}_{\text{I-M0}} = -\dot{I}_{\text{I-N0}} = \frac{\dot{U}_{M0} - \dot{U}_{N0}}{Z_{I0}} \tag{3-1}$$

$$\dot{I}_{\text{II-M0}} = \frac{\dot{U}_0 - \dot{U}_{M0}}{Z_{\text{II-MF0}}} \tag{3-2}$$

$$\dot{I}_{\text{II-N0}} = \frac{\dot{U}_0 - \dot{U}_{N0}}{Z_{\text{II-NF0}}} \tag{3-3}$$

$$\dot{I}_{\text{II-M0}} = \dot{I}_{\text{I-M0}} + \dot{I}_{M0} \tag{3-4}$$

$$\dot{I}_{\text{II-N0}} + \dot{I}_{\text{I-N0}} = \dot{I}_{N0} \tag{3-5}$$

$$\dot{U}_{M0} = \dot{I}_{M0} Z_{M0} \tag{3-6}$$

$$\dot{U}_{N0} = \dot{I}_{N0} Z_{N0} \tag{3-7}$$

（2）零序方向元件动作性能分析。线路两侧的零序电流与零序电压满足以下关系

$$\dot{U}_{M0} = (\dot{I}_{\text{II-M0}} - \dot{I}_{\text{I-M0}}) Z_{M0} \tag{3-8}$$

$$\dot{U}_{N0} = (\dot{I}_{\text{II-N0}} + \dot{I}_{\text{I-N0}}) Z_{N0} \tag{3-9}$$

零序方向元件的动作判据为

$$-180° < \text{Arg}\frac{\dot{U}_0}{\dot{I}_0} < 0° \qquad (3-10)$$

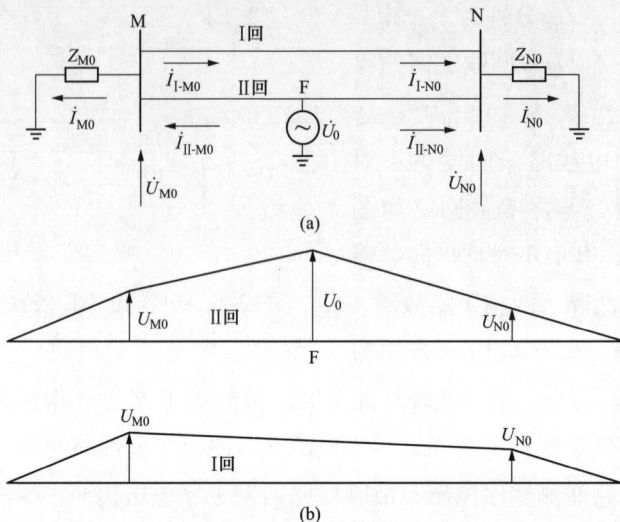

(a)

(b)

图 3-3   同塔同压双回线不对称故障零序等值网络及零序电压分布

（a）零序等值网络；（b）零序电压分布

满足式（3-10），判断为正方向故障；不满足式（3-10），判断为反方向故

障。零序方向元件的动作特性如图 3-4 所示。

图 3-4   零序方向元件动作特性

当零序电压 $\dot{U}_0$ 较小时，需要进行补偿，补偿后的零序电压 $\dot{U}_0'$ 为

$$3\dot{U}_0' = 3\dot{U}_0 - 3\dot{I}_0 Z_{\text{set}} \qquad (3-11)$$

式中，$\dot{I}_0$ 为保护安装处的零序电流；Z_{set} 为补偿阻抗。

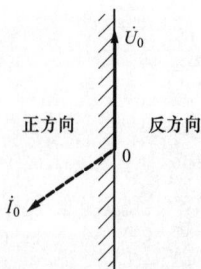

对于故障线路 II，补偿后的零序电压如图 3-5 所示，可见补偿后的零序电压幅值大于补偿前的零序电压。零序电流与零序电压的相位关系如图 3-6 所示。线路两侧零序方向元件均判断为正方向。

对于非故障线路 I，补偿后的零序电压如图 3-7 所示，M 侧补偿后的零序电压小于补偿前，N 侧补偿后的零序电压大于补偿前的零序电压。零序电流与零序电压的相位关系如图 3-8 所示。线路 M 侧零序方向元件判断为反方向，线

路 N 侧零序方向元件判断为正方向。

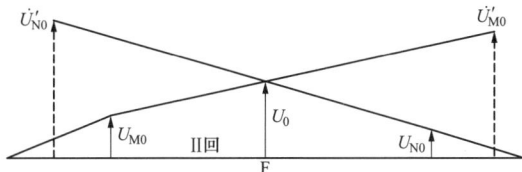

图 3-5　故障线路零序补偿电压

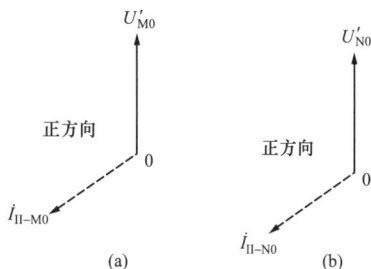

图 3-6　故障线路零序方向元件判别结果
（a）M 侧；（b）N 侧

图 3-7　故障线路零序补偿电压

由于 M 侧补偿后的零序电压减小，当减小过零时，零序电压反向，如图 3-9 所示。零序电流与零序补偿电压的相位关系如图 3-10 所示。线路 M 侧零序方向元件误判为正方向。

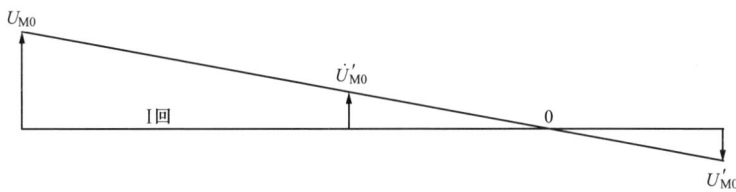

图 3-8　故障线路零序补偿电压
（a）M 侧；（b）N 侧

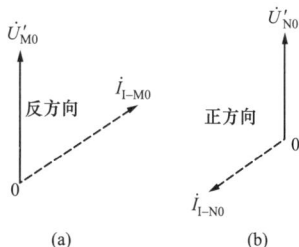

图 3-9　故障线路零序补偿电压

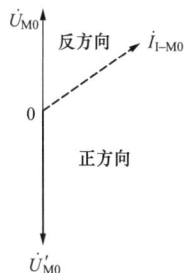

图 3-10　故障线路零序补偿电压

比较图 3-5 和图 3-7 可得，补偿前 I、II 回线 M 侧零序电压相同，补偿后 I、II 回线 M 侧零序电压不同。对于故障线路，线路两侧零序方向元件均判断为正方向。对于非故障线路，若补偿后的零序电压反向，会导致零序方向元件发生误判。

3.1.1.2　线路纵向故障零序方向元件动作性能分析

（1）纵向故障零序分量特征。当同塔输电线路一回发生不对称纵向故障时，零序等值网络如图 3-11（a）所示，其中不对称纵向故障包括单相断线故障，两相断线故障。零序电压分布如图 3-11（b）所示。可见，对于故障线路 I 回，线路两侧零序电压方向相反，零序电流为穿越性电流。对于非故障线路 II 回，线路两侧零序电压与故障线路两侧零序电压相同，零序电流为穿越性电流，由线路零序电压较高一侧流向零序电压较低一侧。

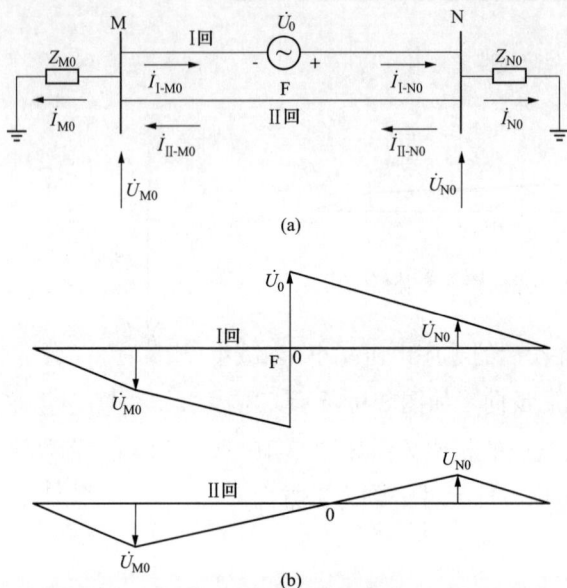

(a)

(b)

图 3-11 同塔同压双回线纵向故障零序等值网络及零序电压分布

（a）零序效网络；（b）零序电压分布

（2）零序方向元件动作性能分析。线路两侧的零序电流与零序电压满足以下关系

$$\dot{U}_{M0} = (\dot{I}_{II\text{-}M0} - \dot{I}_{I\text{-}M0})Z_{M0} \tag{3-12}$$

$$\dot{U}_{N0} = (\dot{I}_{I\text{-}N0} - \dot{I}_{II\text{-}N0})Z_{N0} \tag{3-13}$$

故障线路 I 补偿后的零序电压如图 3-12 所示，可见补偿后的零序电压幅值大于补偿前的零序电压。零序电流与零序电压的相位关系如图 3-13 所示。线路两侧零序方向元件均判断为正方向。

对于非故障线路 II，补偿后的零序电压如图 3-14 所示，线路两侧补偿后的零序电压小于补偿前的零序电压。零序电流与零序电压的相位关系如图 3-15 所示。线路两侧零序方向元件判断为反方向。

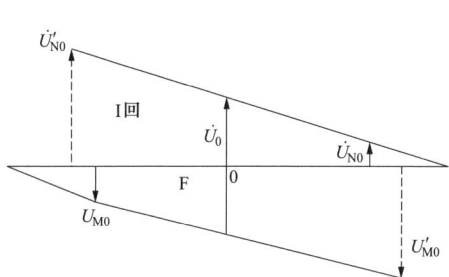

图 3-12　故障线零序补偿电压分布

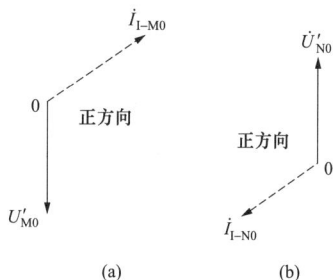

图 3-13　故障线路零序方向元件判别结果
（a）M 侧；（b）N 侧

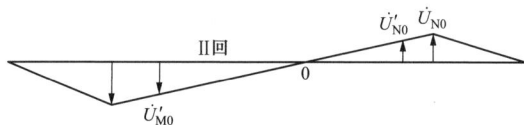

图 3-14　非故障线零序补偿电压分布

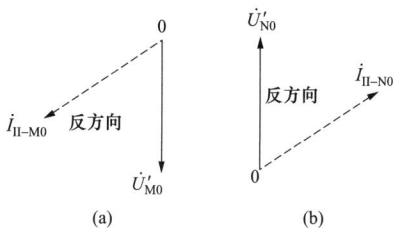

图 3-15　故障线路零序方向元件判别结果
（a）M 侧；（b）N 侧

由于线路两侧补偿后的零序电压减小，当减小过零时，零序电压反向，如图 3-16 所示。零序电流与零序补偿电压的相位关系如图 3-17 所示。线路两侧零序方向元件误判为正方向。

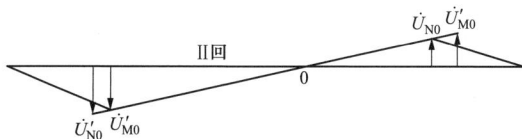

图 3-16　非故障线零序补偿电压分布（电压反向）

综上所述，同塔同压输电线路发生故障时：

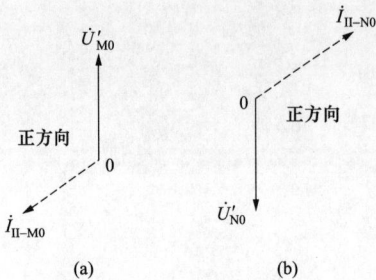

图 3-17 故障线路零序方向
元件判别结果（电压反向）
（a）M 侧；（b）N 侧

（1）Ⅰ回线发生横向故障时，故障线路两侧零序电压方向与故障点处零序电压方向相同，线路两侧的零序电流方向为故障点流向母线，线路两侧补偿后的零序电压幅值大于补偿前的零序电压，线路两侧的零序方向元件均判断为正方向。

（2）Ⅰ回线发生横向故障时，非故障线路两侧零序电压方向与故障点处零序电压方向相同，线路两侧的零序电流方向相反，线路一侧补偿后的零序电压幅值大于补偿前的零序电压，线路另一侧补偿后的零序电压幅值小于补偿前的零序电压，线路两侧的零序方向元件均一侧判断为正方向，一侧判断为反方向。当零序补偿电压反向时，零序方向元件会将正方向故障误判断为反方向故障。

（3）Ⅰ回线发生纵向故障时，故障线路两侧零序电压方向相反，线路两侧的零序电流方向相反，线路两侧补偿后的零序电压幅值大于补偿前的零序电压，线路两侧的零序方向元件均判断为正方向。

（4）Ⅰ回线发生纵向故障时，非故障线路两侧零序电压方向相反，线路两侧的零序电流方向相反，线路两侧的零序方向元件均判断为反方向。线路两侧补偿后的零序电压幅值小于补偿前的零序电压，当零序补偿电压反向时，零序方向元件会将反方向故障误判断为正方向故障。

3.1.1.3 仿真分析

（1）仿真模型。在 RTDS 仿真平台上搭建 500kV 同塔同压双回输电线路仿真模型，仿真系统如图 3-18 所示。

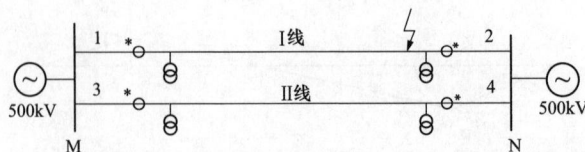

图 3-18 同塔同压双回线路仿真系统

电源参数：$Z_m = 20 \angle 88° \Omega$，$Z_n = 20 \angle 88° \Omega$。

线路参数：MN=200km，$R_1 = 0.0196 \Omega/km$，$X_1 = 0.28 \Omega/km$，$C_1 = 0.0135 \mu F/km$，$R_0 = 0.1828 \Omega/km$，$X_0 = 0.86 \Omega/km$，$C_0 = 0.0092 \mu F/km$。

（2）仿真结果。

1）线路横向故障零序方向元件动作特性。在Ⅰ回线路末端 N 侧发生 A 相金属性接地故障，零序方向元件仿真结果如图 3-19 所示，图中，故障时刻为 0ms，故障线路零序电压滞后零序电流，非故障线路一侧零序电压滞后零序电流，另一侧零序电压超前零序电流。零序方向元件正确动作。

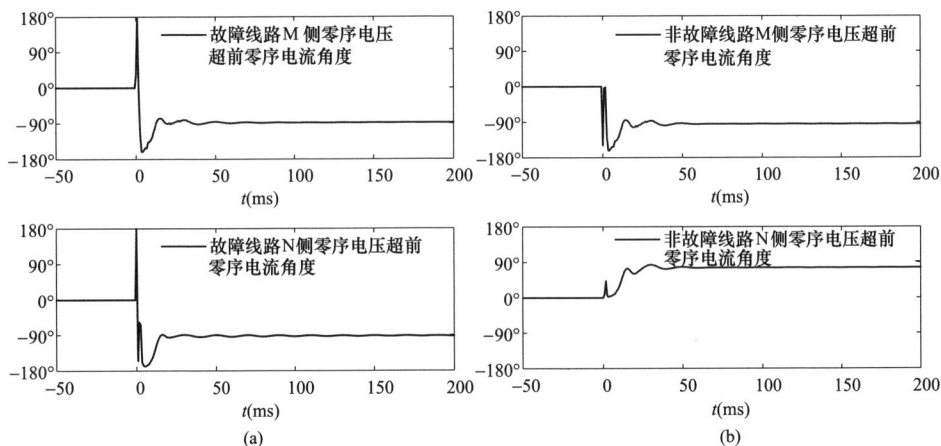

图 3-19　横向故障零序方向仿真结果
（a）故障线路仿真结果；（b）非故障线路仿真结果

对零序电压进行补偿后，零序电压幅值变化如图 3-20 所示，图中，故障时刻为 0ms，故障线路零序电压补偿后幅值增大，非故障线路零序电压补偿后一侧幅值增大，一侧幅值减小。

经零序电压补偿后的零序方向元件仿真结果如图 3-21 所示，图中，故障时刻为 0ms，故障线路零序电压滞后零序电流，非故障线路一侧零序电压滞后零序电流，另一侧零序电压超前零序电流。零序方向元件正确动作。

若零序电压过补偿，即 Z_{set} 整定过大时，零序方向元件仿真结果如图 3-22 所示，图中，故障时刻为 0ms，故障线路零序电压滞后零序电流，零序方向元件正确动作，而非故障线路一侧零序电压出现反向，两侧同时满足零序电压滞后零序电流，零序方向元件发生误动。

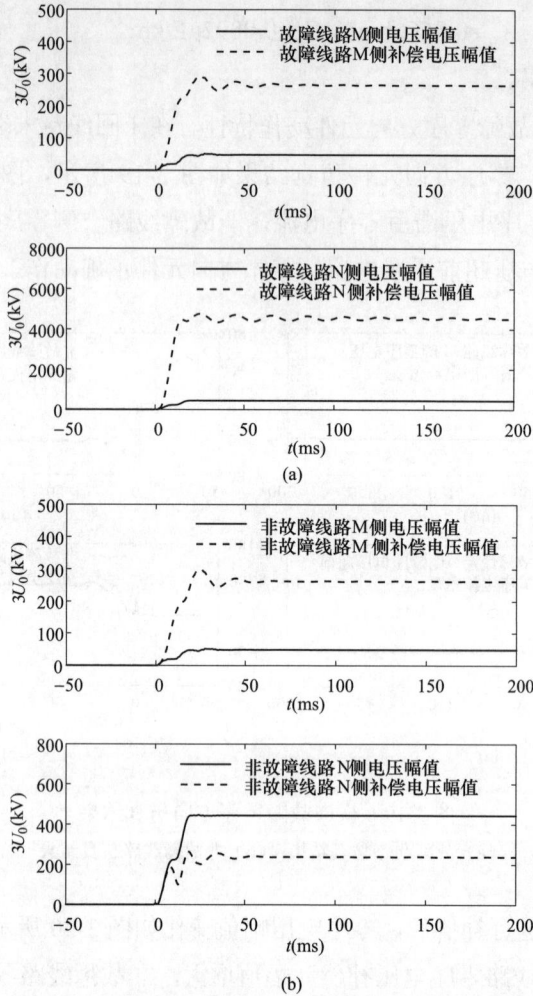

图 3-20　横向故障零序电压补偿前后幅值变化

（a）故障线路零序电压幅值仿真结果；（b）非故障线路零序电压幅值仿真结果

2）线路纵向故障零序仿真元件动作特性。在Ⅰ回线路末端 N 侧发生 A 相断线故障，零序方向元件仿真结果如图 3-23 所示，图中，故障时刻为 0ms，故障线路零序电压滞后零序电流，非故障线路零序电压超前零序电流。零序方向元件正确动作。

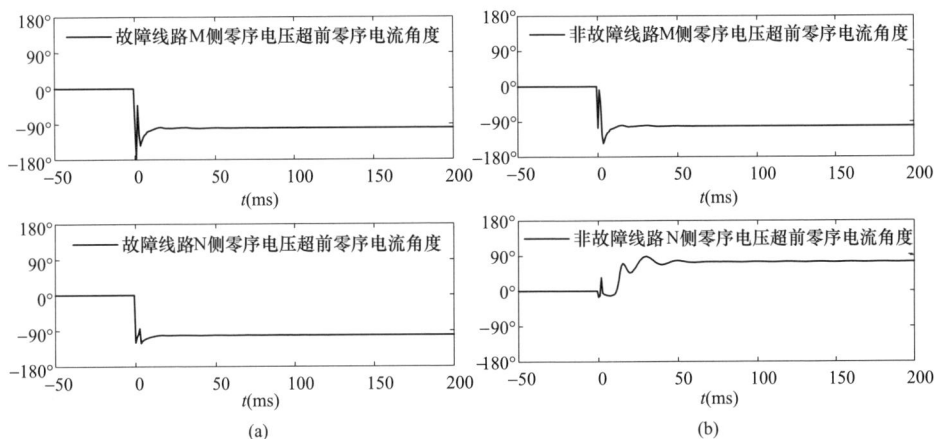

图 3-21 横向故障零序电压补偿后零序方向仿真结果
（a）故障线路仿真结果；（b）非故障线路仿真结果

经零序电压补偿后的零序方向元件仿真结果如图 3-24 所示，图中，故障时刻为 0ms，故障线路零序电压滞后零序电流，零序方向元件正确动作。非故障线路零序电压出现反向，两侧同时满足零序电压滞后零序电流，零序方向元件发生误动。

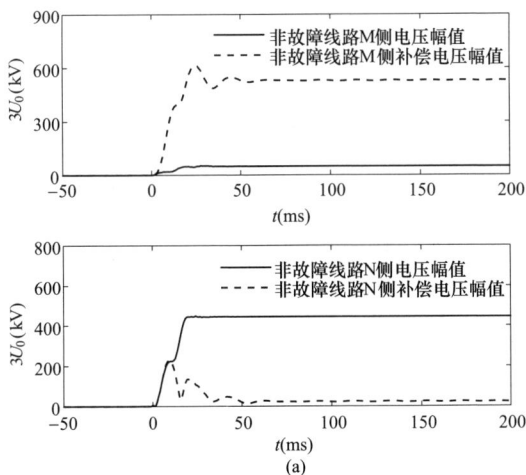

图 3-22 横向故障零序电压过补偿仿真结果（一）
（a）非故障线路零序电压幅值

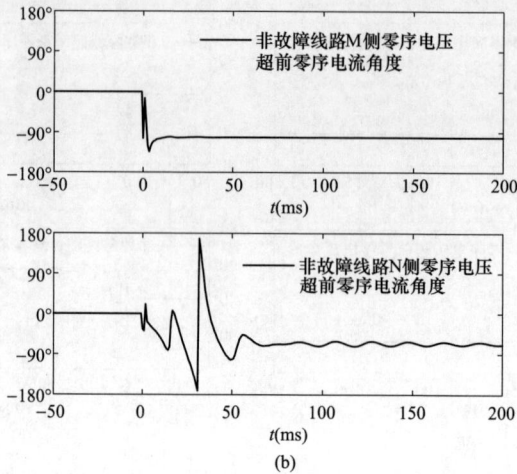

（b）

图 3-22　横向故障零序电压过补偿仿真结果（二）

（b）非故障线路零序方向

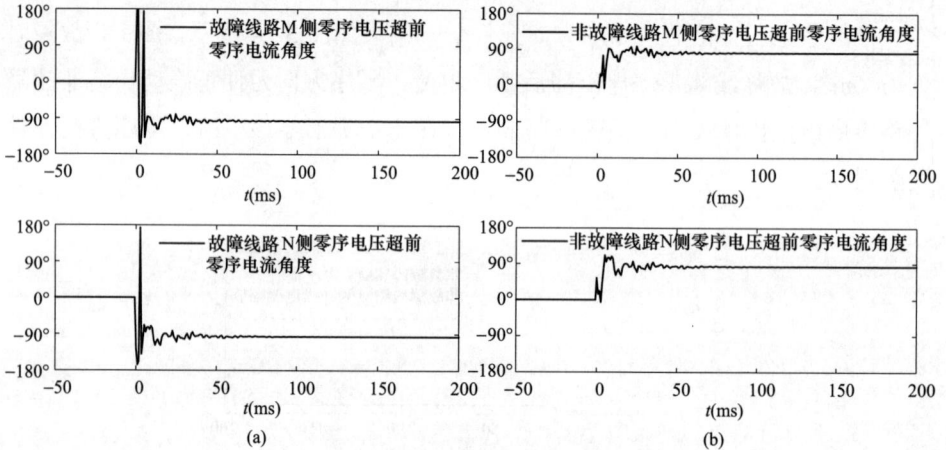

图 3-23　纵向故障零序方向仿真结果

（a）故障线路仿真结果；（b）非故障线路仿真结果

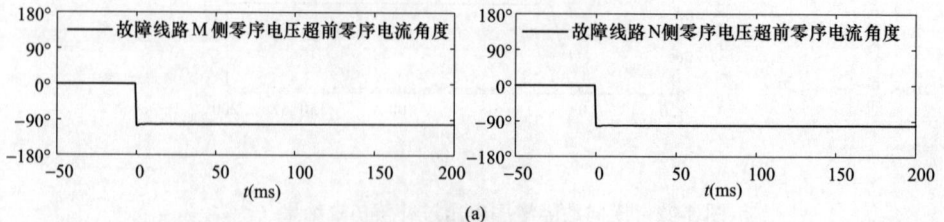

图 3-24　纵向故障零序电压补偿后零序方向仿真结果（一）

（a）故障线路仿真结果

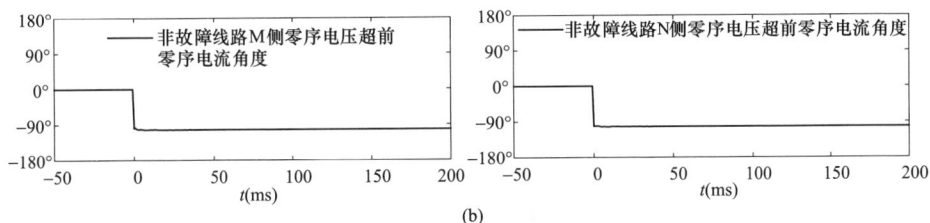

图 3-24　纵向故障零序电压补偿后零序方向仿真结果（二）
（b）非故障线路仿真结果

3.1.2　同塔同压输电线路不同运行方式对接地距离保护影响分析

对于单回运行的无互感线路，接地距离保护的零序电流补偿系数为

$$K = \frac{Z_0 - Z_1}{3Z_1} \tag{3-14}$$

式中，K 为零序补偿系数；Z_1 为线路正序阻抗；Z_0 为线路零序阻抗。

对于同塔双回线，通常存在三种运行方式，II 回线路间的零序互感为 Z_{m0}。

3.1.2.1　正常运行对距离保护的影响

双回线正常运行时，线路间零序互感对距离保护的零序补偿系数影响最大，计算式为

$$K = \frac{Z_0 - Z_1 + Z_{m0}}{3Z_1} \tag{3-15}$$

3.1.2.2　I 回停运对距离保护的影响

因停运线路零序电流为 0，距离保护的零序补偿系数为

$$K = \frac{Z_0 - Z_1}{3Z_1} \tag{3-16}$$

与单回无互感线路相同。

3.1.2.3　I 回检修对距离保护的影响

I 回线路正常运行，另一回线路挂地检修时，线间零序互感影响距离保护的零序补偿系数为

$$K = \frac{Z_0 - Z_1 - Z_m^2 / Z_0}{3Z_1} \tag{3-17}$$

可见，同塔双回线不同运行方式下的零序电流补偿系数差异较大，影响接地距离保护的测量阻抗，进而影响保护动作性能。

3.2   同塔混压输电线路保护技术

3.2.1   同塔混压输电线路故障对零序方向元件影响分析

3.2.1.1   线路横向故障零序方向元件动作性能分析

（1）横向故障零序分量特征。同塔混压输电线路结构如图 3-25 所示，以同塔混压四回线为例进行分析，同塔同压输电线路的零序等值网络如图 3-26 所示。

(a)   (b)

图 3-25   同塔同压输电线路

（a）1000kV/500kV 同塔线路；（b）500kV/220kV 同塔线路

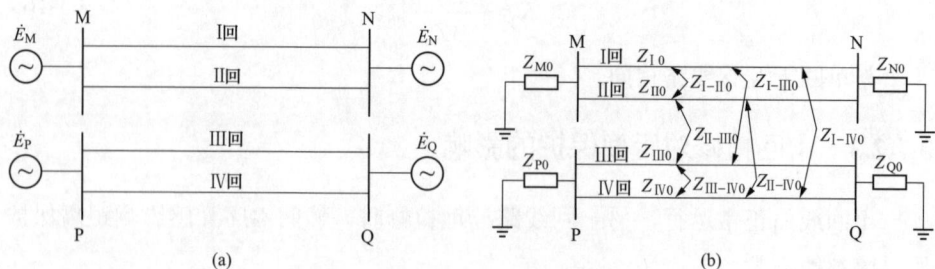

图 3-26   同塔混压双回线零序等值网络

（a）同塔双回输电线路示意图；（b）零序等值网络

当同塔输电线路 I 回发生不对称横向故障时，非故障线路III、IV回线零序等值网络如图 3-27（a）所示，图中，$\dot{U}_{0m}$ 为 I 回线发生故障后，通过零序互感耦合到III、IV回线上的电压，零序电压分布如图 3-27（b）所示。可见，对于非故障线路，线路两侧零序电压方向相反，零序电流为穿越性电流。

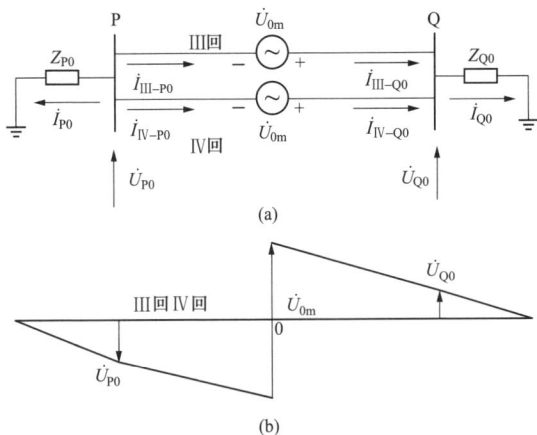

(a)

(b)

图 3-27　同塔双回线短路故障零序量分布情况（ I 回短路）

（2）零序方向元件动作性能分析。线路两侧的零序电流与零序电压满足以下关系

$$\dot{U}_{P0} = -(\dot{I}_{III\text{-}P0} + \dot{I}_{IV\text{-}P0})Z_{P0} \tag{3-18}$$

$$\dot{U}_{Q0} = (\dot{I}_{III\text{-}Q0} + \dot{I}_{IV\text{-}Q0})Z_{Q0} \tag{3-19}$$

根据式（3-11），非故障线路补偿后的零序电压如图 3-28 所示，可见补偿后的零序电压幅值大于补偿前的零序电压。零序电流与零序电压的相位关系如图 3-29 所示。线路两侧零序方向元件均判断为正方向。

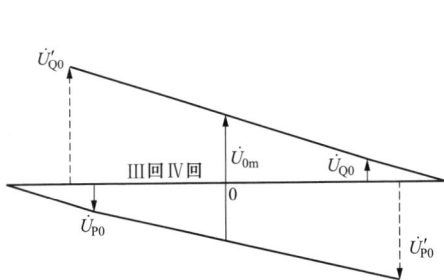

图 3-28　故障线零序补偿电压分布

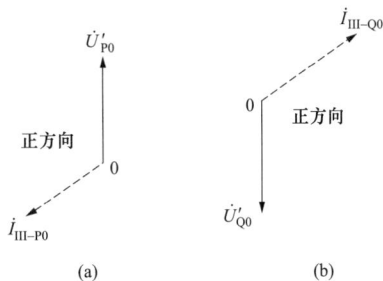

(a)　　　　　(b)

图 3-29　故障线路零序方向元件判别结果
（a）M 侧；（b）N 侧

综上所述，同塔混压输电线路发生故障时，Ⅰ回线发生横向故障时，非故障线路Ⅲ、Ⅳ回线两侧零序电压方向相反，线路两侧的零序电流方向相反，线路两侧补偿后的零序电压幅值大于补偿前的零序电压，线路两侧的零序方向元件均判断为正方向。

当同塔输电线路Ⅰ回发生纵向故障时，非故障线路Ⅲ、Ⅳ回线的零序等值网络及零序方向元件的动作行为与同塔输电线路Ⅰ回发生横向故障时类似。

3.2.1.2 仿真分析

在 RTDS 仿真平台上搭建同塔混压线路试验模型如图 3-30 所示，图中 1000kV 的线路Ⅰ、Ⅱ与 500kV 的线路Ⅲ、Ⅳ组成的同塔四回线路输电系统。线路长度均为 200km，全程同塔。

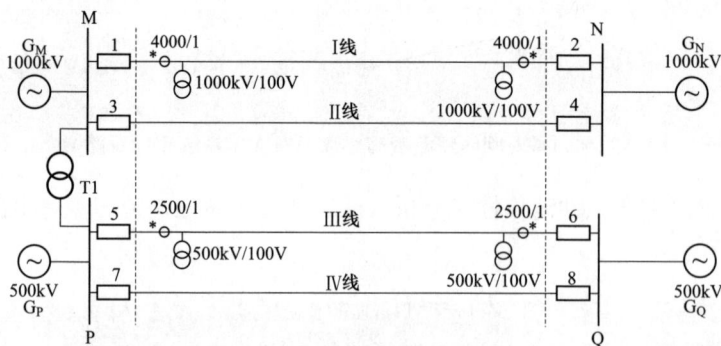

图 3-30   同塔混压线路模型

不同电压等级的同塔线路，两端均与不同电压等级系统相连。M 侧/P 侧考虑两电压等级间不同电联系程度，分别模拟工程中常见的经联络变连接和极端弱电强磁的两个独立系统。N 侧/Q 侧分别连接两个独立系统。

在Ⅰ回线路末端 N 侧发生 A 相金属性接地故障，零序方向元件仿真结果如图 3-31 所示，图中，故障时刻为 0ms，Ⅰ线零序电压滞后零序电流，Ⅱ线、Ⅲ线及Ⅳ线一侧零序电压滞后零序电流，另一侧零序电压超前零序电流。零序方向元件正确动作。

经零序电压补偿后的零序方向元件仿真结果如图 3-32 所示，图中，故障时刻为 0ms，Ⅰ线零序电压滞后零序电流，零序方向元件正确动作。Ⅱ线、Ⅲ线及Ⅳ线一侧零序电压出现反向，两侧同时满足零序电压滞后零序电流，零序方向元件发生误动。

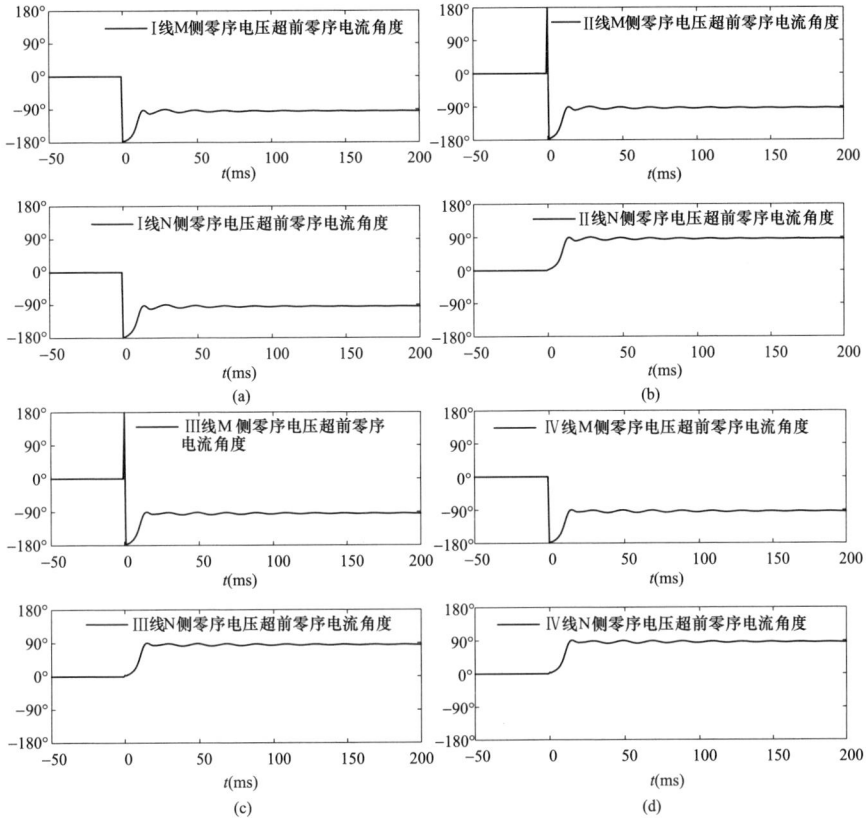

图 3-31　纵向故障零序方向仿真结果

（a）Ⅰ线仿真结果；（b）Ⅱ线仿真结果；（c）Ⅲ线仿真结果；（d）Ⅳ线仿真结果

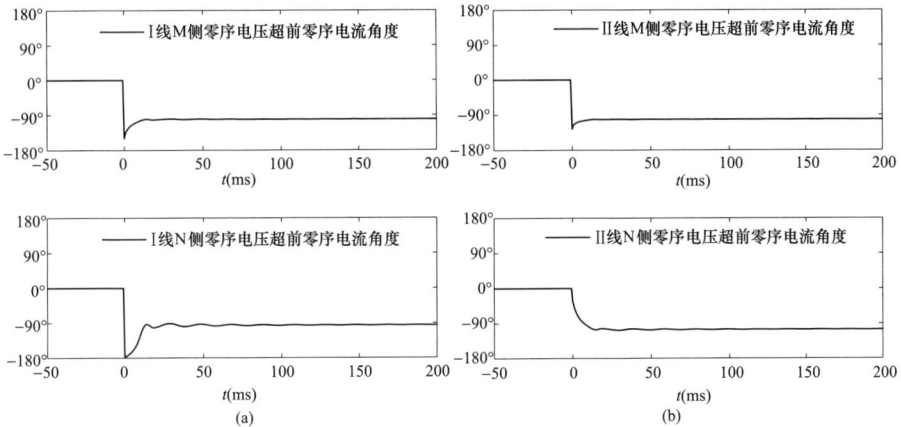

图 3-32　纵向故障零序电压补偿后零序方向仿真结果（一）

（a）Ⅰ线仿真结果；（b）Ⅱ线仿真结果

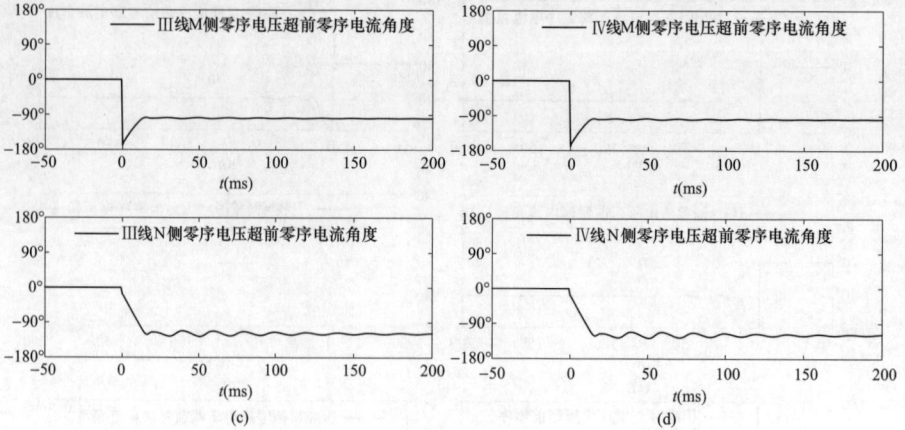

图 3-32   纵向故障零序电压补偿后零序方向仿真结果（二）

（c）Ⅲ线仿真结果；（d）Ⅳ线仿真结果

3.2.2   同塔混压输电线路不同运行方式对距离保护影响分析

以同塔混压四回输电线路为例，零序等值网络如图 3-26 所示，图中，Ⅰ、Ⅱ回线为同一电压等级，Ⅲ、Ⅳ回线为另一电压等级，图中，Z_{I0}、Z_{II0}、Z_{III0}、Z_{IV0} 分别为Ⅰ～Ⅳ回线单位长度零序自阻抗，$Z_{I\text{-}II0}$、$Z_{I\text{-}III0}$、$Z_{I\text{-}IV0}$ 分别为Ⅰ回线与Ⅱ、Ⅲ、Ⅳ回线间单位长度零序互阻抗，$Z_{II\text{-}III0}$、$Z_{II\text{-}IV0}$ 分别为Ⅱ回线与Ⅲ、Ⅳ回线间单位长度零序互阻抗，$Z_{III\text{-}IV0}$ 为Ⅲ回线与Ⅳ回线间单位长度零序互阻抗，Z_{M0}、Z_{N0}、Z_{P0}、Z_{Q0} 分别为 M、N、P、Q 侧系统零序阻抗。

受零序互感影响，Ⅰ回线 M 侧保护处的电流和电压满足

$$\dot{U}_{MA} = Z_A(\dot{I}_{I\text{-}MA} + 3K_I \dot{I}_{I\text{-}M0} + 3K_{I\text{-}II}\dot{I}_{II\text{-}M0} + 3K_{I\text{-}III}\dot{I}_{III\text{-}P0} + 3K_{I\text{-}IV}\dot{I}_{IV\text{-}P0}) \quad (3\text{-}20)$$

式中，Z_A 为故障点到Ⅰ回线 M 侧保护的线路阻抗，$K_{I\text{-}II}=Z_{I\text{-}II0}/3Z_{I1}$、$K_{I\text{-}III}=Z_{I\text{-}III0}/3Z_{I1}$、$K_{I\text{-}IV}=Z_{I\text{-}IV0}/3Z_{I1}$ 分别为Ⅱ回线 M 侧零序电流、Ⅲ回线 P 侧零序电流，Ⅳ回线 P 侧零序电流。

令

$$K = K_I + K_{I\text{-}II}\frac{\dot{I}_{II\text{-}M0}}{\dot{I}_{I\text{-}M0}} + K_{I\text{-}III}\frac{\dot{I}_{III\text{-}P0}}{\dot{I}_{I\text{-}M0}} + K_{I\text{-}IV}\frac{\dot{I}_{IV\text{-}P0}}{\dot{I}_{I\text{-}M0}} \quad (3\text{-}21)$$

可得

$$Z_A = \frac{\dot{U}_{MA}}{\dot{I}_{I\text{-}MA} + 3K\dot{I}_{I\text{-}M0}} \quad (3\text{-}22)$$

K 值的选择会影响接地距离继电器的保护范围，结合式（3-21）和式（3-22），当 $K > K_I$ 时，保护范围缩短，当 $K < K_I$ 时，保护范围越限，K 值的大小与线路的运行方式和故障点位置有关。

对于同塔混压输电线路，由于电压等级不同，其运行方式与同塔同压线路不同。对于单回输电线路的运行方式，可以分为正常运行方式、检修方式（线路两侧开关断开且两侧接地刀闸接地）和停运方式（线路两侧开关断开且两侧接地刀闸不接地）三种方式。

同塔混压线路的运行方式是多回线路 3 种状态的组合，以同塔混压四回线为例，共有 81 种运行方式。

设单相接地故障位于 I 回线末端，分析 I 回线 M 侧接地距离继电器的零序补偿系数。

3.2.2.1 四回线正常运行

四回线正常运行时，$\dot{I}_{\text{I-M0}} = \dot{I}_{\text{II-M0}}$，III 和 IV 回线中的零序分量是由 I 和 II 回线的零序分量通过零序互感耦合得到的，$\dot{I}_{\text{III-P0}}$、$\dot{I}_{\text{IV-P0}}$ 与 $\dot{I}_{\text{I-M0}}$、$\dot{I}_{\text{II-M0}}$ 方向相反，代入式（3-21），可得

$$K = K_I + K_{\text{I-II}} - K_{\text{I-III}} \frac{\dot{I}_{\text{III-P0}}}{\dot{I}_{\text{I-M0}}} - K_{\text{I-IV}} \frac{\dot{I}_{\text{IV-P0}}}{\dot{I}_{\text{I-M0}}} \qquad (3\text{-}23)$$

且

$$\dot{I}_{\text{III-P0}} = \frac{\dot{I}_{\text{I-M0}} Z_{\text{I-III0}} + \dot{I}_{\text{II-M0}} Z_{\text{II-III0}}}{Z_{\text{III0}} + Z_{\text{P0}} + Z_{\text{Q0}}} \qquad (3\text{-}24)$$

$$\dot{I}_{\text{IV-P0}} = \frac{\dot{I}_{\text{I-M0}} Z_{\text{I-IV0}} + \dot{I}_{\text{II-M0}} Z_{\text{II-IV0}}}{Z_{\text{IV0}} + Z_{\text{P0}} + Z_{\text{Q0}}} \qquad (3\text{-}25)$$

由式（3-23）可得，$\dot{I}_{\text{II-M0}}$ 对 K 值起助增作用，$\dot{I}_{\text{III-P0}}$、$\dot{I}_{\text{IV-P0}}$ 对 K 值起削弱作用。

3.2.2.2 四回线中存在检修线路

当同塔多回线路运行中存在检修线路，如图 3-30 所示，I、II、III 回线正常运行，IV 回线检修时，各回线零序电流方向没有变化，但是 IV 回线零序电流大小发生改变。

$$\dot{I}'_{\text{IV-P0}} = \frac{\dot{I}_{\text{I-M0}} Z_{\text{I-IV0}} + \dot{I}_{\text{II-M0}} Z_{\text{II-IV0}}}{Z_{\text{IV0}}} \tag{3-26}$$

比较式（3-25）和式（3-26），$\left| \dot{I}'_{\text{IV-P0}} \right| > \left| \dot{I}_{\text{IV-P0}} \right|$。

此时，Ⅰ回线 M 侧接地距离继电器的零序补偿系数为

$$K' = K_{\text{I}} + K_{\text{I-II}} - K_{\text{I-III}} \frac{\dot{I}_{\text{III-P0}}}{\dot{I}_{\text{I-M0}}} - K_{\text{I-IV}} \frac{\dot{I}'_{\text{IV-P0}}}{\dot{I}_{\text{I-M0}}} \tag{3-27}$$

且 $K' < K$。

当同塔多回线路中存在检修线路时，与四回线运行相比，零序补偿系数较小。对于各种线路运行方式，只要存在检修线路，检修线路的零序电流方向与运行线路的零序电流方向相反，对零序补偿系数起削弱作用。

当Ⅱ、Ⅲ、Ⅳ回线检修，Ⅰ回线 M 侧接地距离继电器的零序补偿系数为

$$K'' = K_{\text{I}} - K_{\text{I-II}} \frac{\dot{I}''_{\text{II-M0}}}{\dot{I}_{\text{I-M0}}} - K_{\text{I-III}} \frac{\dot{I}''_{\text{III-P0}}}{\dot{I}_{\text{I-M0}}} - K_{\text{I-IV}} \frac{\dot{I}''_{\text{IV-P0}}}{\dot{I}_{\text{I-M0}}} \tag{3-28}$$

其中

$$\dot{I}''_{\text{II-M0}} = \frac{\dot{I}_{\text{I-M0}} Z_{\text{I-II0}}}{Z_{\text{II0}}}$$

$$\dot{I}''_{\text{III-P0}} = \frac{\dot{I}_{\text{I-M0}} Z_{\text{I-III0}}}{Z_{\text{III0}}}$$

$$\dot{I}''_{\text{IV-P0}} = \frac{\dot{I}_{\text{I-M0}} Z_{\text{I-IV0}}}{Z_{\text{IV0}}}$$

3.2.2.3　四回线中存在停运线路

当同塔多回线路运行中存在停运线路，如图 3-30 所示，Ⅰ、Ⅱ、Ⅲ回线正常运行，Ⅳ回线停运时，Ⅳ回线零序电流为 0，则

$$K''' = K_{\text{I}} + K_{\text{I-II}} - K_{\text{I-III}} \frac{\dot{I}_{\text{III-P0}}}{\dot{I}_{\text{I-M0}}} \tag{3-29}$$

当Ⅰ、Ⅱ回线正常运行，Ⅲ、Ⅳ回线停运时，则

$$K''' = K_{\text{I}} + K_{\text{I-II}} \tag{3-30}$$

零序电流补偿系数不仅受线路运行方式的影响，还受故障点位置的影响，以Ⅰ回线单相接地为例，随着故障点在Ⅰ回线上从 M 侧到 N 侧变化，$\dot{I}_{\text{I-M0}}$ 与

$\dot{I}_{\text{II-M0}}$ 的方向由反向变为同向，$\dot{I}_{\text{III-P0}}$、$\dot{I}_{\text{IV-P0}}$ 与 $\dot{I}_{\text{I-M0}}$ 方向由同向变为反向，$\dot{I}_{\text{II-M0}}$ 的幅值逐渐增大，直到与 $\dot{I}_{\text{II-M0}}$ 相等。当故障点位于 I 回线 M 侧出口时，$\dot{I}_{\text{I-M0}} = -\dot{I}_{\text{II-M0}}$，$\dot{I}_{\text{III-P0}}$、$\dot{I}_{\text{IV-P0}}$ 与 $\dot{I}_{\text{I-M0}}$ 方向相同。

$$K_1 = K_\text{I} - K_{\text{I-II}} + K_{\text{I-III}} \frac{\dot{I}_{\text{III-P0}}}{\dot{I}_{\text{I-M0}}} + K_{\text{I-IV}} \frac{\dot{I}_{\text{IV-P0}}}{\dot{I}_{\text{I-M0}}} \tag{3-31}$$

在线路运行方式固定的情况下，当故障点位于线路 N 侧出口时，M 侧接地距离继电器的零序补偿系数最大。

第4章 交流远距离输电线路保护技术

4.1 现有保护原理对于交流远距离输电线路适应性分析

目前，交流输电线路保护原理包括电流差动保护、距离保护和方向元件。其中方向元件利用系统等值阻抗判断故障方向，不受远距离输电线路参数影响；而电流差动保护、距离保护受长距离输电线路参数及故障特性影响严重。

4.1.1 远距离输电线路差动保护适应性分析

4.1.1.1 线路倍乘集中参数模型的电流差动保护适应性分析

输电线路的电流差动保护原理基于基尔霍夫定律，通过线路两侧电流计算故障点处电流，保护判据为

$$\left| \dot{I}_M + \dot{I}_N \right| > k \left| \dot{I}_M - \dot{I}_N \right| \tag{4-1}$$

式中，$\dot{I}_M$、$\dot{I}_N$ 分别为输电线路两侧相电流；$\dot{I}_M + \dot{I}_N$、$\dot{I}_M - \dot{I}_N$ 分别为差动电流和制动电流；k 为制动系数。

对于常规中、短距离输电线路（见图4-1），可以用倍乘集中参数进行等值。短距离线路（线路长度小于100km）分布电容小，电容电流对电流差动保护性能影响很小，无需进行电容电流补偿。

中距离输电线路（线路长度≥100km）分布电容较大，电流差动保护判据中线路两侧电流需要补偿电容电流（见图4-2），目前常规的补偿方法为线路两侧电流各补偿线路全长一半对应的电容电流，即 $\dot{I}_M' = \dot{I}_M - \dfrac{\dot{I}_C}{2}$，$\dot{I}_N' = \dot{I}_N - \dfrac{\dot{I}_C}{2}$，$\dot{I}_C$ 为线路全线电容电流，且 $\dot{I}_C = \mathrm{j}\dot{U}\omega C$，$\dot{U}$ 为线路额定电压，式（4-1）可以表示为

$$\left| \dot{I}_M' + \dot{I}_N' \right| > k \left| \dot{I}_M' - \dot{I}_N' \right| \tag{4-2}$$

上述两侧电容电流补偿法适用的前提是，线路沿线的电压变化很小，可以用额定电压近似代替沿线电压分布。然而对于长距离输电线路，不同输送功率下线路的沿线电压差异较大，不能近似用一个额定电压代替全线电压，因此，两侧电容电流补偿法不适用于远距离输电线路。

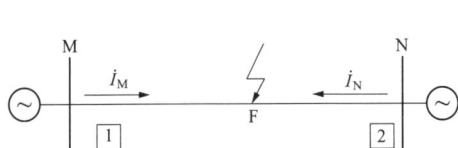

图 4-1 长距离线路故障示意图   图 4-2 补偿电容电流后输电线路图

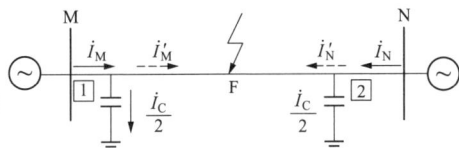

4.1.1.2 线路分布参数模型的电流差动保护方法适应性分析

远距离输电线路若采用分布参数模型，则线路基于分布参数的电流差动保护不受线路分布电容的影响，无需进行电容电流补偿，但是根据线路两侧电流计算得到的差动电流不能准确反应故障点电流，影响电流差动保护动作性能。

对于远距离输电线路，发生不对称故障时，可在故障点根据故障边界条件将三相系统转换成正、负、零序网络，每一序网络的计算均可按单导线系统分析差动电流，据此可以得到故障点处及沿线各处电压、电流，进而应用序—相转换矩阵求得线路上故障相和非故障相差流。

（1）单导线系统的差流分析方法。单导线系统如图 4-3 所示，图中 F 为故障点，保护位于图中 1 和 2。

根据分布参数模型可知，线路在稳态运行时满足[1]

$$\begin{cases} \dot{U} = \dot{U}_{\mathrm{M}}\mathrm{ch}(\gamma x) - \dot{I}_{\mathrm{M}}Z_{\mathrm{c}}\mathrm{sh}(\gamma x) \\ \dot{I} = \dot{I}_{\mathrm{M}}\mathrm{ch}(\gamma x) - \dfrac{\dot{U}_{\mathrm{M}}}{Z_{\mathrm{c}}}\mathrm{sh}(\gamma x) \end{cases} \tag{4-3}$$

式中，$\dot{U}_{\mathrm{M}}$、$\dot{I}_{\mathrm{M}}$ 为保护 1 处的测量电压和电流；$\dot{U}$、$\dot{I}$ 为线路任一点处电压、电流；γ 为传播常数；Z_{c} 为波阻抗；F 点发生故障后，保护 1 处的 $\dot{U}_{\mathrm{M}}$ 和 $\dot{I}_{\mathrm{M}}$ 满足以下关系[2]

$$\begin{cases} \dot{E}_{\mathrm{M}} - \dot{I}_{\mathrm{M}}Z_{\mathrm{M}} = \dot{U}_{\mathrm{M}} \\ \dot{U}_{\mathrm{M}}\mathrm{ch}(\gamma l_{\mathrm{F}}) - \dot{I}_{\mathrm{M}}Z_{\mathrm{c}}\mathrm{sh}(\gamma l_{\mathrm{F}}) = 0 \end{cases} \tag{4-4}$$

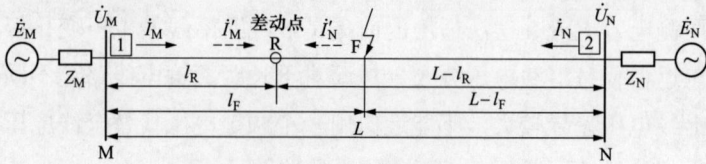

图 4-3   单导线系统示意图

保护 2 处的 $\dot{U}_N$ 和 $\dot{I}_N$ 满足以下关系

$$\begin{cases} \dot{E}_N - \dot{I}_N Z_N = \dot{U}_N \\ \dot{U}_N \,\mathrm{ch}[\gamma(L - l_F)] - \dot{I}_N Z_c \,\mathrm{sh}[\gamma(L - l_F)] = 0 \end{cases} \tag{4-5}$$

式中，$\dot{E}_M$、Z_M、$\dot{E}_N$、Z_N 分别为 M、N 侧系统电动势及系统阻抗；l_F 为故障点 F 到保护 1 的距离；L 为线路全长。

根据式（4-3），利用保护 1、2 处的电流、电压可归算到沿线线路上任一点两侧的电流，在该点计算差动电流，称为差动点（图 4-3 中 R 点）。

由保护 1、2 归算到差动点两侧电流 $\dot{I}'_M$、$\dot{I}'_N$ 分别为

$$\dot{I}'_M = \dot{I}_M \,\mathrm{ch}(\gamma l_R) - \frac{\dot{U}_M}{Z_c} \,\mathrm{sh}(\gamma l_R) \tag{4-6}$$

$$\dot{I}'_N = \dot{I}_N \,\mathrm{ch}[\gamma(L - l_R)] - \frac{\dot{U}_N}{Z_c} \,\mathrm{sh}[\gamma(L - l_R)] \tag{4-7}$$

式中，l_R 为差动点 R 到保护 1 的距离。

R 点处差动电流为

$$I'_{cd} = |I'_M + I'_N| \tag{4-8}$$

当 R 点与 F 点重合时，差动点处差动电流等于故障点电流。当 R 点与 F 点不重合时，差动点处差动电流与故障电流的差异与 R 点与 F 点之间的距离相关。

令 $p = \dot{I}_M / \dot{I}_N$，可得差动点差流 I'_{cd} 为

$$\begin{aligned} I'_{cd} = \left| \dot{I}'_M + \dot{I}'_N \right| &= \left| \dot{I}_M \frac{\mathrm{ch}[\gamma(l_R - l_F)]}{\mathrm{ch}(\gamma l_F)} + \dot{I}_N \frac{\mathrm{ch}[\gamma(l_R - l_F)]}{\mathrm{ch}[\gamma(L - l_F)]} \right| \\ &= \left| \mathrm{ch}[\gamma(l_R - l_F)] \right| \left| \frac{p}{\mathrm{ch}(\gamma l_F)} + \frac{1}{\mathrm{ch}[\gamma(L - l_F)]} \right| |\dot{I}_N| \end{aligned} \tag{4-9}$$

对于无损线路，上式可化简为

$$I'_{cd} = \left| \cos[\gamma(l_R - l_F)] \right| \left\| \frac{p}{\cos(\gamma l_F)} + \frac{1}{\cos[\gamma(L - l_F)]} \right\| \dot{I}_N \right|$$ (4-10)

可知，对于无损线路，$l_R = l_F$ 时，I'_{cd} 最大，即差动点和故障点重合时，差动电流最大，当 $\gamma(l_R - l_F) = \pi / 2$ 时，即差动点和故障点相距 1/4 波长时，差流最小，$I'_{cd} = 0$。

（2）远距离输电线路的差流分析方法。以线路上某点 A 相接地为例进行分析，可知

$$\begin{cases} \dot{U}_{fa} = 0 \\ \dot{I}_{fb} = \dot{I}_{fc} = 0 \end{cases}$$ (4-11)

根据对称分量法，可将相边界条件转换成序边界条件

$$\begin{cases} \dot{U}_{f1} + \dot{U}_{f2} + \dot{U}_{f0} = 0 \\ \dot{I}_{f1} = \dot{I}_{f2} = \dot{I}_{f0} \end{cases}$$ (4-12)

根据正、负、零序电压、电流关系及边界条件，作出正、负、零序网络图（见图 4-4）。图中各序网络按照单导线系统差流分析方法计算，进而求得沿线各处故障相及非故障相差流。

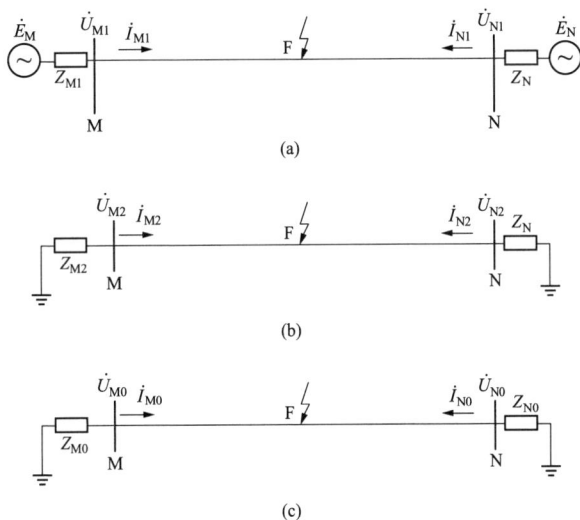

图 4-4　远距离输电线路序网络图

（a）远距离输电线路正序网络图；（b）远距离输电线路负序网络图；
（c）远距离输电线路零序网络图

以半波长输电线路为例，图 4-5 为线路距离 M 侧母线 500km 处单相接地故

障时故障相差流随差动点位置变化关系曲线。根据式（4-10）计算得出，正序、负序网络下，差动点与故障点相差约 1500km 时，差动电流最小；零序网络下，差动点与故障点相差约 1050km 时，差动电流最小。对于故障相，当故障点与差动点重合时，差动电流最大，当差动点与故障点相差约 1300km 时，差动电流最小，差动保护灵敏度最低。

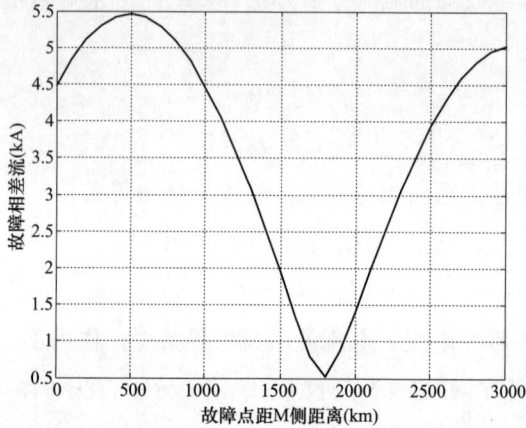

图 4-5   当 A 相接地故障时 A 相差流随差动点位置变化曲线

图 4-6 为线路距离 M 侧母线 500km 处单相接地故障时非故障相差流随差动点位置变化关系曲线。非故障线路受互感影响将感受到差动电流，当故障点与差动点重合时，非故障相差动电流为 0，故障点与差动点不重合时，非故障相

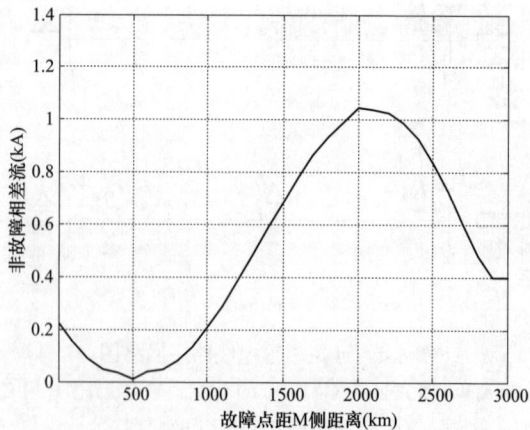

图 4-6   非故障相相差流随差动点位置变化曲线

差流均不为 0，当差动点与故障点相差 1500km 时，差动电流最大。这表明若差动点与故障点不一致时，可能引起非故障相电流差动保护误动。

4.1.1.3　运行方式及故障位置对电流差动保护灵敏度影响

对于长距离输电线路，以半波长输电线路为例，当线路传输功率不同时，线路沿线电压的变化曲线如图 4-7 所示。

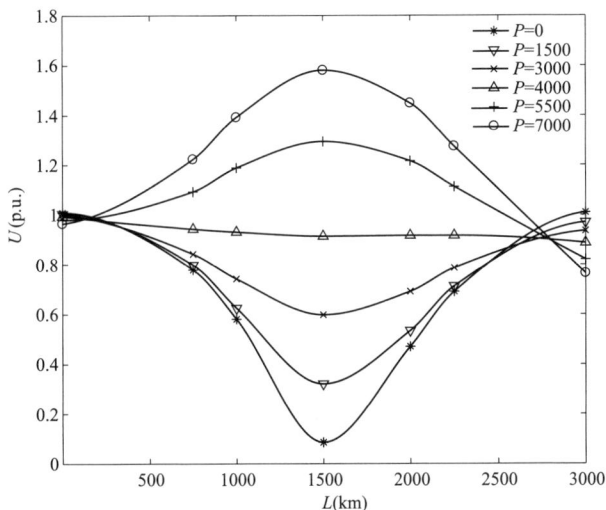

图 4-7　线路沿线电压与传输功率关系

在线路轻载情况下沿线发生单相接地故障时，故障相故障点处的差动电流 $|I'_M + I'_N|$ 与制动电流 $|I'_M - I'_N|$ 如表 4-1 所示。

表 4-1　　轻载沿线发生单相接地故障时故障点处差动电流与制动电流

故障点（km）	$|I'_M + I'_N|$（kA）	$|I'_M - I'_N|$（kA）
F1（0）	18.2	10.2
F2（500）	5.9	3.6
F3（1000）	5.4	1.0
F4（1500）	0.4	4.6
F5（2000）	6.3	1.2
F6（2500）	7.5	5.6
F7（3000）	28.9	18.6

可见，当半波长输电线路中部附近发生故障时，差动电流小于制动电流，电流差动保护会拒动。

因此，对于远距离输电线路，电流差动保护差动点的选取直接影响差动电流的大小，进而影响区内故障时故障相差动保护的灵敏度及非故障相的可靠性。

在后续章节中将介绍时差法解决故障点与差动点不一致造成对电流差动保护的影响。

4.1.1.4 　远距离输电线路对电流差动保护速动性的影响

电流差动保护需要利用线路两侧的同步数据进行运算，对于远距离输电线路，故障点位于 F 处时，M 侧保护从启动到出口的时间如图 4-8 所示，图中 T_1 时刻，M 侧保护启动，T_2 时刻 N 侧保护启动，T_3 时刻 N 侧保护将信息传输到 M 侧，T_4 为保护计算所需数据窗长度（20ms），T_5 为出口继电器动作时间（5ms）。

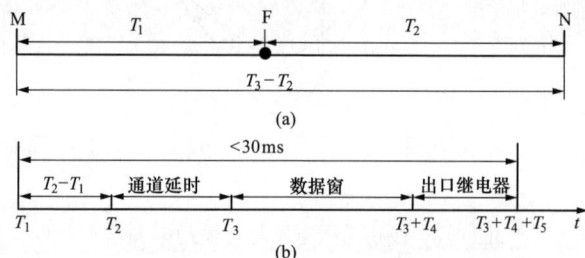

图 4-8　非故障相相差流随差动点位置变化曲线
（a）故障时间；（b）M 侧保护计算时间

按照行标对电流差动保护动作时间需不大于 30ms 的要求，除去 T_5 和 T_4，$T_3 - T_1$ 时间不大于 5ms。其中通信通道的延时为 $T_3 - T_2$，该延时与通道长度及中继数量相关，目前光纤通道的传输延时为 5μs/km，对于 SDH 通信方案，每间隔 200～300km 设置中继站，每个中继站的传输延时μ约为 250μs。

假设故障后电磁波到达线路两侧时间相同，即 $T_2 - T_1 = 0$，求解下式

$$5 \times 10^{-6} \times L + \frac{L}{200} \times 250 \times 10^{-6} \leqslant 5 \times 10^{-3}$$

可得，$L \leqslant 800$km，当远距离输电线路距离大于 800km 时，仅通道延时就令保护动作时间大于 30ms。

当故障后电磁波到达线路两侧时间不同时，考虑通道延时，30ms 对应的远距离输电线路距离更短，极端情况下 $T_1 = 0$，$T_2 + T_4 = 30\text{ms}$。

通道延时对于远距离输电线路纵联保护（纵联距离保护、纵联方向保护）的影响与电流差动保护相同。

在后续章节将介绍假同步保护方法，实现远距离输电线路的电流差动保护可在 30ms 内动作。

4.1.2 远距离输电线路距离保护适应性分析

4.1.2.1 远距离输电线路的测量阻抗特性

从远距离输电线路的传输线方程可以得出，当在距线路首端 x 处发生三相故障时，其故障后测量阻抗为

$$Z_{\text{sc}} = Z_c \tanh(\gamma x) \tag{4-13}$$

式中，Z_c 为线路波阻抗；γ 为传播常数。

根据式（4-13），线路沿线故障保护安装处测量阻抗的模值与相角如图 4-9 所示。可以看出，线路测量阻抗随距离变化情况是非单调的，当故障发生在距离始端 1500km 以内时，测量阻抗的模值随距离增大而增加，然而，当故障位置距离始端超过线路长度的一半时，其测量阻抗的模值随距离增加而迅速减小。当半波长输电线路（3000km）末端发生故障时，测量阻抗的幅值关于 1500km 偶对称，测量阻抗的相位关于 1500km 奇对称。

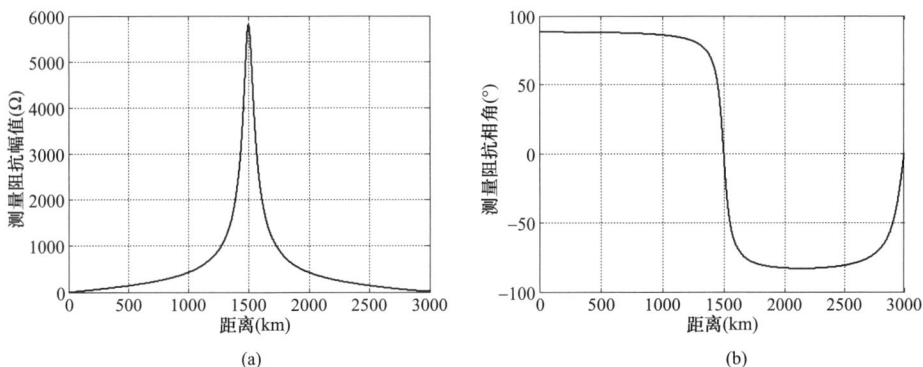

图 4-9 远距离输电线路沿线三相短路保护测量阻抗
（a）幅值；（b）相位

图4-10为远距离输电线路沿线故障保护安装处测量阻抗在阻抗平面上的示意图。随着故障距离从 0km 开始不断增加，测量阻抗位于阻抗平面的第一象限，当故障距离增大到 1500km 时，测量阻抗突变至第四象限，同时其模值也达到最大，随着故障距离进一步增加，测量阻抗由第四象限慢慢回到原点附近。

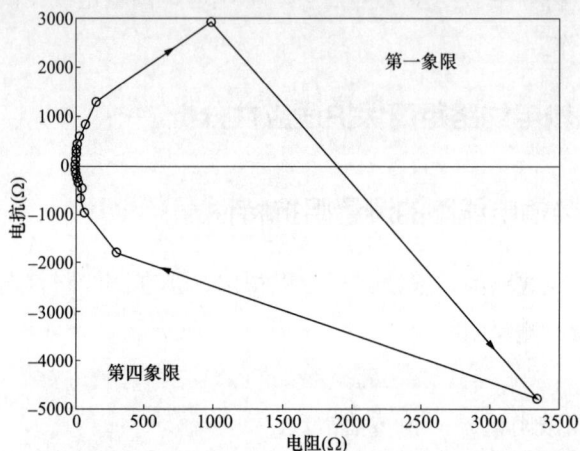

图 4-10   远距离输电线路沿线三相接地故障时始端测量阻抗复平面曲线

4.1.2.2   距离保护动作性能

当输电线路发生相间故障或接地故障时，安装于线路首端的距离保护的相间测量阻抗与接地测量阻抗可分别表示为

$$Z_m = \frac{\dot{U}_{\varphi\varphi}}{\dot{I}_{\varphi\varphi}}$$

$$Z_m = \frac{\dot{U}_{\varphi}}{\dot{I}_{\varphi} + \dot{K} \cdot 3\dot{I}_0}$$

（4-14）

式中，$\varphi\varphi$ 表示 AB、BC、CA 相间；φ 表示 A、B、C 相；$\dot{K} = \dfrac{Z_0 - Z_1}{3Z_1}$；$Z_0$ 和 Z_1 分别为单位长度线路的零序、正序阻抗。

对于对称故障，相间测量阻抗，以 AB 相间为例

$$Z_{AB} = \frac{\dot{U}_{mA} - \dot{U}_{mB}}{\dot{I}_{mA} - \dot{I}_{mB}} = Z_c \tanh(\gamma x)$$

（4-15）

而接地测量阻抗，以 A 相为例

$$Z_A = \frac{\dot{U}_{mA}}{\dot{I}_{mA} - K \times 3\dot{I}_{m0}} = \frac{\dot{U}_{mA}}{\dot{I}_{mA}} = Z_c \tanh(\gamma x) \tag{4-16}$$

当线路发生对称故障时，相间测量阻抗与接地测量阻抗相同，与故障距离呈双曲正切关系。

对于非对称故障，以 AB 相间故障为例，相间测量阻抗为

$$Z_{mAB} = \frac{\dot{U}_{mAB}}{\dot{I}_{mAB}} = Z_{c1} \tanh(\gamma_1 x) \tag{4-17}$$

对于单相接地故障，以 A 相接地故障为例，故障相电流和电压存在如下关系

$$\frac{\dot{U}_{mA} + K_u \dot{U}_{mA0}}{\dot{I}_{mA} + K_i \dot{I}_{mA0}} = Z_{c1} \tanh(\gamma_1 x) \tag{4-18}$$

式中，K_u、K_i 为电压补偿系数，具体形式如下：

$$\left. \begin{array}{l} K_u = \dfrac{\cosh(\gamma_0 x) - \cosh(\gamma_1 x)}{\cosh(\gamma_1 x)} \\[4mm] K_i = \dfrac{Z_{c0} \sinh(\gamma_0 x) - Z_{c1} \sinh(\gamma_1 x)}{Z_{c0} \sinh(\gamma_1 x)} \end{array} \right\} \tag{4-19}$$

阻抗继电器的相位比较动作方程为

$$90° < \arg \frac{Z_m - Z_{set}}{Z_m - Z_A} < 270° \tag{4-20}$$

式中，Z_m 为测量阻抗；Z_{set} 为继电器的整定值；Z_A 为一个已知阻抗。

距离保护作为输电线路的后备保护，其基本原理是利用保护安装处的测量阻抗线性反映保护安装处至故障点处的距离。对于远距离输电线路，故障位置与保护之间的距离大于 500km 时，测量阻抗与故障距离不再满足线性关系，测量阻抗不能反映故障距离；当故障点位于 1500km 时，测量阻抗最大，处于距离保护动作区之外，距离保护无法动作（见图 4-11）；当故障点位于 3000km 时，测量阻抗的幅值与相位与故障点位于 0km 相同，测量阻抗不满足唯一性，即无法确定故障点位置。所以，常规的距离保护不再适用于远距离输电线路。

在后续章节将介绍自由波能量保护实现远距离输电线路出口故障快速切除。

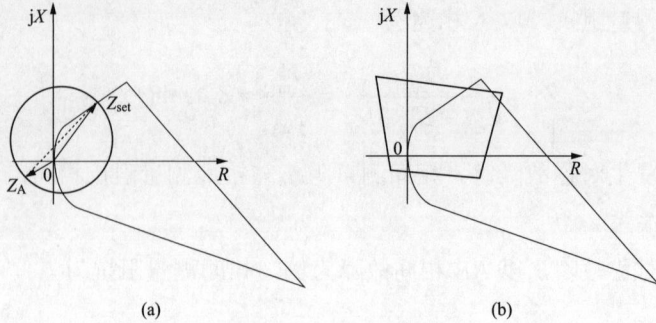

图 4-11   不同阻抗继电器动作特性与长距离线路故障测量阻抗
(a) 圆特性；(b) 四边形特性

4.2   远距离输电线路继电保护新原理

4.2.1   基于最优差动点的远距离输电线路保护原理

4.2.1.1   最优差动点确定方法

根据 4.1.1.2 分析，对于远距离输电线路，差动点的选取直接影响保护的动作性能，当差动点与故障点一致时，差动点的电气量才能准确反应故障特征，该差动点称为最优差动点，如何确定最优差动点？本节提出了基于时差法的最优差动点确定方法。

远距离输电线路发生故障后，故障分量通过线路传递到线路两侧存在时间差，该时间差与故障点的位置呈线性关系见图 4-12。

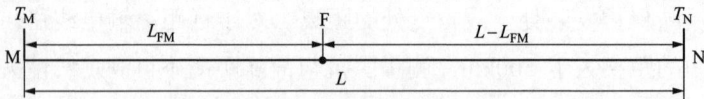

图 4-12   故障分量传输时刻与故障位置示意图

利用线路两侧保护启动元件动作时间差计算故障点位置，计算公式为

$$L_{FM} = [(T_M - T_N)v_光 + L]/2 \qquad (4-21)$$

式中，L_{FM} 为故障点距离线路 M 侧的距离；L 为线路全长；T_M 和 T_N 分别为线路两侧保护启动元件动作时刻。L_{FM} 应满足 $0 \leqslant L_{FM} \leqslant L$，考虑计算误差，当

$L_{FM} > L$，令 $L_{FM} = L$，当 $L_{FM} < 0$，令 $L_{FM} = 0$。

时差法的关键是启动元件算法能够快速确定保护感受到故障的时刻。现有启动元件算法需要一定长度的数据窗，影响启动元件的动作速度，本节提出了基于三相一点采样值的启动元件算法，消除了数据窗对启动元件动作速度的影响。

启动元件判据为

$$\Delta f(t) > I_{set} \tag{4-22}$$

$$f(t) = \Delta i_A^2(t) + \Delta i_B^2(t) + \Delta i_C^2(t) \tag{4-23}$$

$$\Delta f(t) = |f(t) - f(t-1)| \tag{4-24}$$

式中，I_{set} 为启动元件定值；$\Delta i_A(t)$、$\Delta i_B(t)$、$\Delta i_C(t)$ 分别为三相电流采样值突变量。

数据采样频率会引起计算误差，当故障时刻处于两个采样点间时，以一工频周波 24 点采样值为例，最大计算误差为 125km。

以下远距离输电线路保护原理都是基于最优差动点实现的。

4.2.1.2　远距离输电线路假同步差动阻抗保护

根据 4.1.1.4 分析，远距离输电线路故障后，通道传输延时及线路两侧保护感受到故障的时间差会严重影响保护的动作速度。本节提出了假同步差动阻抗保护原理解决以上问题。

假同步差动阻抗保护的基本原理：利用线路两端的电压、电流计算最优差动点两侧的电压、电流，进而计算假同步差动阻抗，根据其大小判断线路区内、外故障。假同步差动阻抗保护包括保护判据及保护逻辑两部分，其中保护逻辑分为闭锁式、测距式和允许式三种[4]。

（1）假同步差动阻抗保护判据。利用长线方程，可以线路两侧电压、电流求取最优差动点两侧的电压、电流。对于对称故障，最优差动点两侧电压、电流的计算公式如下

$$\begin{cases} I_{x-} = I_M \cosh(\gamma x) - \dfrac{U_M}{Z_c} \sinh(\gamma x) \\ U_{x-} = U_M \cosh(\gamma x) - I_M Z_c \sinh(\gamma x) \end{cases} \tag{4-25}$$

$$\begin{cases} I_{x+} = I_M \cosh[\gamma(L-x)] - \dfrac{U_M}{Z_c} \sinh[\gamma(L-x)] \\ U_{x+} = U_M \cosh[\gamma(L-x)] - I_M Z_c \sinh[\gamma(L-x)] \end{cases} \tag{4-26}$$

式中，$x = L_{FM}$；U_{x+}、I_{x+} 为 M 侧的电压和电流计算到差动点处的电压和电流；U_{x-}、I_{x-} 为 N 侧的电压和电流计算到差动点处的电压和电流；U_M、U_N、I_M、I_N 分别为线路 M 侧和 N 侧电压、电流相量值；Z_c 为线路的波阻抗；γ 为线路的传播常数；电流方向均以母线流向线路方向为正方向。

对于不对称故障，最优差动点两侧电压、电流的计算公式如下

$$\begin{cases} I_{x-} = (I_M + 3k_I I_0)\cosh(\gamma x) - \dfrac{U_M + 3k_U U_0}{Z_c} \sinh(\gamma x) \\ U_{x-} = (U_M + 3k'_U U_0)\cosh(\gamma x) - (I_M + 3k'_I I_0) Z_c \sinh(\gamma x) \end{cases} \tag{4-27}$$

$$\begin{cases} 3k_U = \dfrac{Z_c \sinh(\gamma_0 x) - Z_{c0}\sinh(\gamma x)}{Z_{c0}\sinh(\gamma x)} \\ 3k_I = \dfrac{\cosh(\gamma_0 x) - \cosh(\gamma x)}{\cosh(\gamma x)} \end{cases} \tag{4-28}$$

$$\begin{cases} 3k'_U = \dfrac{\cosh(\gamma_0 x) - \cosh(\gamma x)}{\cosh(\gamma x)} \\ 3k'_I = \dfrac{Z_{c0}\sinh(\gamma_0 x) - Z_c \sinh(\gamma x)}{Z_c \sinh(\gamma x)} \end{cases} \tag{4-29}$$

式中，Z_{c0} 为线路的零序波阻抗；γ_0 为线路的零序传播常数。

利用线路一侧计算到最优差动点的电流 $I_{x-}(t)$ 与线路另一侧一周波前计算到最优差动点的电流 $I_{x+}(t-T)$（$T=20\text{ms}$）计算差动电流 $I_{x-}(t) + I_{x+}(t-T)$，结合线路一侧计算到最优差动点处的电压 $U_{x-}(t)$，可得假同步差动阻抗 Z_Σ，假同步差动阻抗保护判据为

$$Z_\Sigma(t) = \frac{U_{x-}(t)}{I_{x-}(t) + I_{x+}(t-T)} < Z_{set} \tag{4-30}$$

式中，Z_{set} 为保护定值。

（2）假同步差动阻抗保护逻辑。假同步差动阻抗保护逻辑由闭锁式、测距式和允许式三部分构成，分别对应不同的保护范围，其中闭锁式保护远距离输电线路近段故障，测距式保护远距离输电线路中段故障，允许式保护线路远段故障，如图 4-13 所示。

近段故障	中段故障	远段故障
闭锁式	测距式	允许式

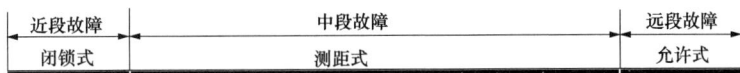

图 4-13　假同步差动阻抗保护范围示意图

1）闭锁式。闭锁式是线路本侧的假同步差动阻抗保护、方向元件与线路对侧启动元件闭锁信号构成的纵联保护，动作逻辑如图 4-14 所示。远距离输电线路近段故障后，以本侧保护启动开始计时，在本侧保护启动后 T_{bs} 时间内未收到对侧启动元件闭锁信号或测距结果 $L_{FM} < L_{bs}$，且本侧假同步差动阻抗保护元件和方向元件动作条件满足，闭锁式保护动作。

2）允许式。允许式是由线路本侧假同步差动阻抗保护与线路对侧保护允许信号构成的纵联保护，动作逻辑如图 4-15 所示。远距离输电线路末段故障后，本侧保护启动后 T_{yx} 时间内收到对侧允许信号，且本侧假同步差动阻抗保护动作条件满足，允许式保护动作。

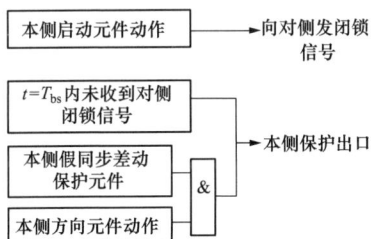

图 4-14　闭锁式假同步差动阻抗
保护动作逻辑图

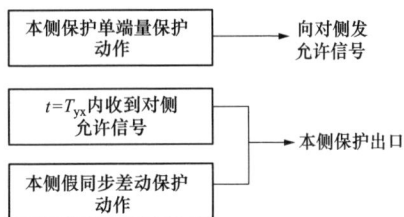

图 4-15　允许式假同步差动阻抗
保护动作逻辑图

3）测距式。测距式是由本侧假同步差动阻抗保护与测距信号构成的纵联保护，动作逻辑如图 4-16 所示。远距离输电线路中段发生故障后，本侧假同步差动阻抗保护同时收到两侧启动信号进行故障测距，判断故障点位置处于线路区内，测距式保护动作。

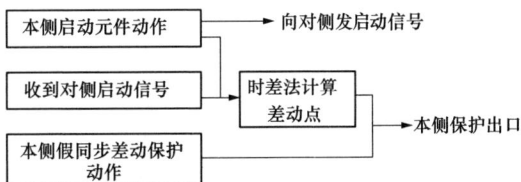

图 4-16　测距式假同步差动阻抗保护动作逻辑图

　　假同步差动阻抗保护流程如图 4-17 所示。

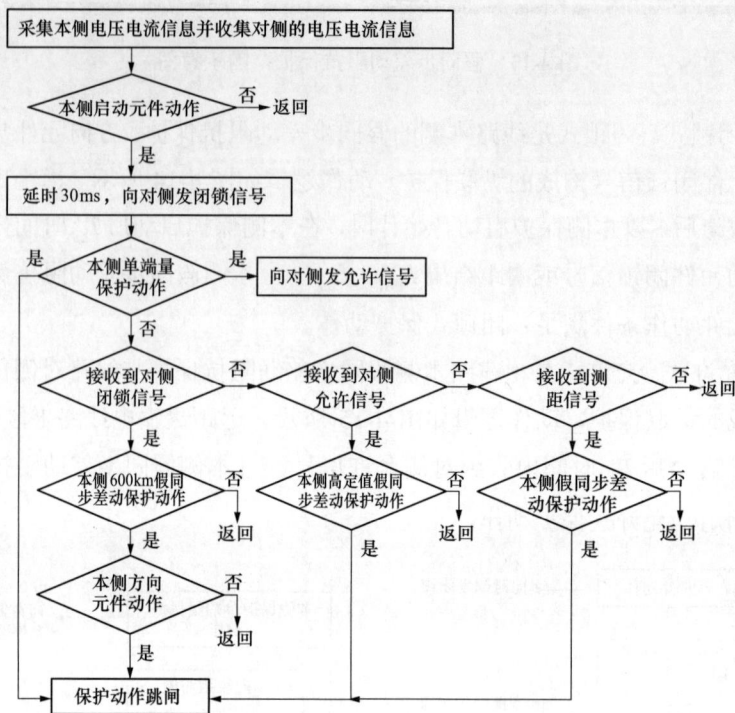

图 4-17　假同步差动阻抗保护流程图

　　（3）假同步差动阻抗保护动作速度分析。假同步差动阻抗保护是采用线路本侧数据与线路对侧一个工频周期前的数据进行技术，可以大幅提高保护的动作速度。

　　假同步差动阻抗保护与电流差动保护动作速度对比如图 4-18 所示，图中 T_0 为故障时刻，T_M 为本侧保护启动时刻，T_F 为假同步差动阻抗保护计算数据窗，$T_F =20\sim30\text{ms}$，T_S 为传统差动保护计算数据窗，$T_S =20\sim40\text{ms}$。以通道传输时间为 20ms 为例，假同步差动阻抗保护提速 $20\sim40\text{ms}$，使保护动作时间小于 30ms。

4.2.1.3　远距离输电线路伴随阻抗保护

　　根据 4.1.1.1 分析，远距离输电线路故障后，沿线电压不一致导致分布电容电流由于无法集中补偿。本节提出了伴随阻抗保护原理解决以上问题。

　　线路故障后，利用最优差动点处的电压和电流可计算稳态量阻抗 Z_Σ 和突变

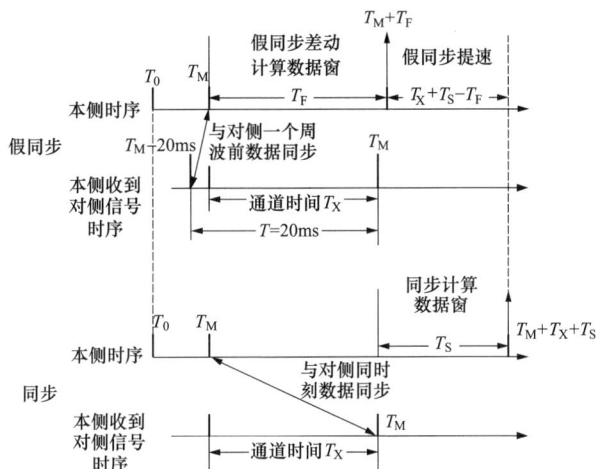

图 4-18　假同步差动阻抗保护与电流差动保护动作速度对比

量阻抗 ΔZ_Σ，计算公式如下

$$Z_\Sigma = \frac{\dot{U}_\Sigma}{\dot{I}_\Sigma} = \frac{\dot{U}'_\mathrm{M} + \dot{U}'_\mathrm{N}}{\dot{I}'_\mathrm{M} + \dot{I}'_\mathrm{N}} \tag{4-31}$$

$$\Delta Z_\Sigma = \frac{\Delta \dot{U}_\Sigma}{\Delta \dot{I}_\Sigma} = \frac{\Delta \dot{U}'_\mathrm{M} + \Delta \dot{U}'_\mathrm{N}}{\Delta \dot{I}'_\mathrm{M} + \Delta \dot{I}'_\mathrm{N}} \tag{4-32}$$

式中，$\Delta \dot{U}'_\mathrm{M}$、$\Delta \dot{U}'_\mathrm{N}$、$\Delta \dot{I}'_\mathrm{M}$ 与 $\Delta \dot{I}'_\mathrm{N}$ 为最优差动点的补偿电压、电流突变量。

稳态量阻抗 Z_Σ 和突变量阻抗 ΔZ_Σ 组成伴随阻抗。伴随阻抗可以识别远距离输电线路区内、外故障。

（1）区内故障。对于 Z_Σ，$\dot{I}_\Sigma$ 为故障点处流过过渡电阻的电流，$\dot{U}_\Sigma$ 为 2 倍故障点处电压［如图 4-19（a）所示］，金属性故障时，$Z_\Sigma = 0$，经过渡电阻故障时，Z_Σ 为两倍过渡电阻，即 $Z_\Sigma = \dfrac{\dot{U}_\Sigma}{\dot{I}_\Sigma} = \dfrac{\dot{U}'_\mathrm{M} + \dot{U}'_\mathrm{N}}{\dot{I}'_\mathrm{M} + \dot{I}'_\mathrm{N}} = 2R$。

对于 ΔZ_Σ，为从故障点看进去的两侧系统等值阻抗，如图 4-19（b）所示，一般为几百欧姆。$\Delta Z_\Sigma = \dfrac{\Delta \dot{U}_\Sigma}{\Delta \dot{I}_\Sigma} = \dfrac{(Z_\mathrm{MF} + Z_\mathrm{M})(Z_\mathrm{NF} + Z_\mathrm{N})}{Z_\mathrm{MF} + Z_\mathrm{M} + Z_\mathrm{NF} + Z_\mathrm{N}}$。

（2）区外故障。区外故障时，Z_Σ 和 ΔZ_Σ 相同，等于远距离输电线路任一点处的容抗。

综上，远距离输电线路故障时伴随阻抗特征如下：

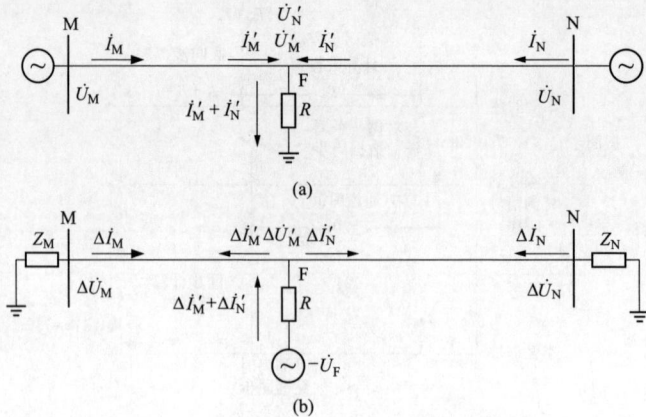

图 4-19　远距离输电线路区内故障等值网路

（a）稳态网络；（b）故障分量网络

1）对于 Z_Σ，区内故障时，Z_Σ 为故障点处的过渡电阻；区外故障时，Z_Σ 为线路任一点处容抗。

2）对于 ΔZ_Σ，区内故障时，Z_Σ 为故障点处的两侧系统等值阻抗；区外故障时，ΔZ_Σ 为线路任一点处容抗。

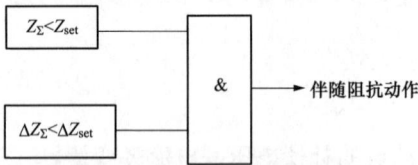

图 4-20　伴随阻抗保护动作逻辑

3）区外故障时，Z_Σ 和 ΔZ_Σ 相等。区内故障时，Z_Σ 和 ΔZ_Σ 差异巨大。

伴随阻抗保护的动作逻辑如图 4-20 所示，当中 Z_Σ 和 ΔZ_Σ 二者同时满足动作条件时，伴随阻抗保护分相动作。

4.2.1.4　长线稳态方程电流差动保护

根据 4.1.1.1、4.1.1.2 分析，远距离输电线路不能采用集中参数等值，同时差动点与故障点不一致影响保护灵敏性及可靠性的问题，本节提出了长线稳态方程电流差动保护原理解决以上问题。

利用时差法确定最优差动点 L_{FM} 后，利用长线稳态方程计算 L_{FM} 两侧电流，分别为

$$\begin{cases} I'_M = I_M \cosh(\gamma L_{FM}) - \dfrac{U_M}{Z_c}\sinh(\gamma L_{FM}) \\ I'_N = I_N \cosh[\gamma(L-L_{FM})] - \dfrac{U_N}{Z_c}\sinh[\gamma(L-L_{FM})] \end{cases} \tag{4-33}$$

由 I'_{M} 和 I'_{N} 构成电流差动保护

$$\begin{cases} \left| I'_{\mathrm{M}} + I'_{\mathrm{N}} \right| > k \left| I'_{\mathrm{M}} - I'_{\mathrm{N}} \right| \\ \left| I'_{\mathrm{M}} + I'_{\mathrm{N}} \right| \geqslant I_{\mathrm{set}} \end{cases} \tag{4-34}$$

式中，k 为制动系数；I_{set} 为差动电流门槛值。

长线稳态方程电流差动保护计算流程图如图 4-21 所示。

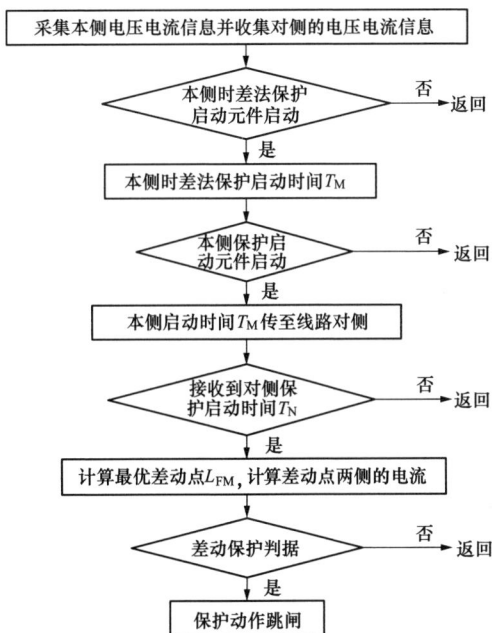

图 4-21　基于时差法的差动保护流程图

4.2.2　远距离输电线路自由波能量保护

根据 4.1.2 分析，传统单端量距离保护不适用于远距离输电线路，无法快速切除线路出口附近的故障，而故障行波受远距离传输色散影响，行波波头平缓不易检测，本节提出了自由波能量保护原理解决以上问题。

4.2.2.1　远距离输电线路的自由波

线路故障后，故障电流表达式如下式所示

$$i = I_{\mathrm{fhm}} \sin(\omega_0 t + \varphi_e - \varphi) + I_{\Delta \mathrm{m}} \sin(\omega_0 t + \varphi_e - \varphi) + I_0 \mathrm{e}^{-\beta t} \cos(\omega' t + \theta) \tag{4-35}$$

式中，$I_{\text{fhm}}\sin(\omega_0 t+\varphi_e-\varphi)$ 为负荷分量；$I_{\Delta m}\sin(\omega_0 t+\varphi_e-\varphi)$ 为稳态分量，又称为强制分量；$I_0 e^{-\beta t}\cos(\omega' t+\theta)$ 为暂态分量，又称为自由分量，自由分量包括衰减直流分量和衰减的谐波分量两部分。

稳态分量是由电网中电源提供的，而自由分量是在短路过渡过程中，为满足电感上电流、电容上电压无法突变等初始边界条件，产生的电气量。从能量角度看，自由分量中的周期性暂态分量反映了电路中电场和磁场能量的自由交换。由于自由分量无强制约束电源，且在线路上以波动形式存在，将其定义为自由波。

故障后自由波在线路上的传输如图 4-22 所示。故障后，故障点处的附加电源产生向线路两端传播的自由波，自由波在远距离输电线路两侧及故障点之间反射，出口故障时反射次数多，能量迅速聚积；末端和反向短路来回反射次数少，能量缓慢聚积。

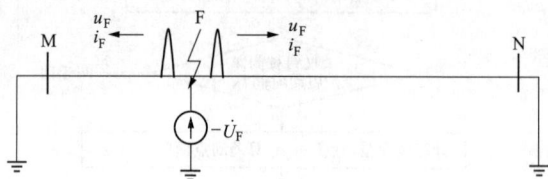

图 4-22　故障后自由波串传输过程

4.2.2.2　自由波能量保护

通过对远距离输电线路沿线及正、反向区外故障时自由波特征的分析可知，自由波在区内、外故障时特征有明显差异，区内故障自由波幅值高，且周期短能量密集；区外故障自由波幅值低，且周期较长能量较小。据此，可以利用积分方式，通过计算在故障过程中自由波的能量在一周波内的累积量，实现区别区、内外故障的目的。

通过提取远距离输电线路故障后产生的自由波，并对其进行积分运算，得到自由波的能量，设置自由波能量保护判据，根据自由波能量是否满足保护判据，确定故障区域。

输电线路越长，故障后自由波传输特征越明显，基于波过程原理的保护效果越好，以 3000km 半波长输电线路（见图 4-23）为例进行说明，图中 S1 和

S2 为半波长输电线路两侧等值电源，F1、F9 分别为区内、外故障点。

图 4-23　半波长输电线路故障示意图

图 4-24 为半波长输电线路区内 F1 点故障时提取的自由波能量。图 4-25 为

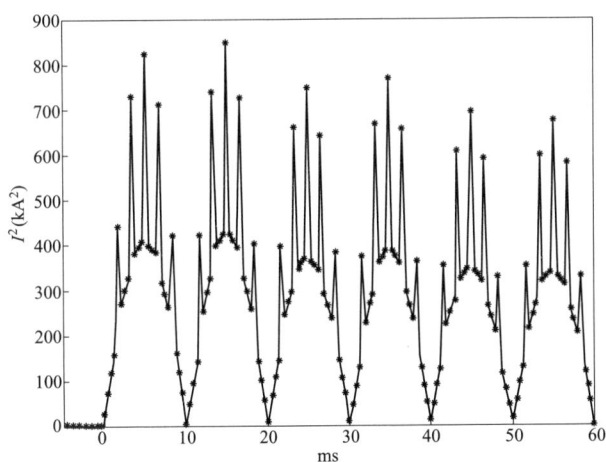

图 4-24　区内 F1 故障时提取得到的自由波

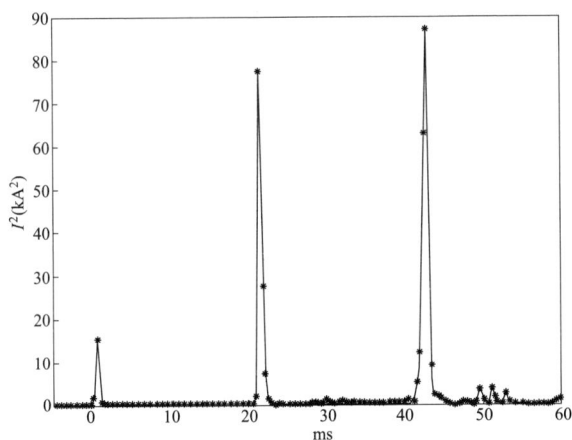

图 4-25　区外 F2 故障时提取得到的自由波

半波长输电线路区外 F2 点故障时提取的自由波能量。可见，区内故障时自由波幅值高，周期为 10ms；区外故障是自由波幅值低，周期为 20ms。

自由波能量保护利用了自由波在远距离输电线路上的传输特性，利用自由波能量差异实现了区内出口故障的快速识别，只需要单端量信息，本算法仅需每周波 48 点的采样率，大大减轻了装置实现的硬件要求，也降低了对算法执行速度的要求。

4.2.3　基于贝瑞隆模型的半波长输电线路电流差动保护

4.2.3.1　保护原理

贝瑞隆模型是一种较为准确的分布参数模型，它很好地描述了线路在正常运行和外部故障时两端电压、电流在时域上的函数关系。当线路发生内部故障时，线路上的电压、电流不再均匀变化，相当于在线路上增加了一个节点，原本的函数关系被破坏，但此时线路两端到故障点的线路仍满足贝瑞隆模型。贝瑞隆模型的这个特点为正确区分区内外故障并以此为依据提出新的差动保护原理提供了理论依据。由于基于贝瑞隆模型的分相电流差动保护能够不受线路分布电容的影响，所以已经成功地应用到交流输电领域。

半波长输电线路属于分布参数特性的特高压远距离输电线路，满足贝瑞隆模型的适用条件，所以本节提出了半波长输电线路电流差动保护及选相的新原理。

本原理的核心思路是：在半波长输电线路上人为规定一个参考点（这个参考点可以在线路首末端，也可以在任何位置），计算出参考点两侧的电流，并判断其是否符合基尔霍夫电流定律。当被保护线路内部无故障时，参考点两侧线路都符合贝瑞隆模型，两侧电流计算值满足基尔霍夫电流定律；当线路发生内部故障时，含有故障点的一侧线路不再满足贝瑞隆模型，所以两侧电流计算值不再满足基尔霍夫电流定律，从而可以区分区内、外故障。因为这种保护原理将电流计算到了参考点两侧，所以能够去除分布电容电流带来的不良影响。

设任意一条两侧装有电流差动保护的双端三相输电线路，以一侧（M 侧）为例说明保护的工作流程。具体步骤如下：（选择参考点为线路 N 侧）

（1）假设半波长输电线路在 $t=0$ 的时刻发生区内短路故障，线路 M 侧的保护装置采集到本侧的三相电压和三相电流分别为 $u_{m\varphi}$、$i_{m\varphi}$（其中，φ 代表 a 相、

b 相或 c 相）。

（2）将采样得到的线路 M 侧的三相电压和三相电流 $u_{m\varphi}$、$i_{m\varphi}$ 通过凯伦贝尔变换矩阵 S 转换为三个模量电压 $u_{m\mu}$ 和三个模量 $i_{m\mu}$（其中，μ 代表 0 模、α 模或 β 模）。

（3）如图 4-26 所示，基于贝瑞隆线路模型，利用 M 侧的电压模量 $u_{m\mu}$ 和电流模量 $i_{m\mu}$，计算得到 N 侧的模量电压和模量电流的计算值 $u_{nm\mu}$、$i_{nm\mu}$。

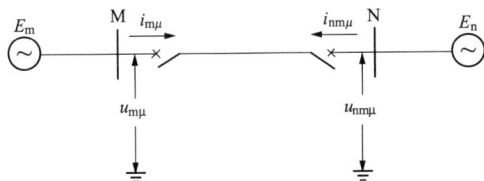

图 4-26　半波长输电线路任一模分量的等效电路

（4）将计算得到的线路 N 侧模量电压和模量电流计算值 $u_{nm\mu}$、$i_{nm\mu}$（μ 代表 0 模、α 模或 β 模）。通过凯伦贝尔反变换变换成线路 N 侧三相电压和三相电流的计算值 $u_{nm\varphi}$、$i_{nm\varphi}$（φ 代表 a 相、b 相或 c 相）。

（5）由于第三步的贝瑞隆模型计算需要时间 τ 的延时，因此，在故障发生后的延时 τ 之后，利用 M 侧当前时刻之前的电压、电流就可以求出 N 侧在 $t=0$ 时的电压、电流。当线路 N 侧电压、电流的计算值满足半波或全波傅里叶滤波算法的时间窗要求后，即可计算得到线路 N 侧的电压和电流的相量计算值 $\dot{U}_{nm\varphi}$、$\dot{I}_{nm\varphi}$（φ 代表 a 相、b 相或 c 相）。

（6）在线路 N 侧，对采样得到的 N 侧三相电压和三相电流直接进行相同的傅里叶滤波计算，求出线路 N 侧的电流相量值 $\dot{I}_{n\varphi}$。

（7）按照电流差动保护的一般原则，计算出保护各相的动作量 $dI_a = \left| \dot{I}_{nma} + \dot{I}_{na} \right|$、$dI_b = \left| \dot{I}_{nmb} + \dot{I}_{nb} \right|$、$dI_c = \left| \dot{I}_{nmc} + \dot{I}_{nc} \right|$。

由上述分析可知，当半波长输电线路稳态运行或发生区外故障时，应有 $\dot{I}_{nm\varphi} + \dot{I}_{n\varphi} = 0$，即各相动作量为零；当线路发生区内故障时，$\dot{I}_{nm\varphi} + \dot{I}_{n\varphi} \neq 0$，故障相动作量远比非故障相大得多。

4.2.3.2　保护判据

图 4-27 为无损输电线路任一模分量等效线路上波传播的时间。当线路内部 f 点发生故障时，M 侧到 k 点间的线路的贝瑞隆模型未被破坏，可由 M 侧电压

和电流求得正确的 k 点电流 i_{mk}。而线路 N 侧到 k 点间线路不满足贝瑞隆模型，由 N 侧电压、电流不能求得正确的 k 点电流 i_{nk}。用 i_{Jnk} 表示 i_{nk} 的计算值。此时，在任意一个模量线路上，保护动作量的瞬时值为 $di(t) = i_{mk}(t) + i_{Jnk}(t)$。

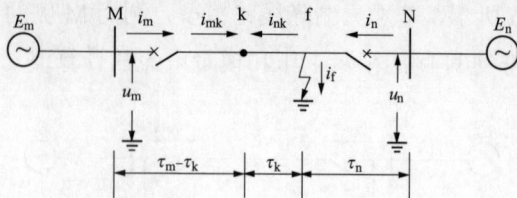

图 4-27　线路区内故障时任一模分量等效线路上波传播的时间

$$i_{mk}(t) + i_n(t - \tau_{nk}) - \frac{u_k(t)}{Z_c} + \frac{u_n(t - \tau_{nk})}{Z_c} = i_f(t - \tau_k) \tag{4-36}$$

$$i_n(t) + i_{mk}(t - \tau_{nk}) - \frac{u_n(t)}{Z_c} + \frac{u_k(t - \tau_{nk})}{Z_c} = i_f(t - \tau_n) \tag{4-37}$$

因为 $\tau_k + \tau_n = \tau_{nk}$，将式（4-36）中的 t 以 $t + \tau_{nk}$ 代替，得

$$i_n(t + \tau_{nk}) + i_{mk}(t) - \frac{u_n(t + \tau_{nk})}{Z_c} + \frac{u_k(t)}{Z_c} = i_f(t + \tau_k) \tag{4-38}$$

将式（4-38）与式（4-36）相加，得

$$i_{mk}(t) + \frac{i_n(t + \tau_{nk}) + i_n(t - \tau_{nk})}{2} - \frac{1}{2Z_c}[u_n(t + \tau_{nk}) - u_n(t - \tau_{nk})] = D \tag{4-39}$$

式中，$D = \dfrac{i_f(t - \tau_k) + i_f(t + \tau_k)}{2}$。

$$\frac{i_n(t + \tau_{nk}) + i_n(t - \tau_{nk})}{2} - \frac{1}{2Z_0}[u_n(t + \tau_{nk}) - u_n(t - \tau_{nk})] = i_{Jnk}(t) \tag{4-40}$$

将式（4-40）代入式（4-39）中，有

$$i_{mk}(t) + i_{Jnk}(t) = \frac{i_f(t - \tau_k) + i_f(t + \tau_k)}{2} \tag{4-41}$$

所以，有

$$di(t) = i_{mk}(t) + i_{Jnk}(t) = \frac{i_f(t - \tau_k) + i_f(t + \tau_k)}{2} \tag{4-42}$$

式（4-42）即任一模分量等效线路上保护动作量与故障点电流的关系式。由于三个模分量线路都满足式（4-42），所以有

$$\begin{bmatrix} di_0(t) \\ di_\alpha(t) \\ di_\beta(t) \end{bmatrix} = \frac{1}{2}\left(\begin{bmatrix} i_{f0}(t-\tau_{k0}) \\ i_{f\alpha}(t-\tau_{k\alpha}) \\ i_{f\beta}(t-\tau_{k\beta}) \end{bmatrix} + \begin{bmatrix} i_{f0}(t+\tau_{k0}) \\ i_{f\alpha}(t+\tau_{k\alpha}) \\ i_{f\beta}(t+\tau_{k\beta}) \end{bmatrix} \right) \tag{4-43}$$

所以有

$$\begin{bmatrix} di_a(t) \\ di_b(t) \\ di_c(t) \end{bmatrix} = [\boldsymbol{S}]\begin{bmatrix} di_0(t) \\ di_\alpha(t) \\ di_\beta(t) \end{bmatrix} = \frac{1}{2}\begin{bmatrix} 1 & 1 & 1 \\ 1 & -2 & 1 \\ 1 & 1 & -2 \end{bmatrix}\left(\begin{bmatrix} i_{f0}(t-\tau_{k0}) \\ i_{f\alpha}(t-\tau_{k\alpha}) \\ i_{f\beta}(t-\tau_{k\beta}) \end{bmatrix} + \begin{bmatrix} i_{f0}(t+\tau_{k0}) \\ i_{f\alpha}(t+\tau_{k\alpha}) \\ i_{f\beta}(t+\tau_{k\beta}) \end{bmatrix} \right) \tag{4-44}$$

以上文分析为基础，可继续推导出线路区内 f 点发生 A 相接地时，各相动作量间的关系。

线路内部 f 点发生 A 相接地故障时，对故障点电流进行变换

$$\begin{bmatrix} i_{f0}(t) \\ i_{f\alpha}(t) \\ i_{f\beta}(t) \end{bmatrix} = [\boldsymbol{S}^{-1}]\begin{bmatrix} i_{fa}(t) \\ i_{fb}(t) \\ i_{fc}(t) \end{bmatrix} = \frac{1}{3}\begin{bmatrix} 1 & 1 & 1 \\ 1 & -1 & 0 \\ 1 & 0 & -1 \end{bmatrix}\begin{bmatrix} i_{fa}(t) \\ 0 \\ 0 \end{bmatrix} = \frac{1}{3}\begin{bmatrix} i_{fa}(t) \\ i_{fa}(t) \\ i_{fa}(t) \end{bmatrix} \tag{4-45}$$

将式（4-45）中的 t 用 $(t-\tau_{m0})$、$(t-\tau_{m\alpha})$、$(t-\tau_{m\beta})$ 代替，可得

$$\begin{bmatrix} i_{f0}(t-\tau_{k0}) \\ i_{f\alpha}(t-\tau_{k\alpha}) \\ i_{f\beta}(t-\tau_{k\beta}) \end{bmatrix} = \frac{1}{3}\begin{bmatrix} i_{f0}(t+\tau_{k0}) \\ i_{f\alpha}(t+\tau_{k\alpha}) \\ i_{f\beta}(t+\tau_{k\beta}) \end{bmatrix} \tag{4-46}$$

由于半波长输电线路必完全换位，所以有 $\tau_{m\alpha} = \tau_{m\beta}$。

将式（4-46）代入式（4-44），可得

$$\begin{bmatrix} di_a(t) \\ di_b(t) \\ di_c(t) \end{bmatrix} = \frac{1}{2}\left(\frac{1}{3}\begin{bmatrix} i_{fa}(t-\tau_{k0})+2i_{fa}(t-\tau_{k\alpha}) \\ i_{fa}(t-\tau_{k0})-i_{fa}(t-\tau_{k\alpha}) \\ i_{fa}(t-\tau_{k0})-i_{fa}(t-\tau_{k\alpha}) \end{bmatrix} + \frac{1}{3}\begin{bmatrix} i_{fa}(t+\tau_{k0})+2i_{fa}(t+\tau_{k\alpha}) \\ i_{fa}(t+\tau_{k0})-i_{fa}(t+\tau_{k\alpha}) \\ i_{fa}(t+\tau_{k0})-i_{fa}(t+\tau_{k\alpha}) \end{bmatrix} \right) \tag{4-47}$$

式（4-47）即为线路内部 f 点发生 A 相接地故障时，各相动作量与短路点电流的关系式。另外，根据 3.1 节步骤 7，有

$$\begin{bmatrix} d\dot{I}_{ma}(t) \\ d\dot{I}_{mb}(t) \\ d\dot{I}_{mc}(t) \end{bmatrix} = \begin{bmatrix} \dot{I}_{ma}(t) - \dot{I}_{Jma}(t) \\ \dot{I}_{mb}(t) - \dot{I}_{Jmb}(t) \\ \dot{I}_{mc}(t) - \dot{I}_{Jmc}(t) \end{bmatrix} = FT\begin{bmatrix} i_{ma}(t) - i_{Jma}(t) \\ i_{mb}(t) - i_{Jmb}(t) \\ i_{mc}(t) - i_{Jmc}(t) \end{bmatrix} = FT\begin{bmatrix} di_{ma}(t) \\ di_{mb}(t) \\ di_{mc}(t) \end{bmatrix} \tag{4-48}$$

其中，FT 表示傅里叶变换。

将式（4-48）代入式（4-47），得

$$\begin{bmatrix} d\dot{I}_a \\ d\dot{I}_b \\ d\dot{I}_c \end{bmatrix} = \frac{1}{2}\left(\frac{1}{3}\begin{bmatrix} \dot{I}_{fa}e^{-jw\tau_{k0}} + 2\dot{I}_{fa}e^{-jw\tau_{k\alpha}} \\ \dot{I}_{fa}e^{-jw\tau_{k0}} - \dot{I}_{fa}e^{-jw\tau_{k\alpha}} \\ \dot{I}_{fa}e^{-jw\tau_{k0}} - \dot{I}_{fa}e^{-jw\tau_{k\alpha}} \end{bmatrix} + \frac{1}{3}\begin{bmatrix} \dot{I}_{fa}e^{jw\tau_{k0}} + 2\dot{I}_{fa}e^{jw\tau_{k\alpha}} \\ \dot{I}_{fa}e^{jw\tau_{k0}} - \dot{I}_{fa}e^{jw\tau_{k\alpha}} \\ \dot{I}_{fa}e^{jw\tau_{k0}} - \dot{I}_{fa}e^{jw\tau_{k\alpha}} \end{bmatrix} \right) \tag{4-49}$$

式中，所有时间符号均已省略。

令 $\dot{F}_1^- = (e^{-jw\tau_{k0}} + 2e^{-jw\tau_{k\alpha}})/3$，$\dot{F}_1^+ = (e^{jw\tau_{k0}} + 2e^{jw\tau_{k\alpha}})/3$，有

$$F_1 = (\dot{F}_1^- + \dot{F}_1^+)/2 = [\cos(w\tau_{k0}) + 2\cos(w\tau_{k\alpha})]/3 \tag{4-50}$$

令 $\dot{F}_2^- = (e^{-jw\tau_{k0}} - e^{-jw\tau_{k\alpha}})/3$，$\dot{F}_2^+ = (e^{jw\tau_{k0}} - e^{jw\tau_{k\alpha}})/3$，有

$$F_2 = (\dot{F}_2^- + \dot{F}_2^+)/2 = [\cos(w\tau_{k0}) - \cos(w\tau_{k\alpha})]/3 \tag{4-51}$$

所以，式（4-49）可改写为

$$\begin{bmatrix} d\dot{I}_a \\ d\dot{I}_b \\ d\dot{I}_c \end{bmatrix} = \frac{1}{2}\left(\begin{bmatrix} \dot{I}_{fa}\dot{F}_1^- \\ \dot{I}_{fa}\dot{F}_2^- \\ \dot{I}_{fa}\dot{F}_2^- \end{bmatrix} + \begin{bmatrix} \dot{I}_{fa}\dot{F}_1^+ \\ \dot{I}_{fa}\dot{F}_2^+ \\ \dot{I}_{fa}\dot{F}_2^+ \end{bmatrix} \right) = \begin{bmatrix} \dot{I}_{fa}F_1 \\ \dot{I}_{fa}F_2 \\ \dot{I}_{fa}F_2 \end{bmatrix} = \begin{bmatrix} F_1 & F_2 & F_2 \\ F_2 & F_1 & F_2 \\ F_2 & F_2 & F_1 \end{bmatrix}\begin{bmatrix} \dot{I}_{fa} \\ 0 \\ 0 \end{bmatrix} \tag{4-52}$$

式（4-52）即为线路内部 f 点发生 A 相接地故障时，各相动作量与短路点电流的关系。

由理论分析可知，对于线路内部发生的各种类型的故障，上述推导过程不变，只需在推导时代入不同故障条件即可，这里不再赘述。经过推导可以发现，线路内部 f 点发生各种故障时，各相动作量间的关系都可以用下式表示[7]

$$\begin{bmatrix} d\dot{I}_a \\ d\dot{I}_b \\ d\dot{I}_c \end{bmatrix} = \begin{bmatrix} F_1 & F_2 & F_2 \\ F_2 & F_1 & F_2 \\ F_2 & F_2 & F_1 \end{bmatrix}\begin{bmatrix} \dot{I}_{fa} \\ \dot{I}_{fb} \\ \dot{I}_{fc} \end{bmatrix} \tag{4-53}$$

若输电线路区内 ϕ 相（$\phi = a$、b、c）发生各种故障，则该相出现短路点电流 $\dot{I}_{f\phi}$，否则 $\dot{I}_{f\phi} = 0$。

值得注意的是，式（4-53）不涉及过渡电阻，所以以此动作量为基础的保护判据具有抗过渡电阻的能力。

上述理论分析都是在假设故障点 f 在参考点右侧的情况下进行的，故障点在参考点左侧时的推导过程与上述理论分析同理，推导后得到的各相动作量间的关系式同式（4-53）。

下面用附录的半波长输电线路参数来计算 F_1 和 F_2 的大小，因为 F_1 和 F_2 的值与 τ_{k0} 和 $\tau_{k\alpha}$ 有关，即与故障点位置和参考点位置有关，图 4-28 为单相接地故

障发生在沿线不同位置所对应的 $|F_1|$ 和 $|F_2|$ 的大小（此时参考点选为线路一侧），图中横轴为故障点到参考点的距离与线路全长的比值（线路全长为精确半波长）。

由式（4-50）、式（4-51）可知，F_1 和 F_2 的大小与参考点在线路上的位置几乎没有关系，参考点越靠近故障点，F_1 的值越大，F_2 的值越小，如图 4-28 所示。随故障点到参考点距离增大，$|F_1|$ 先不断减小，在故障点到参考点距离约为线路长度 45% 的位置降为 0，之后增大，并在故障点到参考点距离约为线路长度 85% 的位置达到极大值，约为 0.85，之后再次减小，直到故障点位于线路末端，此时 $|F_1|$ 约为 0.75。

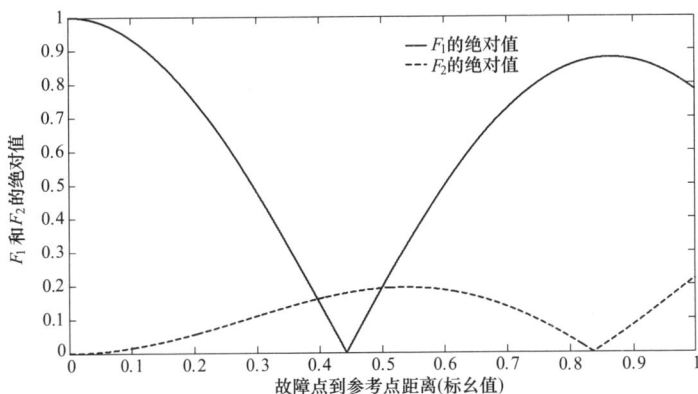

图 4-28　参考点在线路一端时，沿线各点发生单相接地故障时的 $|F_1|$ 和 $|F_2|$

随故障点到参考点距离增大，$|F_2|$ 先不断增大，在故障点到参考点距离约为线路长度 52% 的位置达到极大值，约为 0.2，之后减小，并在故障点到参考点距离约为线路长度 83% 的位置降为 0，之后再次增大直到故障点位于线路末端，此时 $|F_2|$ 约为 0.22。

因为 F_1 和 F_2 的值与 τ_{k0} 和 $\tau_{k\alpha}$ 有关，即与故障点位置和参考点位置有关，图 4-29 给出了当参考点选为线路一端时，三相短路故障发生在沿线不同位置所对应的 $|F_1|$ 和 $|F_2|$ 的大小，图中横坐标表示故障点到参考点的距离与线路总长度的比值（线路总长度为精确半波长）。参考点越靠近故障点，F_1 的值越大。随故障点到参考点距离增大，$|F_1|$ 先不断减小，在故障点到参考点距离为线路长度 50% 的位置降为 0，之后增大，直到故障点位于线路末端，此时 $|F_1|$ 又增大到 1。

随故障点到参考点距离增大，$|F_2|$ 一直为 0。$|F_1|$ 和 $|F_2|$ 的取值关于线路中点对称。

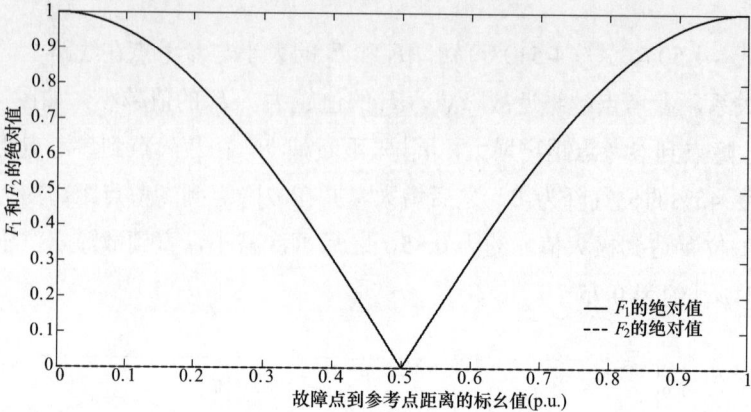

图 4-29   参考点在线路一端时，沿线各点发生三相短路故障时的 $|F_1|$ 和 $|F_2|$

由理论分析可知，当线内部路发生不对称故障时，$|F_1|$ 过零点位置与线路的传播常数 γ 有关，若 $\gamma_0 > \gamma_1$，则 $|F_1|$ 过零点位于线路中点左侧，若 $\gamma_0 < \gamma_1$，则 $|F_1|$ 过零点位于线路中点右侧。所以，图 4-29 中 $|F_1|$ 过零点位于线路中点左侧。而由于三相接地故障不存在零序分量，所以 $|F_1|$ 过零点位于线路中点。

本节推导出的关系式均没有考虑线路损耗。如果考虑线路损耗，推导过程比较复杂，推导出的表达式也比较复杂。但是，本文在第 4 章所用的仿真模型是包含线路电阻的，而且模型中所用的电阻参数比较接近实际半波长输电线路的电阻。在此仿真模型基础上得到的贝瑞隆计算结果可以证明，$|F_1|$ 和 $|F_2|$ 的大小会因为线路电阻而发生一定的变化，但总体趋势与无损线路相同，且变化幅度不大。

另外，由于本节所进行的理论分析使用了傅里叶算法，所以，严格意义上来说只在线路稳态运行时适用，在线路故障暂态，线路中的高频分量和衰减直流分量也会对 $|F_1|$ 和 $|F_2|$ 的大小产生影响。

由上述分析可知，内部故障时非故障相差动保护动作量原理上并不为零，而是与故障相的短路电流成正比。在此基础上，特高压远距离输电线路在应用基于贝瑞隆模型的分相电流差动保护原理时，运用了以故障相的动作量作为制动量构成保护动作判据的方法，并采用如下判据：

$$\begin{cases} dI_{\mathrm{ma}} > K \cdot \max(dI_{\mathrm{mb}}, dI_{\mathrm{mc}}) + I_{\mathrm{s}} \\ dI_{\mathrm{mb}} > K \cdot \max(dI_{\mathrm{mc}}, dI_{\mathrm{ma}}) + I_{\mathrm{s}} \\ dI_{\mathrm{mc}} > K \cdot \max(dI_{\mathrm{ma}}, dI_{\mathrm{mb}}) + I_{\mathrm{s}} \end{cases} \tag{4-54}$$

判据中，大于号右侧第一项为浮动门槛，任意一相的浮动门槛都与其余两相动作量、制动系数 K 有关，其中，$K = k_1 \left(\dfrac{|F_2|}{|F_1|} \right)_{\max}$，$k_1$ 为可靠系数，I_{s} 为固定门槛。

保护按照整定好的参数判断线路是否发生内部故障。以 A 相保护的判断过程为例，如果在线路 m 侧 dI_{ma} 大于对应的门槛值，则保护装置控制 m 侧 A 相断路器跳开，并通过信道向线路另一侧发出跳闸信号或允许信号。如果在 n 侧 dI_{na} 满足保护动作的要求，则进行与 m 侧相似的保护动作过程。若 dI_{ma} 和 dI_{na} 没有达到对应的门槛值，则可以认定线路 A 相没有发生故障，保护装置可靠不动作。B、C 相保护装置同理。由上述分析可知，提出的半波长输电线路电流差动保护新原理本身具有选相能力，无需安装选相元件来进行选相。

需要注意的是，此时贝瑞隆计算所选择的参考点固定为线路上某一点，参考点可选取为线路上任意一点。

设置固定门槛的目的如下：

（1）发生区外故障时，I_{s} 躲过线路上可能出现的各相最大不平衡电流，从而避免保护在区外故障情况下误动；

（2）发生短路电流较小的区内故障时，I_{s} 要躲过非故障相不平衡电流，排除由于计算误差对非故障相电流的不良影响而可能导致的错误，从而保证保护选相的正确性。

设置浮动门槛的目的如下：

（1）发生故障点电流较大的区内故障时，浮动门槛可以保证保护选相的正确性；

（2）采用浮动门槛后，由于有两个门槛的限制，可以为固定门槛的整定降低难度，使固定门槛的整定值变小，从而提高保护抗过渡电阻的能力。

对于远距离输电线路（包括半波长输电线路），若将贝瑞隆计算的参考点固定在线路某一点，则保护判据无法保证在故障点距参考点距离接近四分之一工频半波长时保护能正确动作；贝瑞隆计算的参考点到故障点的距离越近，本保护判据的灵敏性和可靠性越强。

为了使保护装置始终能够正确动作，可以利用测距原理对保护装置进行改进。将半波长输电线路大致分为四段，每段约 750km，并在故障发生时利用测距装置测出故障点可能存在于哪一段线路上，之后将参考点选为该段线路的中点，利用贝瑞隆模型进行计算，可以提高保护的可靠性和灵敏性。

本节提出了半波长输电线路电流差动保护及选相新原理，详细介绍了新原理的计算过程、故障相动作量与非故障相动作量的关系和保护动作判据，指出了动作判据的不足并对原理的改进进行了展望，结论如下：

（1）半波长输电线路电流差动保护新原理不受分布电容电流的影响，有效地解决了分布电容电流给半波长输电线路保护带来的困难；

（2）理论分析证明，在半波长输电线路中，若将贝瑞隆模型计算的参考点固定在线路某一点，则保护判据无法保证在故障点距参考点距离接近四分之一工频半波长时保护能正确动作；

（3）由理论分析可知，贝瑞隆模型计算所选定的参考点到故障点的距离越近，保护判据的灵敏性和可靠性就越强。因此，可以利用测距原理对保护装置进行改进，使得保护可以作用于线路全长。

4.2.4　半波长线路保护整体配置方案

4.2.4.1　半波长线路保护构成

半波长线路故障特征及动作时间受空间位置影响显著，因此，半波长线路的保护体系需要充分利用其时空特征。

针对半波长线路不同故障位置，构建包括单端量保护和双端量保护的保护体系（见图 4-30），整体动作性能满足现有特高压线路保护标准。

从空间上，以 M 侧保护为参考，将半波长线路分为近段、中段和远段三部分，近段和远段包含线路两侧出口（见图 4-31），不同保护的保护范围如图中所示，单端量保护保护线路出口故障，闭锁式保护保护线路近段故障，测距式保护保护线路中段故障，允许式保护保护线路远段故障，差动保护保护线路全长。图 4-32 为半波长线路保护体系构成。

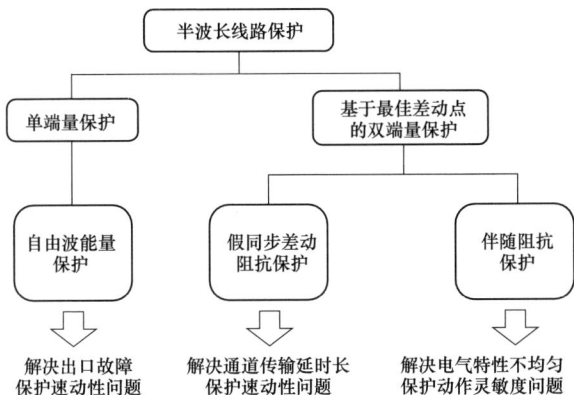

图 4-30　半波长线路保护体系构成

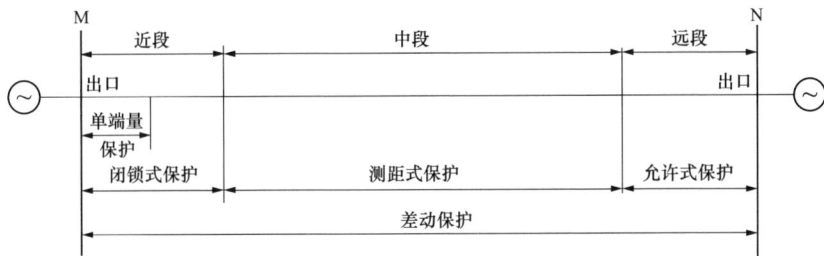

图 4-31　半波长线路分区及不同保护范围示意图

4.2.4.2　单端量保护

自由波能量保护为单端量保护，该保护的保护范围为线路出口 0～500km。动作时间不受通信通道影响，可以在 0～20ms 动作。针对 M 侧保护进行分析。

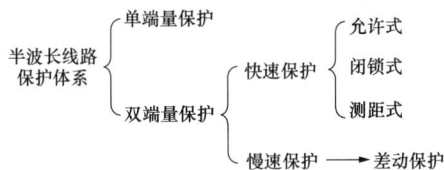

图 4-32　半波长线路保护体系构成

半波长线路出口附近发生故障时（见图 4-33），为了快速切除故障，配置不依赖通道的单端量保护，保护准确识别正、反方向故障，保护动作时间为 5～10ms。

图 4-33　半波长线路出口故障示意图

4.2.4.3　假同步差动阻抗保护

假同步差动阻抗保护与就地判据构成闭锁式、测距式和允许式保护，分别保护线路的近段、中段和远段故障。保护动作时间不受通信通道影响，在 30ms 内动作。

（1）闭锁式保护。半波长线路近段发生故障时，保护方案为本侧方向保护＋对侧闭锁信号相结合的闭锁式纵联保护。

利用对侧启动元件动作信号作为闭锁信号，采用闭锁信号的目的是防止正向区外故障时保护误动作。

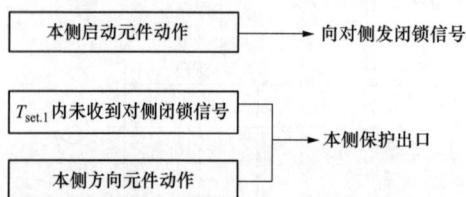

图 4-34　闭锁式保护动作逻辑图

闭锁式保护动作逻辑如图 4-34 所示，动作逻辑为以本侧保护启动开始计时，在 $T_{set.1}$ 内未收到对侧闭锁信号，且本侧方向保护动作，保护出口。

对于正向区外故障，闭锁式保护动作时序逻辑图如图 4-35 所示，在本侧保护启动后 10ms 内可收到对侧闭锁信号，当设定时间 $T_{set.1}$ 大于 10ms（如 15ms），根据图 4-35 可得，本侧方向元件动作，但是启动后 $T_{set.1}$ 内可收到对侧闭锁信号，闭锁式保护不动作。

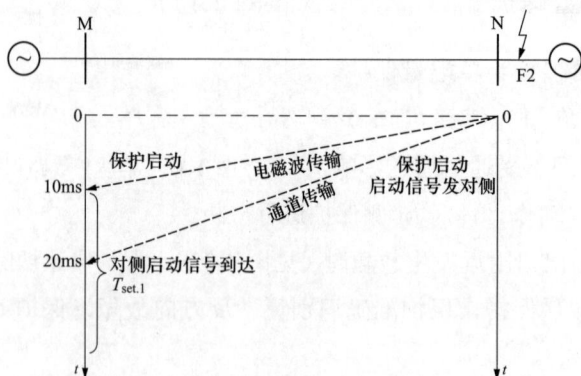

图 4-35　正向区外故障闭锁式保护动作时序

对于反向区外故障，动作时序如图 4-36 所示，本侧保护启动后，在 $T_{set.1}$ 内收不到对侧闭锁信号，且方向元件判为反方向，闭锁式保护不动作。

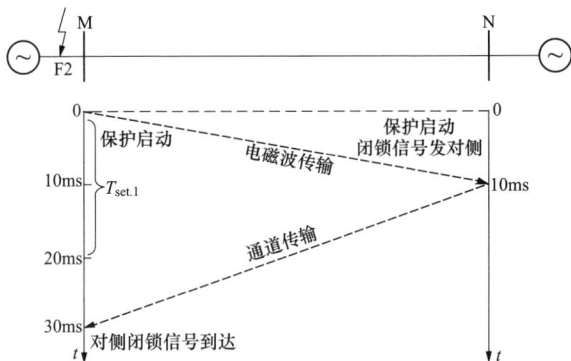

图 4-36　反向区外故障闭锁式保护动作时序

线路区内近段发生故障时的动作时序如图 4-37 所示，可见，近段故障时，$T_{set.1}$ 内收不到对侧闭锁信号，且方向元件判为正方向，闭锁式保护动作。闭锁式保护范围与 $T_{set.1}$ 相关，保护动作时为故障发生后 $T_{set.1}+t_m$（<30ms），即本侧保护启动后 $T_{set.1}$。

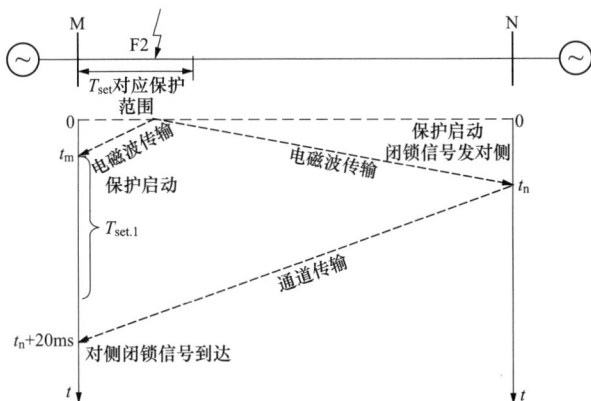

图 4-37　近段故障闭锁式保护动作时序

闭锁式保护在半波长线路近段故障时，快速动作，在半波长线路正反向区外故障时，可靠不动作。

（2）允许式保护。半波长线路远段发生故障时，保护方案为本侧保护启动 + 对侧允许信号相结合的纵联保护。允许式保护动作逻辑如图 4-38 所示，动作逻辑为本侧保护启动，$T_{set.2}$ 时间内收到对侧允许信号，允许式保护动作。

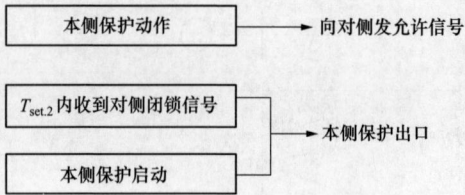

图 4-38　允许式保护动作逻辑图

半波长线路远段故障时，设保护计算时间为 10ms，允许式保护动作时序如图 4-39 所示，可见，线路远段故障时，本侧保护启动后 20ms 内收到对侧允许信号。令 40ms>$T_{set.2}$>20ms，远段故障时，允许式保护动作。保护动作时为本侧保护启动后 $T_{set.2}$。

反方向区外故障时，允许式保护动作时序如图 4-40 所示，本侧保护启动后 40ms 后收到对侧允许信号，允许式保护不动作。

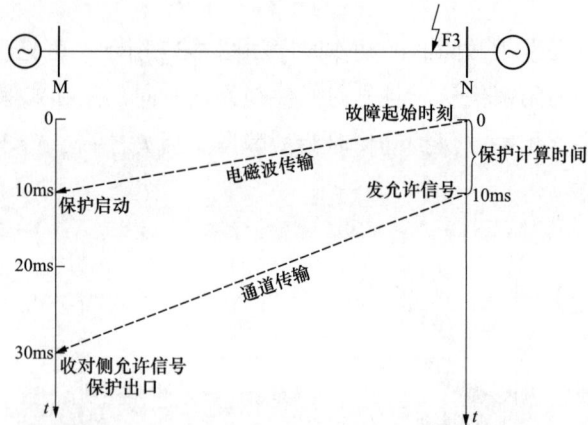

图 4-39　远段故障允许式保护动作时序

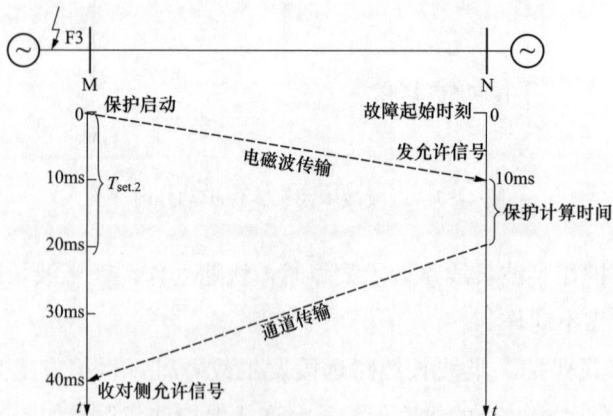

图 4-40　反方向故障允许式保护动作时序

正方向区外故障时，允许式保护动作时序如图 4-41 所示，对侧保护不动作，收不到对侧允许信号，允许式保护不动作。

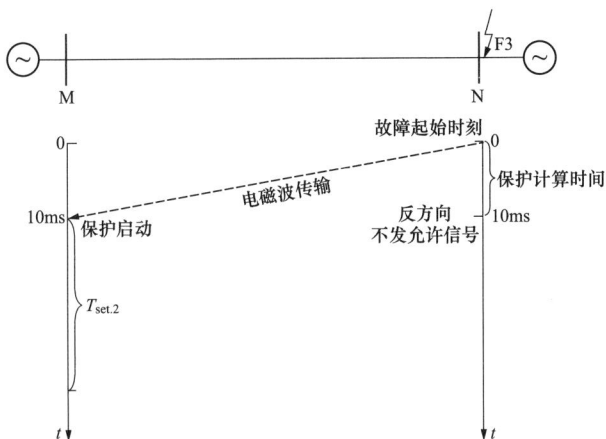

图 4-41　正方向故障允许式保护动作时序

（3）测距式保护。半波长线路中段发生故障时，由于故障点位置远离区外，便于进行测距，采用测距式纵联保护。测距式保护动作逻辑如图 4-42 所示，动作逻辑为本侧保护同时收到两侧启动信号进行测距，根据测距结果确定最优差动点实现差动算法。

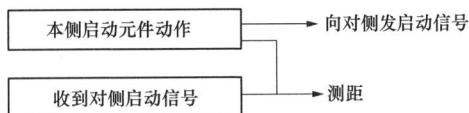

图 4-42　测距式保护动作逻辑图

测距式保护方案动作时序如图 4-43 所示，可见，测距式保护在故障后 $t_n + 20ms$（<30ms）内动作，即本侧保护启动后 $t_n - t_m + 20ms$ 动作。

4.2.4.4　差动保护

伴随阻抗保护与电流差动保护构成差动保护，保护范围为线路全长。保护动作时间受通信通道影响，但灵敏度较高，在过渡电阻故障，发展/转换性故障时仍能可靠动作。

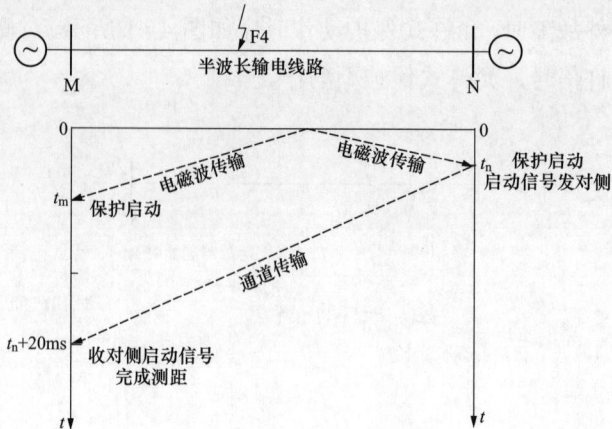

图 4-43 测距式保护动作时序

不同于常规差动保护，本节采用的差动保护是利用测距结果在最优差动点实现的差动保护算法，动作灵敏度显著优于常规差动保护。

相比其他保护，差动保护动作速度稍慢，主要处理跨线故障、转换性故障等复杂故障。

综上，利用半波长线路不同位置故障设计了针对性保护方案，构建了全套半波长线路保护体系：

（1）半波长线路出口故障，单端量保护快速动作；

（2）半波长线路近段故障，闭锁式保护在整定时间 T_{set}（$T_{set} < 25ms$）动作；

（3）半波长线路中段故障，测距式保护在故障后 30ms 内动作；

（4）半波长线路远段故障，允许式保护在故障后 30ms 内（保护启动 20ms）动作；

（5）对于转换性故障、跨线故障等复杂故障，利用基于最优差动点的差动保护切除。

4.2.5 半波长线路延时及通道方案

半波长线路输电距离长，以半波长线路出口故障为例（见图 4-44），近故障点侧立刻感受到故障，故障电磁波从故障点传播至线路另一侧耗时 10ms，以故障发生为参考点，两侧保护不同时刻感受到故障，最大相差 10ms。

对于输电线路的纵联保护，需要获得线路两侧数据，仍以半波长线路出口故障为例，假设通道时间 20ms，故障后 M 侧保护获得对侧数据最快需要 30ms，保护出口需要时间更长，严重影响保护的动作速度。

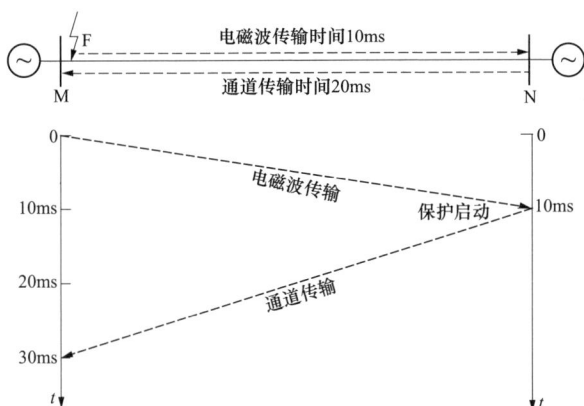

图 4-44　半波长线路传输延时

假同步差动阻抗保护与传统的差动保护不同，采用本侧数据与对侧一个工频周期前的数据同步，T_X 为实际通道时间，T 为工频周期，假同步保护的通道传输时间为 $T_X - T$，可以提高保护的动作速度。可以根据传输通道时间不同，分为 $T_X - T \geqslant 0$ 和 $T_X - T < 0$。

通信通道时间大于工频周期，即 $T_X - T \geqslant 0$，本侧 t 时刻采样值数据，需经 $T_X - T$，收到对侧 $t-T$ 时刻采样值数据，并将本侧 t 时刻数据与对侧 $t-T$ 时刻数据进行假同步计算。

通信通道时间小于工频周期，即 $T_X - T < 0$，本侧在 t 时刻已经收到对侧 $t-T$ 时刻采样值数据，将本侧 t 时刻数据与对侧 $t-T$ 时刻数据进行假同步计算。图 4-45 为假同步差动阻抗保护与传统同步差动保护动作速度对比。

假同步差动阻抗保护由闭锁式假同步差动阻抗保护、测距式假同步差动阻抗保护和允许式假同步差动阻抗保护构成。

闭锁式假同步差动阻抗保护为假同步差动阻抗保护与对侧闭锁信号相结合构成的纵联保护。线路区内近段发生故障时的动作时序如图 4-46 所示，可见，近段故障时，$T_{set.1}$ 内收不到对侧闭锁信号，且方向元件判为正方向，闭锁式保护动作。由闭锁式保护动作原理可知，通信通道时间与闭锁信号整定时间应满足 $t_m + T_{set.1} < t_n + T_X$，由时差法可知 $L_{FM} = [(t_m - t_n)v_光 + L]/2$，则闭锁式假同步差

动阻抗的保护范围为

$$L_B = [(T_X - T_{set.1})v_光 + L]/2 \qquad (4-55)$$

式中，L_B 为闭锁式假同步差动阻抗的保护范围。

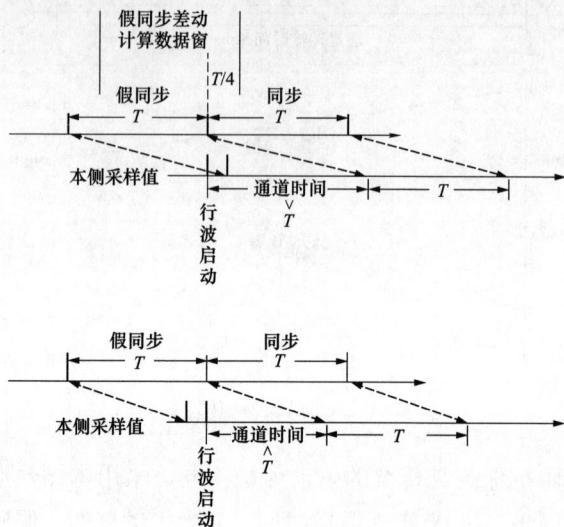

图 4-45　假同步差动阻抗保护与传统同步差动保护动作速度对比

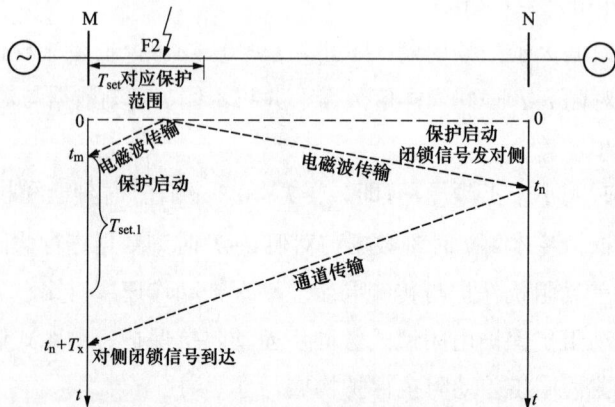

图 4-46　近段故障闭锁式保护动作时序

　　允许式假同步差动阻抗保护为假同步差动阻抗保护与对侧允许信号相结合的纵联保护。半波长线路远段故障时，设保护计算时间为 10ms，允许式保护动作时序如图 4-47 所示，可见，线路远段故障时，本侧保护启动后 T_X 内收到对侧允许信号。由允许式保护动作原理可知，通信通道时间与允许信号整定时间应满足 $T_{set.2} > T_X$。

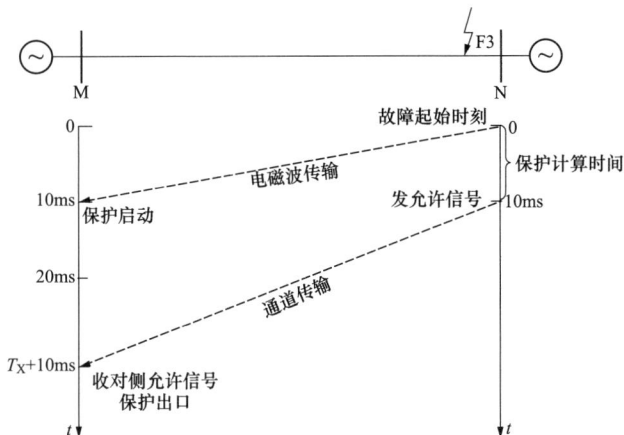

图 4-47　远段故障允许式保护动作时序

测距式假同步差动阻抗保护为本侧保护同时收到两侧启动信号进行测距，根据测距结果确定最优差动点实现假同步差动阻抗保护算法。测距式保护方案动作时序如图 4-48 所示，由测距式保护动作原理可知，在故障后 $t_n + T_X$ 内动作，即本侧保护启动后 $t_n - t_m + T_X$ 动作，通信通道时间直接影响保护的动作速度。

由上述分析可知，半波长线路输电距离长，数据传输时间不能忽略，保护动作时间受通信通道时间影响。

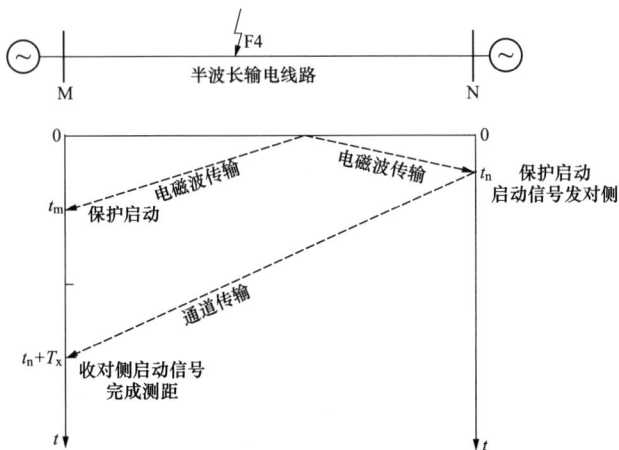

图 4-48　测距式保护动作时序

参 考 文 献

[1] 柳焕章. 阻抗保护分析中电压平面与阻抗平面的变换 [J]. 中国电机工程学报，2004，24（1）：40-43.

[2] 柳焕章，周泽昕. 线路距离保护应对事故过负荷的策略 [J]. 中国电机工程学报，2011，31（25）：112-117.

[3] 柳焕章，周泽昕，王德林，等. 具备抵御过负荷能力的距离保护原理 [J]. 电网技术，2014.

[4] 柳焕章，王兴国，周泽昕，等. 一种利用电流突变量采样值的电流互感器饱和识别方法 [J]. 电网技术，2016，40（11）：3574-3579.

[5] 柳焕章，周泽昕. 线路距离保护应对事故过负荷的策略 [J]. 中国电机工程学报，2011，31（25）：112-117.

[6] 周泽昕，柳焕章，王德林，等. 具备抵御过负荷能力的距离保护实施方法 [J]. 电网技术，2014.

[7] 柳焕章，周泽昕，周春霞，等. 输电线路突变量电流差动继电器 [J]. 中国电机工程学报，2013，33（01）：146-152.

[8] 郭雅蓉，柳焕章，王兴国. 零序电流差动保护选相元件 [J]. 电力系统自动化，2017，41（02）：155-159，172.

[9] 柳焕章，王兴国，李明，等. 基于三序差动电流相近原理的零序电流差动选相 [J]. 电力系统自动化，2013，37（16）：92-95.

[10] 李会新，王兴国，谢俊，等. 一种基于虚拟电流制动量的电流差动保护 [J]. 电力系统保护与控制，2018，46（9）：75-79.

[11] 周泽昕，柳焕章，王兴国，等. High sensitive start element of transmission line protection [J]. 2016IEEEPESGM，2016 年 7 月 17-21 日.

[12] 王兴国，杜丁香，周春霞. 多串补线路保护动作性能分析 [J]. 电网技术，2012，36（05）：190-197.

[13] 姜宪国，刘宇，周泽昕，等. 同塔双回线接地距离保护零序电流补偿系数分析及整定方法改进 [J]. 电力自动化设备，2015，35（8）：9-14，30.

[14] 谢俊，李勇，刘宏君，等. 线路纵联零序方向保护误动机理分析及对策研究 [J]. 电

流系统保护与控制，2017，45（04）：19-25.

[15] 姜宪国，周泽昕，杜丁香，等. 基于断线识别的同塔双回线零序纵联保护防误动方案 [J]. 电力系统及其自动化学报，2018，30（11）：32-38.

[16] 王兴国，周泽昕，杜丁香. 不同电压等级同塔多回输电线路零序功率方向元件动作行为分析 [J]. 电网技术，2011，35（12）：235-242.

[17] 周春霞，余越，赵寒，等. 特高压同塔双回线路零序电流补偿系数整定对接地距离保护的影响研究 [J]. 电网技术，2012，36（12）：106-111.

[18] 王兴国，杜丁香，周泽昕. 超／特高压同塔多回线路零序电流补偿系数整定方案 [J]. 电力系统自动化，2011，35（17）：81-85.

[19] 赵凯超，周泽昕，杜丁香. 不同电压等级同塔四回输电线路不同运行方式下零序互感对接地距离保护的影响 [J]. 电网技术，2010，34（12）：193-197.

[20] 杜丁香，王兴国，李会新，王德林，李肖，郭雅蓉. 半波长线路故障特征及保护适应性研究 [J]. 中国电机工程学报，2016，36（24）：6788-6794.

[21] 李肖，杜丁香，刘宇，柳焕章，谢俊，王兴国. 半波长输电线路差动电流分布特征及差动保护原理适应性研究 [J]. 中国电机工程学报，2016，36（24）：6802-6808.

[22] 王兴国，杜丁香，周泽昕，郭雅蓉，柳焕章，李肖. 半波长交流输电线路伴随阻抗保护 [J]. 电网技术，2017，41（7）：2347-2352.

[23] 周泽昕，王兴国，柳焕章，杜丁香，郭雅蓉. 特高压半波长交流输电线路保护体系 [J]. 电网技术，2017，41（10）：3174-3179.

[24] 郭雅蓉，周泽昕，柳焕章，吕鹏飞，李肖. 时差法计算半波长线路差动保护最优差动点 [J]. 中国电机工程学报，2016，36（24）：6796-6801.

[25] 周泽昕，柳焕章，郭雅蓉，杜丁香，王德林. 适用于半波长线路的假同步差动保护 [J]. 中国电机工程学报，2016，36（24）：6780-6787.